上海财经大学数学系列教材

上海市精品课程配套教材

# 概率论与数理统计

## 学习指导与习题全解

◎ 上海财经大学数学学院 编

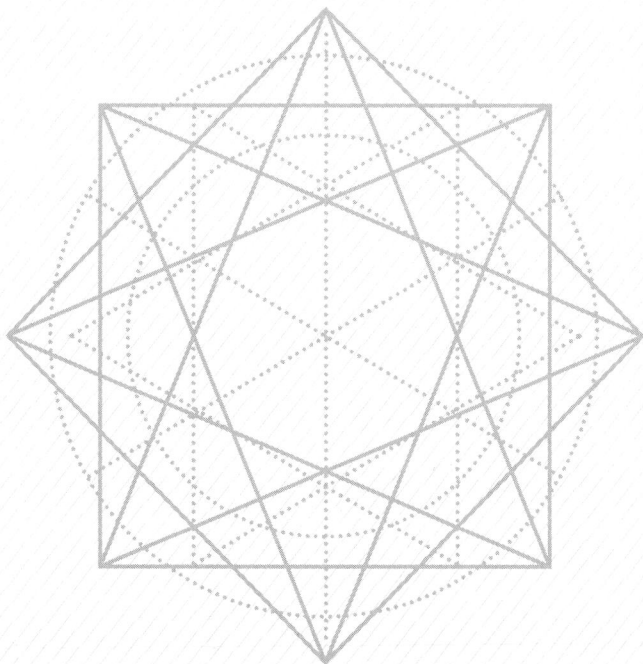

人民邮电出版社

北 京

**图书在版编目（CIP）数据**

概率论与数理统计学习指导与习题全解 / 上海财经
大学数学学院编. -- 北京 : 人民邮电出版社，2023.4
上海财经大学数学系列教材
ISBN 978-7-115-59120-3

Ⅰ. ①概… Ⅱ. ①上… Ⅲ. ①概率论－高等学校－教
学参考资料②数理统计－高等学校－教学参考资料 Ⅳ.
①O21

中国版本图书馆CIP数据核字(2022)第059474号

## 内 容 提 要

　　本书是与上海财经大学数学学院编写的《概率论与数理统计》（ISBN：978-7-115-59060-2）配套的学习指导书. 本书根据高等院校非数学类专业概率论与数理统计课程教学的基本要求，充分吸收国内外教材辅导书和考研辅导书的精华，结合编者多年的教学经验编写而成. 全书共 8 章，包括事件与概率、随机变量及其分布、随机向量及其分布、随机变量的数字特征、大数定律与中心极限定理、统计量与抽样分布、参数估计和假设检验. 每章包含知识结构图示，内容归纳总结，典型例题解析，自测练习试卷，习题、总复习题及详解 5 个部分，其中典型例题解析和自测练习试卷包含大量的考研真题. 此外，本书分别就概率论内容以及概率论与数理统计整体内容各提供 3 套期中期末试卷，以便教学考试使用.

　　本书可作为高等院校非数学类专业概率论与数理统计课程的参考用书，也可作为硕士研究生入学考试的辅导用书，书中典型例题解析和自测练习试卷还可供教师用于习题课教学.

◆ 　编　　　　上海财经大学数学学院
　　责任编辑　武恩玉
　　责任印制　李 东　胡 南

◆ 　人民邮电出版社出版发行　　北京市丰台区成寿寺路 11 号
　　邮编　100164　　电子邮件　315@ptpress.com.cn
　　网址　https://www.ptpress.com.cn
　　北京联兴盛业印刷股份有限公司印刷

◆ 　开本：787×1092　1/16
　　印张：12.25　　　　　　　　　　2023 年 4 月第 1 版
　　字数：280 千字　　　　　　　　2023 年 4 月北京第 1 次印刷

定价：49.80 元

读者服务热线：(010)81055256　印装质量热线：(010)81055316
反盗版热线：(010)81055315
广告经营许可证：京东市监广登字 20170147 号

# 丛 书 序

古希腊数学家毕达哥拉斯说过一句名言"数学统治着宇宙". 数学是现实世界的核心, 是自然科学的皇冠, 是研究其他学科的主要工具. 新时代数学的深度应用、交叉融合已经成为科技、经济、社会发展的重要源动力.

作为一名数学科学工作者, 我认为, 数学在未来社会发展中有着愈发重要的位置, 一个民族的数学水平, 直接关系到整个国家的创新能力. 在"新文科"建设体系下, 创新"新文科"专业的数学课程体系、改革教学模式、建设优质教学资源、编写优秀教材变得尤为重要. 我们欣喜地看到上海财经大学数学学院联合人民邮电出版社, 针对"新文科"专业的大学数学课程教学, 策划出版了一套大学数学系列教材. 教材配有丰富、优质的网络资源, 让学生在深刻理解数学的同时, 还能体会到数学的文化价值和在科学、经济领域中的巨大作用.

这套系列教材不仅是应对"新文科"专业建设和教学改革的要求, 更是对大学数学教材的创新尝试, 具有以下三个特点.

1. 注重课程思政, 旨在突出数学教育"立德树人"的特殊功能. 在落实国家课程思政的要求上, 这套系列教材进行了创新尝试, 增加思政元素, 强化教材对学生的思想引领, 突出"育人"目的.

2. 梳理数学历史, 科学诠释大学数学的思想与方法. 法国数学家庞加莱说过:"如果想要预知数学的未来, 最合适的途径就是研究数学这门科学的历史和现状."本套系列教材精心梳理了数学历史点, 引导学生以史为鉴, 培养学生的学习兴趣.

3. 设计教学案例, 从全新视角展示数学规律, 培养学生的数学素养. 数学的美在于从纷繁复杂的世界中抽离出简单和谐的规律, 本套系列教材精心设计教学案例, 引导学生探索、研究数学规律, 培养学生的创新能力.

教材建设是人才培养、课程改革永恒的主题, 希望社会各界都积极参与到"新文科"专业大学数学课程教材建设和人才培养中来, 多出成果, 为实现中华民族伟大复兴做出教育者应有的贡献.

徐宗本

中国科学院院士
西安交通大学教授
西安数学与数学技术研究院院长
2021 年 6 月

# 前　言

概率论与数理统计是理工类和经管类专业必修的基础课程,也是研究生入学考试的重要科目,其基本概念、基本理论和基本运算具有较强的抽象性、逻辑性和技巧性. 为了帮助读者掌握概率论与数理统计的知识结构脉络、理解基本概念和基本理论、掌握基本解题方法、巩固和提高所学知识,并为学生进一步深造打下坚实的基础,我们精心编写了此书.

本书是《概率论与数理统计》(上海财经大学学院编著,人民邮电出版社出版)的配套学习用书. 本书内容分为五个部分:

一、知识结构图示. 每章章首给出知识结构图示,帮助学生梳理本章的所学知识体系,全面把握知识点之间的关联,方便学生复习时整合本章内容.

二、内容归纳总结. 每章均配有内容归纳总结来对本章的主要概念、主要结论和重要性质进行归纳总结,学生可以以此为提纲复习本章理论知识.

三、典型例题解析. 编者根据多年的教学经验,并结合学生进一步深造的需求,精心编写和挑选了大量经典例题,其中不乏考研经典题目,并给出了详细的解题过程. 这一部分例题是教材例题的巩固和提高,题目类型更广,难度也有提高,便于学生掌握解题技巧和提高解题能力.

四、自测练习试卷. 每章均配有自测练习试卷帮助学生进一步巩固所学知识和解题方法. 本部分练习题类型广,梯度大,很多题目取自历年考研真题,是学生自我提高概率论与数理统计水平的训练途径. 本部分题目类型包括填空题、选择题、分析判断题、简答题、计算题,其中分析判断题和简答题是本书区别于其他概率论与数理统计学习指导书的最大特征. 这两类题型和本部分的少量证明题用于提高学生对基本概念和基本理论的理解,引导学生了解概率论与数理统计的逻辑思维方式,帮助学生夯实概率论与数理统计的理论基础.

五、习题、总复习题及详解. 每章均配有教材课后习题和总复习题的详细解答过程,帮助学生全面掌握教材内容和解题方法,巩固和加深对所学知识的理解,为进一步深造打下坚实的基础.

本书每章均以数字化资源的方式配备自测练习试卷答案、补充例题解析和练习题库及答案,用于启发学生的解题思路,拓展学生的思维空间,进一步提高学生综合运用所学知识解题的能力.

此外,本书数字化资源针对概率论内容和概率论与数理统计整体内容各提供了 3 套期中期末试卷,以便教学考试.

为了更好地发挥本书的作用,帮助学生理解和掌握解题思路,编者还为重难点题目配录了微课视频,读者可以扫描二维码进行学习.

　　本书由上海财经大学数学学院概率论与数理统计课程组集体完成编写,负责人为王燕军,参与编写的人员有王海军、杨勇、潘群、何其祥、张晓梅、马俊美、何萍、王科研、严阅,最后由王海军完成统稿. 此书是概率论与数理统计课程组集体智慧的结晶,编写过程中得到了学校、学院教学指导委员会的指导与帮助,也得到了人民邮电出版社的大力支持,谨此对所有人表示衷心的感谢.

2023 年 1 月

# 目　　录

# 第一章 事件与概率

## 一、知识结构图示

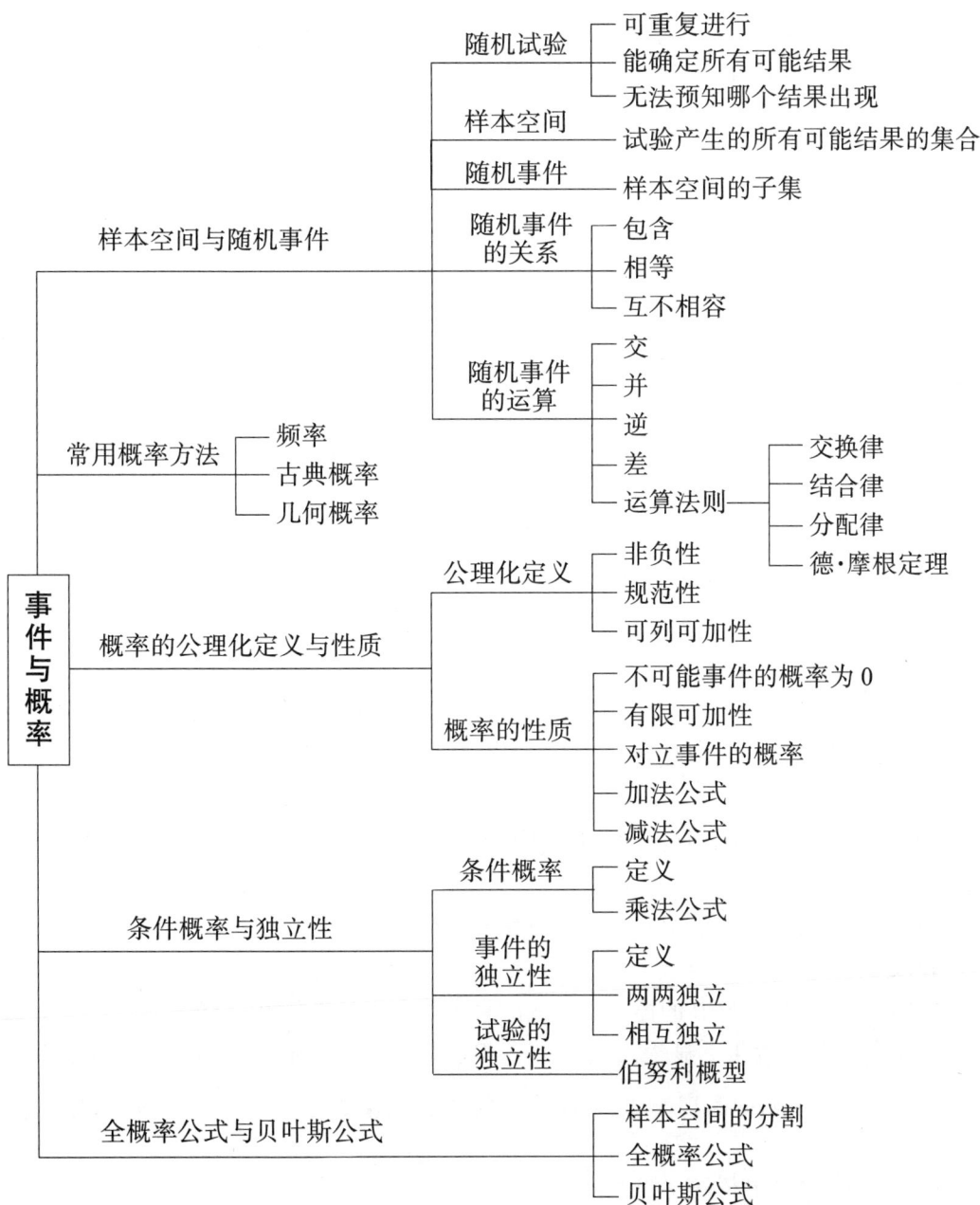

事件与概率
- 样本空间与随机事件
  - 随机试验
    - 可重复进行
    - 能确定所有可能结果
    - 无法预知哪个结果出现
  - 样本空间
    - 试验产生的所有可能结果的集合
  - 随机事件
    - 样本空间的子集
  - 随机事件的关系
    - 包含
    - 相等
    - 互不相容
  - 随机事件的运算
    - 交
    - 并
    - 逆
    - 差
    - 运算法则
      - 交换律
      - 结合律
      - 分配律
      - 德·摩根定理
- 常用概率方法
  - 频率
  - 古典概率
  - 几何概率
- 概率的公理化定义与性质
  - 公理化定义
    - 非负性
    - 规范性
    - 可列可加性
  - 概率的性质
    - 不可能事件的概率为 0
    - 有限可加性
    - 对立事件的概率
    - 加法公式
    - 减法公式
- 条件概率与独立性
  - 条件概率
    - 定义
    - 乘法公式
  - 事件的独立性
    - 定义
    - 两两独立
    - 相互独立
  - 试验的独立性
    - 伯努利概型
- 全概率公式与贝叶斯公式
  - 样本空间的分割
  - 全概率公式
  - 贝叶斯公式

## 二、内容归纳总结

### （一）样本空间与随机事件

**1. 随机试验**

对随机现象的某一特征进行的试验或观察,称为随机试验,简称试验,记为 $E$. 随机试验必须满足下述条件:

（1）试验可以在相同的条件下重复进行;

（2）试验之前能确定所有可能的结果;

（3）试验之前不能确定将会出现所有可能结果中的哪一个.

**2. 样本空间**

随机试验的每一个可能结果称为样本点,用 $\omega$ 表示. 样本点全体组成的集合称为样本空间,用 $\Omega$ 表示.

**3. 随机事件**

由若干个样本点组成的集合(或样本空间的某个子集)称为**随机事件**,简称**事件**,用 $A$, $B,C$ 等大写拉丁字母表示.

在某次试验中,若事件 $A$ 中的某个样本点出现,则称 $A$ **发生**.

样本空间 $\Omega$ 包含所有的样本点,在每次试验中它总发生,因此 $\Omega$ 就是**必然事件**. 空集 $\varnothing$ 不包含任何样本点,在每次试验中它总不发生,因此 $\varnothing$ 就是**不可能事件**.

**4. 事件之间的关系与运算**

（1）包含关系

若事件 $A$ 的每一个样本点都属于事件 $B$,则称 $A$ **包含于** $B$,记为 $A \subset B$ 或 $B \supset A$,这时事件 $A$ 的发生必然导致事件 $B$ 的发生.

（2）相等事件

如果同时成立 $A \subset B$ 及 $B \subset A$,则称事件 $A$ 与事件 $B$ **等价**,或 $A$ **等于** $B$,记为 $A = B$. 此时 $A$ 与 $B$ 表示同一个事件,它们所包含的样本点完全相同.

（3）不相容事件

若在任何一次试验中,事件 $A$ 与 $B$ 都不可能同时发生,则称事件 $A$ 与 $B$ **互不相容**,或 $A$ 与 $B$ **互斥**. 若 $n$ 个事件 $A_1, A_2, \cdots, A_n$ 两两互不相容,则称这 $n$ 个事件互不相容. 若可列个事件 $A_1, A_2, \cdots$ 两两互不相容,则称 $A_1, A_2, \cdots$ 互不相容.

（4）交事件

由同时属于事件 $A$ 与 $B$ 的样本点组成的集合称为 $A$ 与 $B$ 的**交**(或**积**),记为 $A \bigcap B$ 或 $AB$,表示 $A$ 与 $B$ 同时发生. 显然,$A$ 与 $B$ 互不相容即 $AB = \varnothing$. 事件 $A_1, A_2, \cdots, A_n$ 的交记为 $A_1 A_2 \cdots A_n$ 或 $\bigcap_{i=1}^{n} A_i$,它由同时属于 $A_1, A_2, \cdots, A_n$ 的样本点组成,表示 $A_1, A_2, \cdots, A_n$ 同时发生.

对于可列个事件,定义 $\bigcap_{i=1}^{\infty} A_i \triangleq \lim_{n \to \infty} \bigcap_{i=1}^{n} A_i$.

（5）并事件

由至少属于事件 $A$ 与 $B$ 中的一个的样本点组成的集合称为 $A$ 与 $B$ 的**并**,记为 $A \bigcup B$,表示 $A$ 与 $B$ 中至少有一个发生. 如果 $A$ 与 $B$ 互不相容,则称它们的并为**和**,记为 $A + B$. 事件 $A_1, A_2, \cdots, A_n$ 的并记为 $A_1 \bigcup A_2 \bigcup \cdots \bigcup A_n$ 或 $\bigcup\limits_{i=1}^{n} A_i$,它由至少属于 $A_1, A_2, \cdots, A_n$ 中的一个的样本点组成,表示 $A_1, A_2, \cdots, A_n$ 中至少发生一个. 如果事件 $A_1, A_2, \cdots, A_n$ 互不相容,则称它们的并为和,记为 $A_1 + A_2 + \cdots + A_n$ 或 $\sum\limits_{i=1}^{n} A_i$. 对于可列个事件,定义 $\bigcup\limits_{i=1}^{\infty} A_i \triangleq \lim\limits_{n \to \infty} \bigcup\limits_{i=1}^{n} A_i$. 若 $A_1, A_2, \cdots$ 互不相容,则称它们的并为和,记为 $\sum\limits_{i=1}^{\infty} A_i$.

（6）逆事件

由不属于事件 $A$ 的样本点组成的集合称为事件 $A$ 的**逆事件**或**对立事件**,记为 $\overline{A}$,表示事件 $A$ 不发生.

**注意**:对立事件一定互不相容,但互不相容的事件不一定互为对立事件.

（7）差事件

由属于事件 $A$ 而不属于 $B$ 的样本点组成的集合称为事件 $A$ 与 $B$ 的**差**,记为 $A - B$,表示 $A$ 发生而 $B$ 不发生,显然 $A - B = A\overline{B}$.

事件运算的顺序:首先进行逆的运算,再进行交的运算,最后进行并或差的运算.

与集合之间的关系及运算类似,事件之间的关系及运算如 $A \subset B, AB = \varnothing, A \bigcap B$, $A \bigcup B, \overline{A}, A - B$ 可以用维恩(Venn)图直观地表示.

（8）事件之间的运算法则

① 交换律:$A \bigcup B = B \bigcup A, A \bigcap B = B \bigcap A$.

② 结合律:$(A \bigcup B) \bigcup C = A \bigcup (B \bigcup C), (A \bigcap B) \bigcap C = A \bigcap (B \bigcap C)$.

③ 分配律:$(A \bigcup B) \bigcap C = (A \bigcap C) \bigcup (B \bigcap C), (A \bigcap B) \bigcup C = (A \bigcup C) \bigcap (B \bigcup C)$.

④ 德·摩根(De Morgan)定理:$\overline{A \bigcup B} = \overline{A} \bigcap \overline{B}, \overline{A \bigcap B} = \overline{A} \bigcup \overline{B}$.

德·摩根定理可以推广到 $n$ 个事件甚至可列个事件:

$$\overline{\bigcup\limits_{i=1}^{n} A_i} = \bigcap\limits_{i=1}^{n} \overline{A_i}, \overline{\bigcap\limits_{i=1}^{n} A_i} = \bigcup\limits_{i=1}^{n} \overline{A_i};$$

$$\overline{\bigcup\limits_{i=1}^{\infty} A_i} = \bigcap\limits_{i=1}^{\infty} \overline{A_i}, \overline{\bigcap\limits_{i=1}^{\infty} A_i} = \bigcup\limits_{i=1}^{\infty} \overline{A_i}.$$

## （二）频率、古典概率及几何概率

### 1. 频率及概率的统计定义

对于随机事件 $A$,若在 $N$ 次试验中发生了 $n$ 次,则称 $F_N(A) = \dfrac{n}{N}$ 为 $A$ 在这 $N$ 次试验中发生的**频率**.

在一次试验或观察中,事件 $A$ 是否发生是偶然的. 但在大量重复试验中,$A$ 发生的频率会在某个固定常数附近摆动,而且一般说来,随着试验次数的不断增加,摆动的幅度会越来越小,这一现象称为**频率稳定性**.

在频率稳定性中,事件 $A$ 发生的频率的稳定值称为 $A$ 发生的概率,以 $P(A)$ 表示,称这一定义为**概率的统计定义**,它度量了事件 $A$ 发生的可能性大小.

**2. 古典概型和古典概率**

(1)古典概型

古典概型是指具有以下两个特征的一类特殊的概率模型:

① 试验的全部可能结果只有有限个,即样本空间只包含有限个样本点,$\Omega = \{\omega_1, \omega_2, \cdots, \omega_n\}$,$n$ 为有限正整数;

② 每个样本点出现的可能性相同,即 $P(\{\omega_1\}) = P(\{\omega_2\}) = \cdots = P(\{\omega_n\}) = \dfrac{1}{n}$.

(2)古典概率

$$P(A) = \frac{A\text{包含的样本点个数}}{\text{样本点总数}} = \frac{A\text{的有利场合数}}{\text{样本点总数}}.$$

**3. 几何概率**

记 $A_D$ 为事件"在区域 $\Omega$ 中随机地取一点,而该点落入区域 $D$ 中",称

$$P(A_D) = \frac{D\text{的测度}}{\Omega\text{的测度}}$$

为**几何概率**.

区域 $\Omega$ 和 $D$ 可以是一维的,也可以是高维的,其中的测度是一个广义的概念,可以指长度、面积、体积等. 与概率的古典定义类似,几何概率也是通过等可能性来定义的. 这里的等可能性是指:随机选取的点落入区域 $D$ 的概率与 $D$ 的测度成正比,而与 $D$ 的位置、形状无关.

## (三)概率的公理化定义与性质

**1. 概率的公理化定义**

设 $\Omega$ 是随机试验 $E$ 的样本空间,对 $E$ 的每个随机事件 $A$,都对应一个实数 $P(A)$,若 $P(A)$ 满足如下条件:

① (非负性)对任意事件 $A$,有 $P(A) \geqslant 0$;

② (规范性)$P(\Omega) = 1$;

③ (可列可加性)设 $A_1, A_2, \cdots, A_n, \cdots$ 是两两互不相容的事件,则

$$P\left(\sum_{i=1}^{\infty} A_i\right) = \sum_{i=1}^{\infty} P(A_i).$$

则称 $P(A)$ 为事件 $A$ 的**概率**. 古典概率和几何概率均满足上述 3 个条件.

称 $P$ 为概率,而称三元体 $(\Omega, F, P)$ 为**概率空间**.

**2. 概率的性质**

概率具有以下性质.

**性质 1** $P(\varnothing) = 0$.

**性质 2(有限可加性)** 若 $A_i \in F(i = 1, 2, \cdots, n)$, 且互不相容, 则

$$P\left(\sum_{i=1}^{n} A_i\right) = \sum_{i=1}^{n} P(A_i).$$

**性质 3** 对任何事件 $A$, 有 $P(A) = 1 - P(\overline{A})$.

**性质 4** 如果 $A \supset B$, 则

$$P(A - B) = P(A) - P(B), P(A) \geqslant P(B).$$

一般地, 对于任意两个事件 $A$、$B$, 有

$$P(A - B) = P(A) - P(AB).$$

上式称为**概率的减法公式**.

**性质 5(概率的加法公式)** 对任意两个事件 $A, B$, 有

$$P(A \cup B) = P(A) + P(B) - P(AB).$$

一般地, 设 $A_1, A_2, \cdots, A_n$ 为 $n$ 个事件, 成立

$$P(A_1 \cup A_2 \cup \cdots \cup A_n) = \sum_{i=1}^{n} P(A_i) - \sum_{1 \leqslant i < j \leqslant n} P(A_i A_j) + \sum_{1 \leqslant i < j < k \leqslant n} P(A_i A_j A_k) - \cdots$$
$$+ (-1)^{n-1} P(A_1 A_2 \cdots A_n).$$

## (四) 条件概率与独立性

### 1. 条件概率

(1) 条件概率的定义与计算

设 $A, B$ 为两个事件, 若 $P(B) > 0$, 则称 $P(A | B) = \dfrac{P(AB)}{P(B)}$ 为事件 $B$ 发生的条件下 $A$ 发生的**条件概率**.

条件概率的计算, 除了可以利用上述定义, 还可以采用样本空间缩减的方法, 即在已知事件 $B$ 发生的条件下, $\Omega$ 缩减为由事件 $B$ 中的样本点组成的集合, 再讨论 $A$ 发生的概率.

(2) 概率的乘法公式

若 $P(A) > 0$, 则 $P(AB) = P(A)P(B | A)$; 若 $P(B) > 0$, 则 $P(AB) = P(B)P(A | B)$.

若 $P(A_1 A_2 \cdots A_{n-1}) > 0$, 则 $P(A_1 A_2 \cdots A_n) = P(A_1)P(A_2 | A_1)P(A_3 | A_1 A_2) \cdots P(A_n | A_1 A_2 \cdots A_{n-1})$.

### 2. 事件的独立性

(1) 两个事件的独立性

① 定义.

设事件 $A, B$ 满足 $P(AB) = P(A)P(B)$, 则称事件 $A, B$ **相互独立**.

② 性质.

若 $P(A) > 0(P(B) > 0)$, 则 $P(B | A) = P(B)(P(A | B) = P(A)) \Leftrightarrow A, B$ 相互独立.

若事件 $A, B$ 相互独立, 则下列 3 对事件均相互独立:

$$\overline{A} 与 B, A 与 \overline{B}, \overline{A} 与 \overline{B}.$$

（2）3 个事件的独立性

设 $A,B,C$ 为 3 个事件,若下列 4 个式子同时成立

$$\begin{cases} P(AB)=P(A)P(B) \\ P(AC)=P(A)P(C) \\ P(BC)=P(B)P(C) \\ P(ABC)=P(A)P(B)P(C) \end{cases},$$

则称 $A,B,C$ **相互独立**.

若 $A,B,C$ 相互独立,则 $A,B,C$ 两两相互独立,但反之不一定成立.

（3）$n$ 个事件的独立性

① 定义.

设 $A_1,A_2,\cdots,A_n$ 为 $n$ 个事件,若对任意的正整数 $k(2\leqslant k\leqslant n)$ 以及任意 $k$ 个正整数 $1\leqslant i_1<i_2<\cdots<i_k\leqslant n$,成立

$$P\left(A_{i_1}A_{i_2}\cdots A_{i_k}\right)=P\left(A_{i_1}\right)P\left(A_{i_2}\right)\cdots P\left(A_{i_k}\right),$$

则称事件 $A_1,A_2,\cdots,A_n$ **相互独立**.

② 性质.

若事件 $A_1,A_2,\cdots,A_n$ 相互独立,则其中任意少于 $n$ 个事件必相互独立.

若事件 $A_1,A_2,\cdots,A_n$ 相互独立,则

$$P\left(A_1\bigcup A_2\bigcup\cdots\bigcup A_n\right)=1-P\left(\overline{A}_1\right)P\left(\overline{A}_2\right)\cdots P\left(\overline{A}_n\right).$$

**3. 伯努利概型**

若试验 $E_1,E_2,\cdots,E_n$ 满足以下条件:

（1）$E_1,E_2,\cdots,E_n$ 相互独立;

（2）每次试验 $E_i(i=1,2,\cdots,n)$ 都只有两个可能的结果,即 $A$ 和 $\overline{A}$;

（3）在每次试验中,$p=P(A)$,从而 $q=1-p=P(\overline{A})$ 保持不变.

则称 $E_1,E_2,\cdots,E_n$ 为 **$n$ 重伯努利试验或伯努利概型**.

**定理** 在 $n$ 重伯努利试验中,事件 $A$ 恰好发生 $k$ 次的概率为

$$b(k:n,p)=C_n^k p^k q^{n-k},k=0,1,\cdots,n.$$

其中,$p=P(A),q=1-p=P(\overline{A})$,并且 $\sum_{k=0}^{n}b(k:n,p)=1$.

## （五）全概率公式与贝叶斯公式

**1. 样本空间的分割**

设 $A_1,A_2,\cdots,A_n$ 为 $n$ 个事件,满足

（1）$A_iA_j=\varnothing,P(A_i)>0(i\neq j,i,j=1,2,\cdots,n)$;

（2）$\sum_{i=1}^{n}A_i=\Omega$.

则称 $A_1,A_2,\cdots,A_n$ 为样本空间 $\Omega$ 的一个**分割**.

## 2. 全概率公式

设 $A_1, A_2, \cdots, A_n$ 为样本空间 $\Omega$ 的一个分割，$B$ 为任一事件，则

$$P(B) = \sum_{i=1}^{n} P(A_i) P(B \mid A_i).$$

## 3. 贝叶斯公式

设 $A_1, A_2, \cdots, A_n$ 为样本空间 $\Omega$ 的一个分割，$B$ 为任一满足 $P(B) > 0$ 的事件，则

$$P(A_i \mid B) = \frac{P(A_i) P(B \mid A_i)}{\sum_{i=1}^{n} P(A_i) P(B \mid A_i)}, i = 1, 2, \cdots, n.$$

$P(A_i)(i = 1, 2, \cdots, n)$ 通常称为**先验概率**，$P(A_i \mid B)(i = 1, 2, \cdots, n)$ 通常称为**后验概率**.

在全概率公式和贝叶斯公式中，通常将 $B$ 理解为某一试验的结果，而将 $A_1, A_2, \cdots, A_n$ 理解为导致 $B$ 发生的可能的原因.

# 三、典型例题解析

**【例1】** $n$ 对夫妻参加婚礼，现进行一项游戏，随机地把人分为 $n$ 对，问：每对恰为夫妻的概率是多少？

**解** 把这 $2n$ 个人从左至右排成一列，总共有 $(2n)!$ 种排法. 处在 1，2 位置的作为一对夫妻，3，4 位置的作为一对夫妻，等等. 将每对夫妻看成一组，按组排列，共有 $n!$ 种排法；每组都各有 2 种排法，共 $2^n$ 种排法，故排列总数为 $2^n \cdot n!$. 所以 $P = \dfrac{2^n \cdot n!}{(2n)!}$.

**【例2】** 从 $0, 1, \cdots, 9$ 中有放回地连取 4 个数，并按出现的先后次序排列，求下列事件发生的概率.

（1）$A_1$：4 个数字组成一个四位数；

（2）$A_2$：4 个数字组成一个四位偶数；

（3）$A_3$：4 个数字中 0 恰好出现两次；

（4）$A_4$：4 个数字中 0 至少出现一次.

**解** 样本点总数显然为 $10^4$.

（1）4 个数字组成一个四位数，只需第一位数字不为 0，后 3 位数字任意，所以 $A_1$ 的有利场合数为 $C_9^1 \cdot 10^3$，从而 $P(A_1) = \dfrac{C_9^1 \cdot 10^3}{10^4} = 0.9$.

（2）4 个数字组成一个四位偶数，第一位数字不能为 0，且末位必须为偶数，所以 $A_2$ 的有利场合数为 $C_9^1 \cdot 10^2 \cdot C_5^1$，从而 $P(A_2) = \dfrac{C_9^1 \cdot 10^2 \cdot C_5^1}{10^4} = 0.45$.

（3）4 个数字中 0 恰好出现两次，必须有两次取 0，而另外两次不取 0，于是 $A_3$ 的有利场合数为 $C_4^2 \cdot 9^2$，从而 $P(A_3) = \dfrac{C_4^2 \cdot 9^2}{10^4} = 0.0486$.

（4）为求 4 个数字中 0 至少出现一次的概率，我们先求 4 个数字中不含 0 的概率. 取

到的 4 个数字不含 0,共有 $9^4$ 种取法,因此 $P(A_4) = 1 - \dfrac{9^4}{10^4} = 0.3439$.

【例 3】　一部电梯从底层开始启动时有 6 位乘客,设每位乘客在 10 层楼的任何一层离开的可能性相同,试求下列事件发生的概率.

(1)$A$:某指定的一层有两位乘客离开;

(2)$B$:没有两位及两位以上的乘客在同一层离开;

(3)$C$:恰有两位乘客在同一层离开;

(4)$D$:至少有两位乘客在同一层离开.

**解**　由于每一位乘客均可能在 10 层楼的任何一层离开,故样本点总数为 $10^6$.

(1)某指定的一层有两位乘客离开,这两位乘客可以是 6 人中的任 2 人,共有 $C_6^2$ 种可能,其余 4 人可以在另外 9 层任意离开,共有 $9^4$ 种可能,故 $A$ 发生的概率为 $P(A) = \dfrac{C_6^2 \cdot 9^4}{10^6} \approx 0.0984$.

(2)没有两位及两位以上的乘客在同一层离开,即 6 位乘客应在 10 层中任选 6 层,每层有 1 位乘客离开,共有 $P_{10}^6$ 种可能,故 $B$ 发生的概率为 $P(B) = \dfrac{P_{10}^6}{10^6} = 0.1512$.

(3)恰有两位乘客在同一层离开,乘客的组合共有 $C_6^2$ 种可能,对楼层的选择共有 $C_{10}^1$ 种可能,其余的 4 位乘客不能有 2 位在同一层一起离开,有 3 种形式:4 位乘客在同一层一起离开,共有 $C_9^1$ 种可能;有 3 位乘客在 9 层的某一层一起离开,余下的 1 位乘客在剩下的 8 个楼层选择一层离开,共有 $C_4^3 C_9^1 C_8^1$ 种可能;4 位乘客在不同的楼层离开,一位乘客一层,共有 $C_9^4 \cdot 4!$ 种可能. 因此 $C$ 发生的概率为

$$P(C) = \frac{C_{10}^1 C_6^2 (C_9^1 + C_4^3 C_9^1 C_8^1 + C_9^4 \cdot 4!)}{10^6} \approx 0.4982.$$

(4)显然有 $P(D) = 1 - P(B) = 1 - 0.1512 = 0.8488$.

【例 4】　从 4 阶行列式的一般展开式中任取一项,求该项包含主对角元素的概率.

**解**　设 $A_i (i = 1, 2, 3, 4)$ 为包含 $a_{ii}$ 的项. 4 阶行列式展开后的项数为 $4!$,将行列式按主对角线展开可以看出含 $a_{11}$ 的项数为 $3!$,含 $a_{11}a_{22}$ 的项数为 $2!$,以此类推. 由加法定理知,所求概率为

$$P(A_1 \bigcup A_2 \bigcup A_3 \bigcup A_4) = C_4^1 \times \frac{3!}{4!} - C_4^2 \times \frac{2!}{4!} + C_4^3 \times \frac{1!}{4!} - C_4^4 \times \frac{1}{4!}$$

$$= 1 - \frac{12}{24} + \frac{4}{24} - \frac{1}{24} = \frac{5}{8}.$$

【例 5】　将 5 封信随机投入 3 个信箱,求每个信箱都有信的概率.

**解**　设 $A$ 表示"每个信箱都有信",$A_i (i = 1, 2, 3)$ 表示"第 $i$ 个信箱有信",则

$$P(A) = P(A_1 A_2 A_3) = 1 - P(\overline{A_1} \bigcup \overline{A_2} \bigcup \overline{A_3})$$

$$= 1 - \left[ P(\overline{A_1}) + P(\overline{A_2}) + P(\overline{A_3}) - P(\overline{A_1 A_2}) - P(\overline{A_2 A_3}) - P(\overline{A_1 A_3}) + P(\overline{A_1 A_2 A_3}) \right]$$

$$= 1 - \left( 3 \times \frac{2^5}{3^5} - 3 \times \frac{1^5}{3^5} + 0 \right) = \frac{50}{81}.$$

【例 6】　在长度为 $T$ 的时间段内,有两个长短不等的信号随机地进入接收机. 长信号保持时间 $t_1 \leqslant T$,短信号保持时间 $t_2 \leqslant T$,求两个信号互不干扰的概率.

**解** 设长、短信号到达时间分别为 $x$ 和 $y$. 若长信号先进入接收机,要想不受干扰,必须有 $t_1 + x < y$;若短信号先进入接收机,要想不受干扰,必须有 $t_2 + y < x$. 从而样本空间为

$$\Omega = \left\{ (x,y) \,\middle|\, 0 \leqslant x \leqslant T, 0 \leqslant y \leqslant T \right\} (见图 1\text{-}1).$$

记 $A$ 为"两个信号互不干扰"的事件,则

$$A = \left\{ (x,y) \,\middle|\, t_1 + x < y < T \text{ 或 } t_2 + y < x < T \right\} (见图 1\text{-}1),$$

从而

$$P(A) = \frac{A_1 \text{面积} + A_2 \text{面积}}{T^2} = \frac{1}{2}\left[ \left( \frac{T - t_1}{T} \right)^2 + \left( \frac{T - t_2}{T} \right)^2 \right].$$

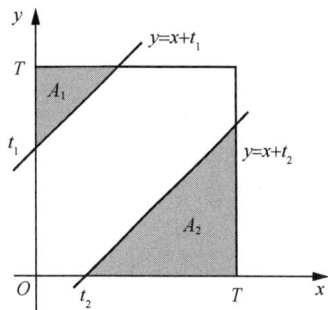

图 1-1

**【例 7】** 在边长为 3 的正方形内,随机抛入一个半径为 1 的圆环. 若圆环的圆心一定落入正方形内,求圆环能与正方形的边相交的概率.

**解** 半径为 1 的圆环能与正方形的边相交的充分必要条件是圆环的圆心落入图 1-2 中的阴影部分 $G$,故由几何概型的计算公式,有 $p = \dfrac{G \text{的面积}}{\text{边长为 3 的正方形的面积}} = \dfrac{9-1}{9} = \dfrac{8}{9}.$

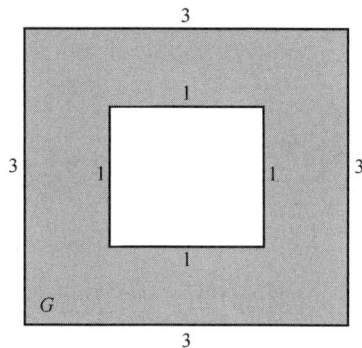

图 1-2

**【例 8】** 把一根长为 $a$ 的木棒任意地折成 3 段,求这 3 段能构成一个三角形的概率.

**解** 记木棒折成 3 段后的长度分别为 $x, y, a-x-y$,则它们的可能取值为

$$\begin{cases} 0 < x < a \\ 0 < y < a \\ 0 < a - x - y < a \end{cases},$$

从而样本空间为

$$\Omega = \left\{ (x,y) \,\middle|\, 0 < x < a, 0 < y < a, 0 < x + y < a \right\},$$

这样的 $x, y$ 构成 $\triangle AOB$ 区域(见图 1-3).

而折成的 3 段要构成三角形,根据三角形任两边之和大于第三边的原理,$x, y$ 必须满足

$$\begin{cases} 0 < x < \dfrac{a}{2} \\ 0 < y < \dfrac{a}{2} \\ \dfrac{a}{2} < x + y < a \end{cases},$$

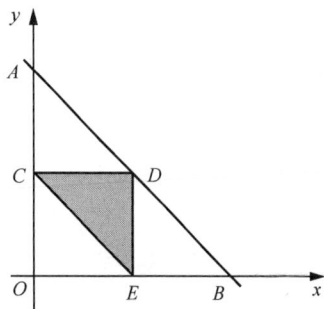

图 1-3

即构成 $\triangle CDE$. 因此折成的 3 段能构成三角形的概率为

$$p = \frac{\triangle CDE\text{的面积}}{\triangle AOB\text{的面积}} = \frac{\frac{1}{2}\left(\frac{a}{2}\right)^2}{\frac{1}{2}a^2} = \frac{1}{4}.$$

**【例 9】** 猎人在距离动物 100m 处射击该动物,其命中率为 $\frac{1}{2}$. 若第一次未命中,则在距离该动物 150m 处进行第二次射击. 若仍未命中,则在距离 200m 处进行第三次射击(只允许射击 3 次). 假设命中率与距离的平方成反比,求猎人命中动物的概率.

**解** 设 $A_i(i=1,2,3)$ 表示事件"第 $i$ 次命中动物",$B$ 表示事件"猎人命中动物",则 $P(A_1) = \frac{k}{100^2} = \frac{1}{2}$,即 $k = 5000$. 而 $B = A_1 \bigcup \overline{A_1}A_2 \bigcup \overline{A_1}\overline{A_2}A_3$,所以

$$\begin{aligned}
P(B) &= P(A_1) + P(\overline{A_1}A_2) + P(\overline{A_1}\overline{A_2}A_3) \\
&= P(A_1) + P(\overline{A_1})P(A_2|\overline{A_1}) + P(\overline{A_1})P(\overline{A_2}|\overline{A_1})P(A_3|\overline{A_1}\overline{A_2}) \\
&= \frac{1}{2} + \frac{1}{2} \times \frac{k}{150^2} + \frac{1}{2} \times \left(1 - \frac{k}{150^2}\right) \times \frac{k}{200^2} \\
&= \frac{1}{2} + \frac{1}{2} \times \frac{2}{9} + \frac{1}{2} \times \frac{7}{9} \times \frac{1}{8} \\
&= \frac{95}{144}.
\end{aligned}$$

**【例 10】** 一学生接连参加同一课程的两次考试,第一次考试及格的概率为 $p$. 若第一次考试及格,则第二次考试及格的概率为 $p$;若第一次考试不及格,则第二次考试及格的概率为 $\frac{p}{2}$.

(1) 若至少有一次考试及格,则他能取得某种资格,求他取得该资格的概率;

(2) 若已知他第二次考试及格,求他第一次考试及格的概率.

**解** 设 $A_1, A_2$ 分别表示"第一次考试及格"和"第二次考试及格",$B$ 表示"取得该资格",则

$$P(A_1) = p, P(A_2|A_1) = p, P(A_2|\overline{A_1}) = \frac{p}{2},$$

由全概率公式得

$$P(A_2) = P(A_1)P(A_2|A_1) + P(\overline{A_1})P(A_2|\overline{A_1}) = p^2 + (1-p)\frac{p}{2} = \frac{1}{2}p(1+p).$$

(1) $P(B) = P(A_1 \bigcup A_2) = P(A_1) + P(A_2) - P(A_1A_2)$

$$= P(A_1) + P(A_2) - P(A_1)P(A_2|A_1) = p + \frac{1}{2}p(1+p) - p^2 = \frac{3p - p^2}{3}.$$

(2) $P(A_1|A_2) = \dfrac{P(A_1)P(A_2|A_1)}{P(A_2)} = \dfrac{p^2}{\frac{1}{2}p(p+1)} = \dfrac{2p}{p+1}.$

**【例 11】** 设有来自 3 个地区的各 10 名、15 名和 25 名考生的报名表,其中女生的报名表分别为 3 份、7 份和 5 份. 随机地抽取一个地区的报名表,从中先后抽出两份.

（1）求先抽到的一份是女生的报名表的概率 $p$；

（2）已知后抽到的一份是男生的报名表，求先抽到的一份是女生的报名表的概率 $q$.

**解** 设 $A_i(i = 1, 2, 3)$ 表示"报名表取自第 $i$ 个地区的考生"，$B_j(j = 1, 2)$ 表示"第 $j$ 次取出的是女生的报名表".

（1）$P(A_i) = \dfrac{1}{3}$，$P(B_1 | A_1) = \dfrac{3}{10}$，$P(B_1 | A_2) = \dfrac{7}{15}$，$P(B_1 | A_3) = \dfrac{5}{25}$，

$$p = P(B_1) = \sum_{i=1}^{3} P(A_i) P(B_1 | A_i) = \frac{1}{3}\left(\frac{3}{10} + \frac{7}{15} + \frac{5}{25}\right) = \frac{29}{90}.$$

（2）$q = P(B_1 | \bar{B}_2) = \dfrac{P(B_1 \bar{B}_2)}{P(\bar{B}_2)}.$

由全概率公式得

$$P(\bar{B}_2) = \sum_{i=1}^{3} P(A_i) P(\bar{B}_2 | A_i) = \frac{1}{3}\left(\frac{7}{10} + \frac{8}{15} + \frac{20}{25}\right) = \frac{61}{90},$$

其中利用抽签公平的性质可以简单推出 $P(\bar{B}_2 | A_i) = P(\bar{B}_1 | A_i).$

$$P(B_1 \bar{B}_2) = \sum_{i=1}^{3} P(A_i) P(B_1 \bar{B}_2 | A_i) = \frac{1}{3}\left(\frac{3 \times 7}{10 \times 9} + \frac{7 \times 8}{15 \times 14} + \frac{5 \times 20}{25 \times 24}\right) = \frac{2}{9}.$$

故 $q = P(B_1 | \bar{B}_2) = \dfrac{P(B_1 \bar{B}_2)}{P(\bar{B}_2)} = \dfrac{\dfrac{2}{9}}{\dfrac{61}{90}} = \dfrac{20}{61}.$

# 四、自测练习试卷

## 试卷 1

（一）填空题（共 8 题，每题 3 分，共 24 分）

1. 总经理的 5 位秘书中有 3 位精通英语，现偶遇其中的两位，事件"其中有人精通英语"的概率为_____.

2. 袋中有黑、白两种颜色的球，黑球的个数是白球的 2 倍，从中不放回地依次取球，每次取一个，则第 $k$ 次取到白球的概率为_____.

3. 两个人随机地走进编号为 1, 2, 3, 4 的 4 个房间，则恰好有 1 人走进 2 号房间的概率为_____.

4. 随机地向半圆 $0 < y < \sqrt{2ax - x^2}$（$a$ 为正常数）内掷一点，点落在半圆内任何区域的概率与区域的面积成正比，则原点和该点的连线与 $x$ 轴的夹角小于 $\dfrac{\pi}{4}$ 的概率为_____.

5. 设 10 件同类产品中有 4 件不合格，从中任取两件，已知所取两件产品中有一件是不合格品，则另一件也是不合格品的概率为_____.

6. 一批零件共 100 件，其中有 90 件正品、10 件次品，不放回地接连抽取两次，每次取一件，第二次才取得正品的概率为_____.

7. 设 $A,B$ 为相互独立的两个事件,且 $P(A\cup B)=0.6,P(A)=0.4$,则 $P(B)=$_____.

8. 设在一次试验中,事件 $A$ 发生的概率为 $p$,现进行 $n$ 次独立试验,则 $A$ 至多发生一次的概率为_____.

(二)选择题(共 8 题,每题 3 分,共 24 分)

1. 设 $A,B,C$ 为 3 个事件,下列事件中与 $A$ 互斥的是(　　).

A. $\overline{AB}\cup A\overline{C}$ 　　　B. $\overline{A(B\cup C)}$ 　　　C. $\overline{ABC}$ 　　　D. $\overline{A\cup B\cup C}$

2. 将 3 封信随机地投入编号为 Ⅰ,Ⅱ,Ⅲ,Ⅳ 的 4 个信箱,则 Ⅱ 号信箱内恰好有一封信的概率是(　　).

A. $\dfrac{9}{32}$ 　　　　B. $\dfrac{9}{64}$ 　　　　C. $\dfrac{27}{64}$ 　　　　D. $\dfrac{3}{64}$

3. 设 $A$ 与 $B$ 互不相容,且 $P(A)>0,P(B)>0$,则下列结论中肯定正确的是(　　).

A. $A$ 与 $B$ 为对立事件 　　　　　　　B. $\overline{A}$ 与 $\overline{B}$ 互不相容

C. $P(A-B)=P(A)-P(B)$ 　　　　　　D. $P(A-B)=P(A)$

4.(考研真题 2016 年数学三) 已知 $0<P(A)<1,0<P(B)<1$,若 $P(A|B)=1$,则(　　).

A. $P(\overline{B}|\overline{A})=1$ 　　　　　　　　　B. $P(A|\overline{B})=0$

C. $P(A\cup B)=1$ 　　　　　　　　　D. $P(B|A)=1$

5. 5 个人以摸彩方式决定谁得一张电影票,设 $A_i(i=1,2,3,4,5)$ 表示"第 $i$ 个人摸到",则下列结论中不正确的是(　　).

A. $P(\overline{A_1}A_2)=\dfrac{1}{4}$ 　　B. $P(\overline{A_1}A_2)=\dfrac{1}{5}$ 　　C. $P(A_5)=\dfrac{1}{5}$ 　　D. $P(\overline{A_1}\,\overline{A_2})=\dfrac{3}{5}$

6.(考研真题 2003 年数学四) 对于任意两事件 $A,B$,有(　　).

A. 若 $AB\neq\varnothing$,则 $A,B$ 一定独立 　　　B. 若 $AB\neq\varnothing$,则 $A,B$ 有可能独立

C. 若 $AB=\varnothing$,则 $A,B$ 一定独立 　　　D. 若 $AB=\varnothing$,则 $A,B$ 一定不独立

7.(考研真题 2017 年数学三) 设 $A,B,C$ 为 3 个随机事件,且 $A$ 与 $C$ 相互独立,$B$ 与 $C$ 相互独立,则 $A\cup B$ 与 $C$ 相互独立的充分必要条件是(　　).

A. $A$ 与 $B$ 相互独立 　　　　　　　　B. $A$ 与 $B$ 互不相容

C. $AB$ 与 $C$ 相互独立 　　　　　　　D. $AB$ 与 $C$ 互不相容

8. 甲袋中有 3 个白球和 5 个黑球,乙袋中有 4 个白球和 6 个黑球. 从甲袋中任取一球放入乙袋,再从乙袋中任取一球放回甲袋,以 $p_1$ 和 $p_2$ 分别表示甲袋中白球数增加和白球数不变的概率,则(　　).

A. $p_1>p_2$ 　　　　B. $p_1<p_2$ 　　　　C. $p_1=p_2$ 　　　　D. A 或 C

(三)分析判断题(共 1 题,共 4 分)

1. 设 $A,B$ 为随机事件,则 $P(A|B)+P(A|\overline{B})=1$ 必成立.

(四)简答题(共 1 题,共 8 分)

1. 说明对立事件与互斥事件之间的关系.

(五)计算题(共 6 题,第 1、4、5 题每题 8 分,第 2、3 题每题 6 分,第 6 题 4 分,共 40 分)

1. 从编号为 $1,2,\cdots,10$ 的 10 张卡片中任取一张,有放回地先后取 7 次,每次记下号

码,求下列事件发生的概率.

(1) 7 个编号全不相同;

(2) 编号不含 10 和 1;

(3) 编号 10 恰好出现两次;

(4) 编号 10 至少出现两次.

2. 某人有 5 把钥匙,但他忘了开门的是哪一把,于是逐把试开,求:

(1) 恰好第 3 次打开房门的概率;

(2) 3 次内打开房门的概率;

(3) 如果 5 把钥匙中有 2 把房门钥匙,3 次内打开房门的概率.

3. 设两个相互独立的事件 $A$ 和 $B$ 都不发生的概率为 $\frac{1}{9}$,$A$ 发生 $B$ 不发生的概率与 $B$ 发生 $A$ 不发生的概率相等,求 $P(A)$.

4. 设有 3 箱同型号产品,分别装有合格品 20 件、12 件和 15 件,不合格品 5 件、4 件和 5 件. 现任意打开一箱,并从中任取一件进行检验,由于检验误差,每件合格品被误检为不合格品的概率是 0.04,每件不合格品被误检为合格品的概率是 0.04. 试求:

(1) 取到一件产品经检验是合格品的概率;

(2) 已知取到一件产品经检验是合格品,而它确实是合格品的概率.

5. 甲袋中有 4 个白球和 6 个黑球,乙袋中有 5 个白球和 5 个黑球,现从甲袋中任取 2 个球,从乙袋中任取一个球,将它们放在一起,再从这 3 个球中任取一球,求最后取到的是白球的概率.

6. 在伯努利试验中,若事件 $A$ 发生的概率为 $p$,求在发生 $m$ 次 $\bar{A}$ 之前发生 $k$ 次 $A$ 的概率.

## 试卷 2

(一) 填空题(共 7 题,每题 3 分,共 21 分)

1.(**考研真题 2016 年数学三**)设袋中有红球、白球、黑球各一个,从中有放回地取球,每次取一个,直到 3 种颜色的球都取到时停止,则取球次数恰好为 4 的概率为_____.

2. 设有 $n$ 个人排成一排,则甲、乙两人相邻的概率为_____.

3. 5 个同心圆的半径依次为 $kr(k=1,2,3,4,5)$. 用线条画满半径为 $r$ 的圆和内外半径分别为 $3r$ 和 $5r$ 的圆环. 在半径为 $5r$ 的圆中任取一点,则该点落在半径为 $2r$ 的圆内的概率为_____,落在画有线条的区域内的概率为_____.

4. 设 $P(A)=P(B)=P(C)=\frac{1}{4}$,$P(AB)=P(AC)=P(BC)=\frac{1}{8}$,$P(ABC)=\frac{1}{16}$,则事件 $A,B,C$ 中至少发生一个的概率为_____,至多发生一个的概率为_____.

5. 设 $A,B,C$ 相互独立,$P(A)=0.4$,$P(B)=0.5$,$P(C)=0.5$,则 $P(A-C|AB\bigcup C)=$_____.

6. 3 人独立地破译一密码,已知他们能单独译出的概率分别为 $\frac{1}{5},\frac{1}{3},\frac{1}{4}$,则此密码被译出的概率为_____.

7. 在 3 重伯努利试验中,如果至少有一次试验成功的概率为 $\dfrac{37}{64}$,则每次试验成功的概率为_____.

(二)选择题(共 8 题,每题 3 分,共 24 分)

1. $A,B$ 为随机事件,$A\overline{B}=\varnothing$,则下列说法正确的是(    ).

A. $A,B$ 不能同时发生　　　　　　B. $\overline{A},\overline{B}$ 不能同时发生

C. $A$ 发生则 $B$ 必发生　　　　　　D. $B$ 发生则 $A$ 必发生

2. 一袋中有大小相同的 7 个球,其中有 4 个白球、3 个黑球,现从中任取 3 个,事件"至少取出 2 个白球"的概率是(    ).

A. $\dfrac{22}{35}$　　　B. $\dfrac{18}{35}$　　　C. $\dfrac{4}{35}$　　　D. $\dfrac{4}{7}$

3. 3 个人被等可能地分配到 4 个房间中的任一个,则某指定的房间中恰有 2 人的概率是(    ).

A. $\dfrac{3}{64}$　　　B. $\dfrac{3}{16}$　　　C. $\dfrac{9}{64}$　　　D. $\dfrac{5}{32}$

4.(考研真题 2015 年数学一) 若 $A,B$ 为任意两事件,则(    ).

A. $P(AB)\leqslant P(A)P(B)$　　　　B. $P(AB)\geqslant P(A)P(B)$

C. $P(AB)\leqslant \dfrac{P(A)+P(B)}{2}$　　D. $P(AB)\geqslant \dfrac{P(A)+P(B)}{2}$

5. 若 $A\supset B,A\supset C,P(A)=0.9,P(\overline{B}\bigcup\overline{C})=0.8$,则 $P(A-BC)$ 为(    ).

A. 0.6　　　B. 0.7　　　C. 0.8　　　D. 0.4

6.(考研真题 2017 年数学一) 设 $0<P(A)<1,0<P(B)<1$,则 $P(A|B)>P(A|\overline{B})$ 的充分必要条件是(    ).

A. $P(B|A)>P(B|\overline{A})$　　　　B. $P(B|A)<P(B|\overline{A})$

C. $P(\overline{B}|A)>P(B|\overline{A})$　　　D. $P(\overline{B}|A)<P(B|\overline{A})$

7. 设 $P(A)=P(B)=0.3,P(\overline{A}\bigcup B)=0.7$,则(    ).

A. $A$ 与 $B$ 互斥　　　　　　B. $A$ 与 $B$ 相互独立

C. $A$ 与 $B$ 不相互独立　　　D. $A$ 与 $B$ 不互斥

8.(考研真题 2007 年数学三) 某人向同一目标独立重复射击,每次命中率为 $p(0<p<1)$,则此人第 4 次射击恰好第 2 次命中目标的概率为(    ).

A. $3p(1-p)^3$　　　　　　B. $6p(1-p)^3$

C. $3p^2(1-p)^2$　　　　　　D. $6p^2(1-p)^2$

(三)分析判断题(共 1 题,共 4 分)

1."事件 $A$ 与 $B$ 独立"与"事件 $A$ 与 $B$ 互斥"是等价的.

(四)简答题(共 2 题,第 1 题 2 分,第 2 题 3 分,共 5 分)

1. 叙述频率与概率的定义,指出它们之间的联系.

2. 说明"事件 $A,B,C$ 相互独立"与"事件 $A,B,C$ 两两独立"的关系.

（五）计算题(共 6 题,第 1、2、3、5、6 题每题 8 分,第 4 题 6 分,共 46 分)

1. 现有 10 本书,其中含两套书,一套 3 卷,另一套 4 卷,任意地把它们放到书架上排成一排,求下列事件发生的概率.

(1) 3 卷一套的放在一起;

(2) 两套各自放在一起;

(3) 两套中至少有一套放在一起;

(4) 两套各自放在一起,还必须按卷次顺序排列.

2. 从 $n$ 双不同的鞋子中任取 $2r(2r < n)$ 只,求下列事件发生的概率.

(1) 没有成对的鞋子;(2) 只有一对鞋子;(3) 恰有两对鞋子;(4) 有 $r$ 对鞋子.

3. 在半径为 $R$ 的圆上作 $A,B,C$ 这 3 点,三角形 $ABC$ 为锐角三角形的概率为多少?

4. 从 1 ~ 9 这 9 个正整数中,有放回地取 3 次,每次任取 1 个,求所得到的 3 个数之积能被 10 整除的概率.

5. 试证:

(1) 如果 $P(A|B) = P(A|\bar{B})$,则事件 $A$ 与 $B$ 独立;

(2) 如果 $0 < P(A), P(B) < 1$,且 $P(B|A) + P(\bar{B}|\bar{A}) = 1$,则事件 $A$ 与 $B$ 独立.

计算题4

6. 在 $n$ 个袋中各有 4 个白球、6 个黑球,而另一袋中有 5 个白球、5 个黑球,现从 $n + 1$ 个袋中任选一袋,从中随机取 2 个球,都是白球,在这种情况下,有 5 个黑球、3 个白球留在所选袋中的概率为 $\frac{1}{7}$,求 $n$.

# 五、习题、总复习题及详解

## 习题 1-1　样本空间与随机事件

1. 写出下列随机试验的样本空间.

(1) 口袋中装有 10 个球,其中有 6 个白球和 4 个红球,分别标记为 1~10 号,从中任取一球,观察球的号数;

(2) 观察某昆虫的存活时间;

(3) 从装有 10 个球的口袋中有放回地陆续取出两球,假定各球标有 1~10 的号码,观察取出的两球的号数;

(4) 在(3)中,将取球的方式改为无放回;

(5)将长度为 1m 的尺子折成 3 段,考察各段长度.

**解**　(1) $\Omega = \{1, 2, \cdots, 10\}$;

(2) $\Omega = [0, +\infty)$;

(3) $\Omega = \{(x, y)|x, y = 1, 2, \cdots, 10\}$;

(4) $\Omega = \{(x, y)|x, y = 1, 2, \cdots, 10, x \neq y\}$;

(5) $\Omega = \left\{ (x,y,z) \mid x,y,z > 0, x + y + z = 1 \right\}.$

2. 在会计系学生中任选一名,以 $A$ 表示"被选学生为男生",$B$ 表示"该学生来自少数民族",$C$ 表示"该学生是学生干部".

(1) 说明 $AB\bar{C}$ 的意义.

(2) 什么条件下成立 $ABC = C$?

(3) 何时成立 $C \subset B$?

(4) 什么时候 $\bar{A} = B$ 是正确的?

**解** (1) $AB\bar{C}$ 表示该学生是男生,来自少数民族但不是学生干部;

(2) 在会计系的学生干部均来自少数民族且为男生的条件下成立 $ABC = C$;

(3) 在会计系的学生干部全部来自少数民族时成立 $C \subset B$;

(4) 当会计系来自少数民族的学生均为女生,而来自汉族的学生均为男生的时候成立 $\bar{A} = B$.

3. 将下列事件用 $A,B,C$ 表示出来.

(1) 只有 $A$ 发生;

(2) 3 个事件中至少有两个发生;

(3) 3 个事件中恰好发生两个;

(4) 3 个事件中不多于一个发生.

**解** (1) $A\bar{B}\bar{C}$;

(2) $AB\bar{C} + A\bar{B}C + \bar{A}BC + ABC$;

(3) $AB\bar{C} + A\bar{B}C + \bar{A}BC$;

(4) $A\bar{B}\bar{C} + \bar{A}B\bar{C} + \bar{A}\bar{B}C + \bar{A}\bar{B}\bar{C}$.

## 习题 1-2　频率、古典概率及几何概率

1. 袋中有 2 个红球和 3 个白球,球的大小、形状相同,从中无放回地每次取出一球排成一行,求 3 个白球紧挨着的概率.

**解** 设 $A$ 表示"3 个白球紧挨在一起",将这 3 个白球看成一个球,所以 $P(A) = \dfrac{3! \times 3!}{5!} = \dfrac{3}{10}.$

2. 袋中有 5 个白球和 6 个黑球,无放回地陆续取出 3 个球,求顺序为黑球、白球、黑球的概率.

**解** 设 $A$ 表示"3 个球的顺序为黑球、白球、黑球",$P(A) = \dfrac{C_6^1 C_5^1 C_5^1}{P_{11}^3} = \dfrac{5}{33}.$

3. 设有 $n(n \leqslant N)$ 个人,每个人等可能地被分配到 $N$ 个房间中的任意一间去住,求:

(1) 恰有 $n$ 个房间各有一人的概率;

(2) 某指定的房间中恰有 $m(m \leqslant n)$ 个人的概率.

**解** 设 $A_1$ 表示"恰有 $n$ 个房间各有一人",$A_2$ 表示"某指定的房间中恰有 $m$ 个人".

(1) $P(A_1) = \dfrac{C_N^n \cdot n!}{N^n}$;(2) $P(A_2) = \dfrac{C_n^m \cdot (N-1)^{n-m}}{N^n}.$

4. 某码头只能容纳一艘船,现预知某日将独立地到来两艘船,且在 24h 内各时刻船到来的可能性相等,如果它们需要停靠的时间分别为 3h 和 4h,求有一艘船要在江中等待的概率.

**解**  设 $A$ 表示"有一艘船要在江中等待",$x,y$ 分别表示两艘船到来的时刻,则

$$\Omega = \{(x,y)|0 \leqslant x \leqslant 24, 0 \leqslant y \leqslant 24\},$$

$$A = \{(x,y)|0 \leqslant x \leqslant 24, 0 \leqslant y \leqslant 24, x-4 \leqslant y \leqslant x+3\}$$

(见图 1-4),

$$P(A) = 1 - P(\overline{A}) = 1 - \dfrac{\dfrac{1}{2} \times 21 \times 21 + \dfrac{1}{2} \times 20 \times 20}{24 \times 24}$$

$$= \dfrac{311}{1152} \approx 0.27.$$

5. 从 $(0,1)$ 中随机地取两个数,求下列事件发生的概率.

(1) 两数之和小于 1.2;(2) 两数之积小于 $\dfrac{1}{4}$.

**解**  设 $x,y$ 为取到的两数,$A_1, A_2$ 分别表示上述两事件,则

$$\Omega = \left\{(x,y)|0 < x < 1, 0 < y < 1\right\}.$$

(1) $A_1 = \left\{(x,y)|0 < x < 1, 0 < y < 1, x+y < 1.2\right\}$(见图 1-5),

$$P(A_1) = 1 - \dfrac{1}{2} \times 0.8 \times 0.8 = 0.68;$$

(2) $A_2 = \left\{(x,y)|0 < x < 1, 0 < y < 1, xy < \dfrac{1}{4}\right\}$(见图 1-6),

$$P(A_2) = 1 \times \dfrac{1}{4} + \int_{\frac{1}{4}}^{1} \dfrac{1}{4x} \mathrm{d}x = \dfrac{1}{4} + \dfrac{1}{4}\ln 4.$$

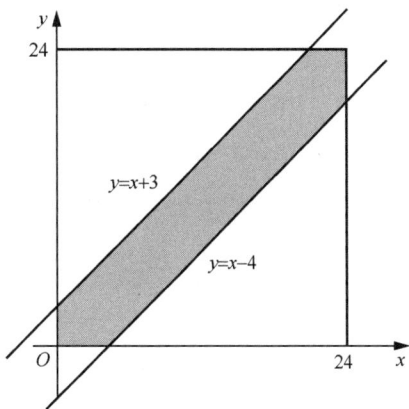

图 1-4

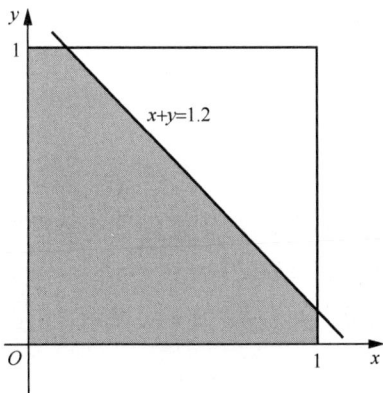

图 1-5

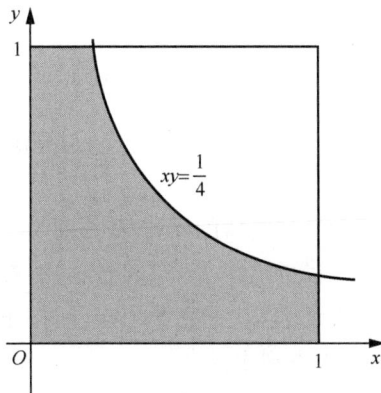

图 1-6

## 习题1-3　概率的公理化定义与性质

1. 某城市有 10000 辆自行车,牌照号码为 00001～10000,偶然遇到一辆自行车,其牌照号码中有数字 8 的概率为多大?

**解**　设 $A$ 表示"牌照号码中有数字 8", $P(A) = 1 - P(\overline{A}) = 1 - \dfrac{9^4}{10^4} = 0.3439$.

2. 给定 $P(A) = p,\ P(B) = q,\ P(A \bigcup B) = r$,求 $P(AB), P(\overline{A}B), P(A\overline{B}), P(\overline{A}\overline{B})$.

**解**　$P(A \bigcup B) = P(A) + P(B) - P(AB)$,

所以 $P(AB) = p + q - r$,

$P(\overline{A}B) = P(B) - P(AB) = r - p$,

$P(A\overline{B}) = P(A) - P(AB) = r - q$,

$P(\overline{A}\overline{B}) = P(\overline{A \bigcup B}) = 1 - r$.

3. 从 1～100 中任取一个数,求取到的数能被 5 或 9 整除的概率.

**解**　设 $A_k (k = 5, 9)$ 表示"取到的数能被 $k$ 整除",

$$P(A_5 \bigcup A_9) = P(A_5) + P(A_9) - P(A_5 A_9) = \frac{20}{100} + \frac{11}{100} - \frac{2}{100} = 0.29.$$

## 习题1-4　条件概率与独立性

1. 若 $M$ 件产品中有 $m$ 件废品,现从其中任取两件. 求:

(1) 在已知取出的两件中有一件是废品的条件下,另一件也是废品的概率;

(2) 在已知取出的两件中有一件不是废品的条件下,另一件是废品的概率;

(3) 取出的两件中至少有一件是废品的概率.

**解**　设 $A$ 表示"取出的两件中至少有一件是废品", $B$ 表示"另一件也是废品".

$$(1)\ P(B|A) = \frac{P(AB)}{P(A)} = \frac{\dfrac{C_m^2}{C_M^2}}{1 - \dfrac{C_{M-m}^2}{C_M^2}} = \frac{C_m^2}{C_M^2 - C_{M-m}^2} = \frac{m-1}{2M - m - 1};$$

$$(2)\ P(B|\overline{A}) = \frac{P(\overline{A}B)}{P(\overline{A})} = \frac{\dfrac{C_m^1 C_{M-m}^1}{C_M^2}}{1 - \dfrac{C_m^2}{C_M^2}} = \frac{C_m^1 C_{M-m}^1}{C_M^2 - C_m^2} = \frac{2m}{M + m - 1};$$

$$(3)\ P(A) = \frac{C_m^1 C_{M-m}^1 + C_m^2}{C_M^2} = \frac{m(2M - m - 1)}{M(M - 1)}.$$

2. 10 个同规格的零件中混入 3 个次品,现在进行逐个检查,则查完 5 个零件时,正好查出 3 个次品的概率为多少?(分别用古典概型和乘法公式计算)

**解**　设 $A$ 表示"查完 5 个零件时,正好查出 3 个次品", $B$ 表示"前 4 次查到 2 个次品", $C$ 表示"第 5 次查到次品".

$$(1)\ P(A) = \frac{C_3^1 \cdot (C_4^2 \cdot 2! \cdot A_7^2)}{P_{10}^5} = \frac{1}{20} (第 5 次查到次品,前 4 次查到 2 个次品);$$

（2）$P(A) = P(BC) = P(B)P(C|B) = \dfrac{C_4^2 \cdot P_3^2 \cdot P_7^6}{P_{10}^4} \cdot \dfrac{1}{6} = \dfrac{1}{20}.$

3. 在图 1-7 中，元件 Ⅰ、Ⅱ、Ⅲ 损坏的概率分别为 0.3、0.2 和 0.2，且各元件损坏与否相互独立，求系统发生故障的概率．

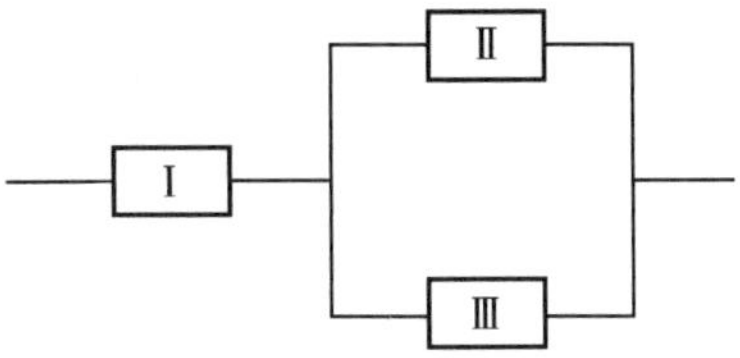

**解** 设 $A_k(k = 1, 2, 3)$ 表示"第 $k$ 个元件能正常工作"，

图 1-7

$$P(A_1) = 0.7, P(A_2) = 0.8, P(A_3) = 0.8.$$

系统正常工作的概率为

$$P\big(A_1(A_2 \cup A_3)\big) = P(A_1)\big[P(A_2) + P(A_3) - P(A_2)P(A_3)\big] = 0.672$$

所以系统发生故障的概率为 $1 - 0.672 = 0.328.$

4. 若每个人的呼吸道中带有合胞病毒的概率为 0.002，求在有 1500 人看电影的电影院里存在合胞病毒的概率．

**解** 设 $A_i(i = 1, 2, \cdots, 1500)$ 表示"第 $i$ 个看电影的人存在合胞病毒"，$A_1, A_2, \cdots, A_{1500}$ 相互独立，故所求概率为

$$P\big(A_1 \cup A_2 \cup \cdots \cup A_{1500}\big) = 1 - P(\overline{A_1})P(\overline{A_2})\cdots P(\overline{A_{1500}}) = 1 - 0.998^{1500} \approx 0.95.$$

5. 一批产品中有 30% 的一级品，进行重复抽样检验，共取 5 件样品．求：

（1）取出的 5 件样品中恰好有 2 件一级品的概率；

（2）取出的 5 件样品中至少有 2 件一级品的概率．

**解** （1）所求概率为 $p_1 = C_5^2 \times 0.3^2 \times 0.7^3 \approx 0.309;$

（2）所求概率为 $p_2 = \sum\limits_{i=2}^{5} C_5^i \times 0.3^i \times 0.7^{5-i} = 1 - \sum\limits_{i=0}^{1} C_5^i \times 0.3^i \times 0.7^{5-i} \approx 0.472.$

6. 每次射击的命中率均为 0.2，试问：必须进行多少次独立射击，才能使至少命中一次的概率不小于 0.97？

**解** 设需要进行 $n$ 次独立射击，$A_i(i = 1, 2, \cdots, n)$ 表示"第 $i$ 次命中"，至少命中一次的概率为

$$P\big(A_1 \cup A_2 \cup \cdots \cup A_n\big) = 1 - P(\overline{A_1})P(\overline{A_2})\cdots P(\overline{A_n}) = 1 - 0.8^n.$$

由 $1 - 0.8^n \geqslant 0.97$ 解得 $n \geqslant 15.7$，所以至少应该进行 16 次独立射击．

### 习题 1-5　全概率公式与贝叶斯公式

1. 某仓库有同样规格的产品 12 箱，其中有 6 箱、4 箱和 2 箱分别是甲、乙、丙 3 个厂生产的，且 3 个厂的次品率分别为 $\dfrac{1}{10}$、$\dfrac{1}{14}$ 和 $\dfrac{1}{18}$．现从这 12 箱中任选一箱，再从该箱中任取一件产品，求取得的为次品的概率．

**解** 设 $A_i(i = 1, 2, 3)$ 分别表示选中甲、乙、丙生产的箱子，$B$ 表示"取得的为次品"，则

$$P(B) = \sum_{i=1}^{3} P(A_i)P(B|A_i) = \frac{6}{12} \times \frac{1}{10} + \frac{4}{12} \times \frac{1}{14} + \frac{2}{12} \times \frac{1}{18} \approx 0.083.$$

2. 一箱产品（一箱包含 10 件产品）中有 3 件次品，检验时从中任取 2 件，若发现其中有

次品,则拒绝接收. 已知检验时把正品误判为次品的概率为 0.01,而把次品误判为正品的概率为 0.05,问:这箱产品被接收的概率为多少?

**解**　设 $A_i(i = 0, 1, 2)$ 表示"取到 $i$ 件次品",$B$ 表示"最后发现没有次品",由全概率公式得

$$P(B) = \sum_{i=0}^{2} P(A_i) P(B|A_i)$$

$$= \frac{C_7^2}{C_{10}^2} \times (1 - 0.01)^2 + \frac{C_3^1 C_7^1}{C_{10}^2} \times 0.05 \times (1 - 0.01) + \frac{C_3^2}{C_{10}^2} \times 0.05^2 \approx 0.4806.$$

3. 有两个盒子,第一个盒子中装有 2 个红球和 1 个白球,第二个盒子中装有一半红球和一半白球,现从这两个盒子中各任取一球放在一起,再从中任取一球,求:

(1) 这个球是红球的概率;

(2) 若发现这个球是红球,则从第一个盒子中取出的球是红球的概率.

**解**　设 $A_i(i = 0, 1)$ 表示"从第一个盒子取到 $i$ 个红球",$B_j(j = 0, 1)$ 表示"从第二个盒子取到 $j$ 个红球",$C$ 表示"最后取到的这个球是红球".

(1) 由全概率公式得

$$P(C) = \sum_{i=0}^{1} \sum_{j=0}^{1} P(A_i B_j) P(C|A_i B_j)$$

$$= \frac{1}{3} \times \frac{1}{2} \times 0 + \frac{1}{3} \times \frac{1}{2} \times \frac{1}{2} + \frac{2}{3} \times \frac{1}{2} \times \frac{1}{2} + \frac{2}{3} \times \frac{1}{2} \times 1 = \frac{7}{12}.$$

(2) 由贝叶斯公式得

$$P\big((A_1 B_0 + A_1 B_1)|C\big) = \frac{P(A_1 B_0)P(C|A_1 B_0) + P(A_1 B_1)P(C|A_1 B_1)}{P(C)}$$

$$= \frac{\dfrac{2}{3} \times \dfrac{1}{2} \times \dfrac{1}{2} + \dfrac{2}{3} \times \dfrac{1}{2} \times 1}{\dfrac{7}{12}} = \frac{6}{7}.$$

4. 装有 $m(m \geqslant 3)$ 个白球和 $n$ 个黑球的罐子中遗失一球,但不知其颜色,现随机地从罐中取出两球,如果这两球都是白球,问:遗失的是白球的概率为多大?

**解**　设 $A$ 表示"遗失的是白球",$B$ 表示"取到的两球都是白球",由全概率公式得

$$P(B) = P(A)P(B|A) + P(\overline{A})P(B|\overline{A}) = \frac{m}{m+n} \cdot \frac{C_{m-1}^2}{C_{m+n-1}^2} + \frac{n}{m+n} \cdot \frac{C_m^2}{C_{m+n-1}^2},$$

由贝叶斯公式得

$$P(A|B) = \frac{P(A)P(B|A)}{P(B)} = \frac{m C_{m-1}^2}{m C_{m-1}^2 + n C_m^2} = \frac{m-2}{m+n-2}.$$

## 总复习题一

1. 从 $1, 2, \cdots, N$ 中每次有放回地任取一个数,共取 $k(1 \leqslant k \leqslant N)$ 次,求下列事件发生的概率.

(1) $A$:$k$ 个数字全不相同.

(2) $B$:不含 $1, 2, \cdots, N$ 中指定的某 $r$ 个数字.

(3) $C$:某指定的一个数字恰好出现 $m(m \leqslant k)$ 次.

(4) $D$:$k$ 个数字中的最大数为 $M(1 \le M \le N)$.

(5) $E$:$k$ 个数字严格增大.

**解** 从数字 $1, 2, \cdots, N$ 中有放回地取 $k$ 个数字,共有 $N^k$ 种取法,即样本点总数为 $N^k$.

(1) 由于要求取出的 $k$ 个数字全不相同,所以事件 $A$ 的有利场合数为 $\mathrm{A}_N^k$,从而 $P(A) = \dfrac{\mathrm{A}_N^k}{N^k}$.

(2) 取出的 $k$ 个数字中不含某指定的 $r$ 个数字,则只能在剩下的 $N - r$ 个数字中有放回地取 $k$ 个数,因此事件 $B$ 的有利场合数为 $(N - r)^k$,从而 $P(B) = \dfrac{(N - r)^k}{N^k}$.

(3) 某指定的一个数字重复出现 $m$ 次,可以是 $k$ 次中的任意 $m$ 次,共有 $\mathrm{C}_k^m$ 种取法,而其余的 $k - m$ 次均取自剩下的 $N - 1$ 个数字,因此事件 $C$ 的有利场合数为 $\mathrm{C}_k^m \cdot (N - 1)^{k-m}$,从而 $P(C) = \dfrac{\mathrm{C}_k^m \cdot (N - 1)^{k-m}}{N^k}$.

(4) 从 $1, 2, \cdots, N$ 中有放回地取 $k$ 个数字,最大数不大于 $M$ 的取法共有 $M^k$ 种(这是因为只能从 $1, 2, \cdots, M$ 中有放回地取 $k$ 个数字),而最大数不大于 $M - 1$ 的取法共有 $(M - 1)^k$ 种,因此事件 $D$ 的有利场合数为 $M^k - (M - 1)^k$,从而 $P(D) = \dfrac{M^k - (M - 1)^k}{N^k}$.

(5) $k$ 个数字按严格增大的次序排列,自然它们全不相同,共有 $\mathrm{C}_N^k$ 种取法,其中只有一种是按严格增大的次序排列的,因此事件 $E$ 的有利场合数为 $\mathrm{C}_N^k$,从而 $P(E) = \dfrac{\mathrm{C}_N^k}{N^k}$.

2. 一颗骰子掷 4 次至少得到一个 6 点与两颗骰子掷 24 次至少得到一个双 6 点,这两件事哪一件更有可能遇到?

**解** 设 $A$ 表示"一颗骰子掷 4 次至少得到一个 6 点",$B$ 表示"两颗骰子掷 24 次至少得到一个双 6".

$$P(A) = 1 - P(\overline{A}) = 1 - \left(\frac{5}{6}\right)^4 \approx 0.5177, P(B) = 1 - P(\overline{B}) = 1 - \left(\frac{35}{36}\right)^{24} \approx 0.4914$$

所以前者更有可能遇到.

3. 从 5 双不同鞋号的鞋子中任选 4 只,4 只鞋子中至少有 2 只能配成一双的概率是多少?

**解** 设 $A$ 表示"4 只鞋子中至少有 2 只能配成一双",要实现 $\overline{A}$ 可以先从 5 双鞋中取 4 双,然后从每双鞋中取一只,因此 $P(A) = 1 - P(\overline{A}) = 1 - \dfrac{\mathrm{C}_5^4 (\mathrm{C}_2^1)^4}{\mathrm{C}_{10}^4} = \dfrac{13}{21}$.

4. 口袋中装有 $n - 1$ 个黑球和 1 个白球,每次从中任取一球,并换入一个黑球,如此继续下去,求第 $k$ 次取到的为黑球的概率.

**解** 设 $A_k$ 表示"第 $k$ 次取到的为黑球",$\overline{A}_k$ 则表示"第 $k$ 次取到的为白球",由于只有一个白球,所以前 $k - 1$ 次取到的均为黑球,$P(A_k) = 1 - P(\overline{A}_k) = 1 - \dfrac{1}{n} \cdot \left(1 - \dfrac{1}{n}\right)^{k-1}$.

5. 在一张画有方格的纸上投一枚直径为 1 的硬币,方格的边长要多小才能使硬币与方格的边不相交的概率小于 1%?

**解** 设 $a(a > 1)$ 为方格的边长，$x, y$ 分别表示硬币中心到左右两边和上下两边的最短距离，$A$ 表示"硬币与方格的边不相交"，则

$$\Omega = \left\{ (x, y) \mid 0 \leqslant x \leqslant \frac{a}{2}, 0 \leqslant y \leqslant \frac{a}{2} \right\},$$

$$A = \left\{ (x, y) \mid 0 \leqslant x \leqslant \frac{a}{2}, 0 \leqslant y \leqslant \frac{a}{2}, x > \frac{1}{2}, y > \frac{1}{2} \right\} (\text{见图 1-8}),$$

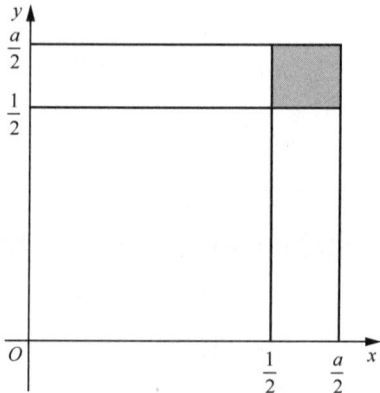

图 1-8

$$P(A) = \frac{\left( \dfrac{a}{2} - \dfrac{1}{2} \right)^2}{\left( \dfrac{a}{2} \right)^2} < 1\%, \quad a < \frac{10}{9}.$$

6. 某市共有 $N$ 辆卡车，车牌号为 $1 \sim N$，去该市的某人将遇到的 $n$ 辆卡车的车牌号记录下来（可能重复记录某些车牌号），求记录的最大号码正好为 $k(1 \leqslant k \leqslant N)$ 的概率.

**解** 设 $A_i(i = 1, 2, \cdots, k)$ 表示"记录的号码都不超过 $k$ 且恰好含有 $i$ 个 $k$"，记录的最大号码正好为 $k$ 的概率 $p = \sum_{i=1}^{n} P(A_i) = \sum_{i=1}^{n} \frac{C_n^i \cdot (k-1)^{n-i}}{N^n} = \frac{k^n - (k-1)^n}{N^n}.$

7. 袋中有 $2n - 1$ 个白球和 $2n$ 个黑球，一次取出 $n$ 个球，发现都是同颜色的球，求它们都是黑球的概率.

**解** 设 $A$ 表示"$n$ 个球都是同颜色的"，$B$ 表示"$n$ 个球都是黑色的"，则

$$P(B|A) = \frac{P(AB)}{P(A)} = \frac{\dfrac{C_{2n}^n}{C_{4n-1}^n}}{\dfrac{C_{2n-1}^n + C_{2n}^n}{C_{4n-1}^n}} = \frac{2}{3}.$$

8. $m + n$ 个人排队购买足球票，票价为 50 元，其中 $m$ 个人持有 50 元的纸币，其余 $n(n \leqslant m)$ 个人持有 100 元的纸币，若每人限购一张足球票，且开始时售票员无零钱可找，求买票过程中无人等候找钱的概率.

**解** 设 $A_k(k = 1, 2, \cdots, n)$ 表示"第 $k$ 个持有 100 元的人不必等候找钱"，所求概率为
$$P(A_1 A_2 \cdots A_n) = P(A_1)P(A_2|A_1) \cdots P(A_n|A_1 \cdots A_{n-1})$$
$$= \frac{m}{m+1} \frac{m-1}{m} \cdots \frac{m-n+1}{m-n+2} = \frac{m-n+1}{m+1}.$$

9. 设 $A, B, C$ 相互独立，证明 $A \bigcup B, AB, A - B$ 皆与 $C$ 相互独立.

**证明** 因为 $A, B, C$ 相互独立，所以
$$P\big[(A \bigcup B)C\big] = P(AC) + P(BC) - P(ABC)$$
$$= P(A)P(C) + P(B)P(C) - P(A)P(B)P(C)$$
$$= P(C)\big[P(A) + P(B) - P(A)P(B)\big]$$
$$= P(A \bigcup B)P(C),$$

故 $A \bigcup B$ 与 $C$ 相互独立,其余类似证明.

10. 某射手的命中率为 $p(0 < p < 1)$,求该射手连续射击 $n$ 次才命中 $k(k \leqslant n)$ 次的概率.

**解** 连续射击 $n$ 次才命中 $k$ 次意味着第 $n$ 次命中,而前 $n-1$ 次中命中 $k-1$ 次,所以概率为 $p \cdot C_{n-1}^{k-1} p^{k-1}(1-p)^{n-k} = C_{n-1}^{k-1} p^k (1-p)^{n-k}$.

11. 甲、乙均有 $n$ 个硬币,全部掷完后分别计算掷出的正面数,试求两人掷出的正面数相等的概率.

**解** 设 $A_i, B_i (i = 1, 2, \cdots, n)$ 分别表示"甲掷出 $i$ 次正面"和"乙掷出 $i$ 次正面",则

$$P(A_i) = P(B_i) = C_n^i \left(\frac{1}{2}\right)^i \left(\frac{1}{2}\right)^{n-i} = \frac{C_n^i}{2^n}.$$

两人掷出的正面数相等的概率为

$$\sum_{i=0}^n P(A_i B_i) = \sum_{i=0}^n P(A_i) P(B_i) = \sum_{i=0}^n \frac{(C_n^i)^2}{2^{2n}} = \sum_{i=0}^n \frac{C_n^i C_n^{n-i}}{2^{2n}} = \frac{C_{2n}^n}{2^{2n}}.$$

12. 设甲袋中有 $a$ 个白球,$b$ 个黑球;乙袋中有 $\alpha$ 个白球,$\beta$ 个黑球.从甲袋中任取一球放入乙袋中,再从乙袋中任取一球,试求最后取到的为白球的概率.

**解** 设 $A_1, A_2$ 分别表示"从甲袋取到白球"和"从乙袋取到白球",

$$P(A_2) = P(A_1) P(A_2 | A_1) + P(\overline{A_1}) P(A_2 | \overline{A_1})$$

$$= \frac{a}{a+b} \cdot \frac{\alpha+1}{\alpha+\beta+1} + \frac{b}{a+b} \cdot \frac{\alpha}{\alpha+\beta+1} = \frac{a(\alpha+1) + \alpha b}{(a+b)(\alpha+\beta+1)}.$$

13. 袋中有 $n$ 个球,其中有白球和其他颜色的球,并且白球的个数为 $0 \sim n$ 是等可能的.每次从袋中任取一球,观察颜色后仍放回袋中,如此共取 $k$ 次,发现每次取出的都是白球,问:袋中只有白球的概率是多少?

**解** 设 $A_i(i = 0, 1, 2, \cdots, n)$ 表示"袋中有 $i$ 个白球",$B$ 表示"每次取出的都是白球",由全概率公式得

$$P(B) = \sum_{i=0}^n P(A_i) P(B | A_i) = \sum_{i=0}^n \frac{1}{n+1} \left(\frac{i}{n}\right)^k,$$

由贝叶斯公式得

$$P(A_n | B) = \frac{P(A_n) P(B | A_n)}{P(B)} = \frac{\frac{1}{n+1} \left(\frac{n}{n}\right)^k}{\sum_{i=0}^n \frac{1}{n+1} \left(\frac{i}{n}\right)^k} = \frac{n^k}{\sum_{i=0}^n i^k}.$$

14. 设昆虫产 $n$ 个卵的概率为 $p_n = \dfrac{\lambda^n}{n!} e^{-\lambda} (\lambda > 0$ 且 $\lambda$ 为常数$)$,而每个卵孵化成昆虫的概率均为 $p$,设各个卵是否孵化成昆虫相互独立.证明:昆虫下一代恰有 $r$ 只的概率为 $\dfrac{(\lambda p)^r}{r!} e^{-\lambda p}$.

**证明** 设 $A_n(n = 0, 1, 2, \cdots)$ 表示"昆虫产 $n$ 个卵",$B_r$ 表示"昆虫的下一代恰有 $r$ 只",则

$$P\left(A_n\right) = \frac{\lambda^n}{n!}\mathrm{e}^{-\lambda}, P\left(B_r|A_n\right) = \mathrm{C}_n^r p^r\left(1 - p\right)^{n - r}, \quad n \geqslant r.$$

由全概率公式得

$$P\left(B_r\right) = \sum_{n = 0}^{\infty}P\left(A_n\right)P\left(B_r|A_n\right) = \sum_{n = r}^{\infty}P\left(A_n\right)P\left(B_r|A_n\right)$$

$$= \sum_{n = r}^{\infty}\frac{\lambda^n}{n!}\mathrm{e}^{-\lambda} \cdot \mathrm{C}_n^r p^r\left(1 - p\right)^{n - r} = \sum_{n = r}^{\infty}\frac{\lambda^n}{n!}\mathrm{e}^{-\lambda} \cdot \frac{n!}{r!(n - r)!}p^r\left(1 - p\right)^{n - r}$$

$$= \frac{\lambda^r p^r}{r!}\mathrm{e}^{-\lambda}\sum_{n = r}^{\infty}\frac{\lambda^{n - r}}{(n - r)!}\left(1 - p\right)^{n - r} = \frac{\lambda^r p^r}{r!}\mathrm{e}^{-\lambda} \cdot \mathrm{e}^{\lambda(1 - p)} = \frac{\left(\lambda p\right)^r}{r!}\mathrm{e}^{-\lambda p}.$$

# 第二章　随机变量及其分布

## 一、知识结构图示

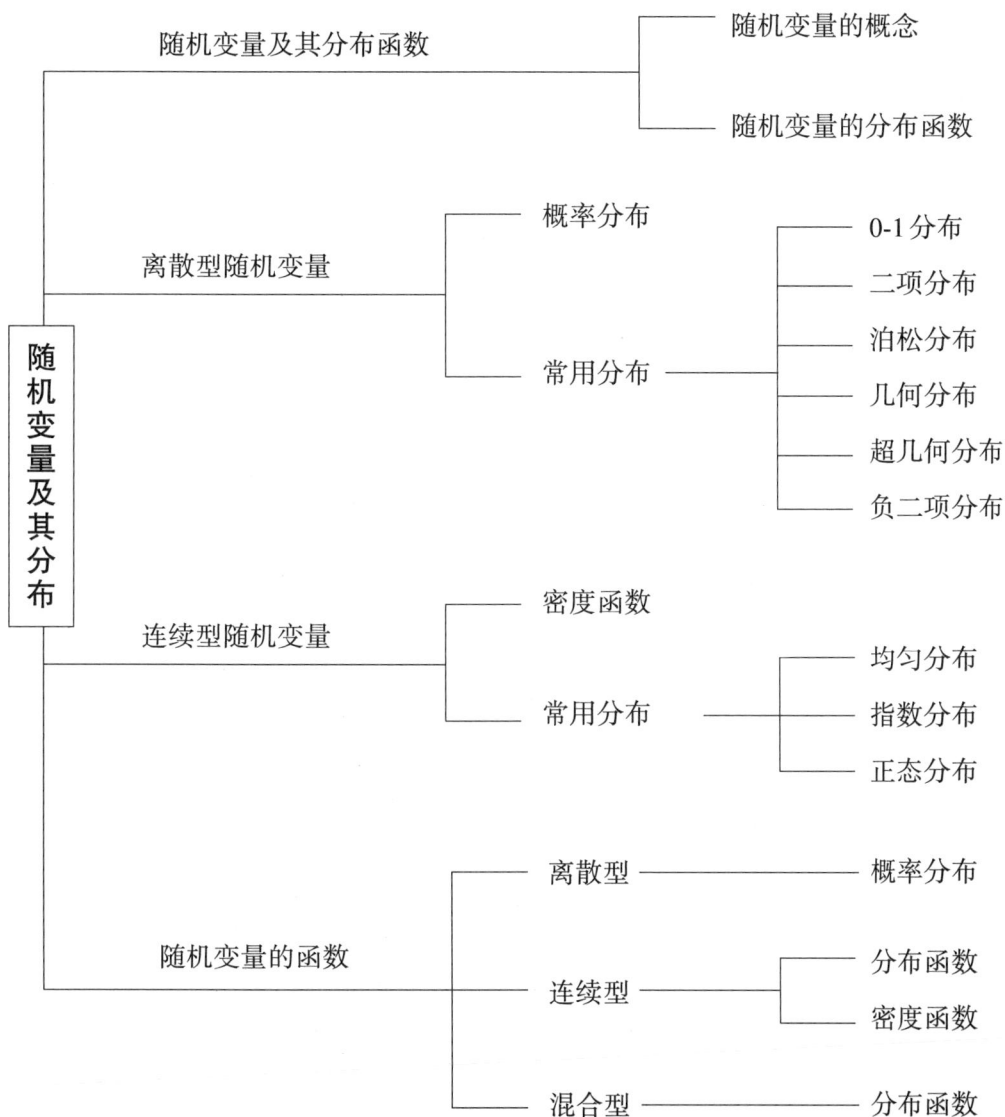

随机变量及其分布函数
- 随机变量的概念
- 随机变量的分布函数

随机变量及其分布

离散型随机变量
- 概率分布
- 常用分布
  - 0-1分布
  - 二项分布
  - 泊松分布
  - 几何分布
  - 超几何分布
  - 负二项分布

连续型随机变量
- 密度函数
- 常用分布
  - 均匀分布
  - 指数分布
  - 正态分布

随机变量的函数
- 离散型 —— 概率分布
- 连续型
  - 分布函数
  - 密度函数
- 混合型 —— 分布函数

## 二、内容归纳总结

### (一) 随机变量及其分布函数

**1. 随机变量的概念**

设随机试验 $E$ 的样本空间为 $\Omega = \{\omega\}$, 如果对于 $\Omega$ 中任何一个样本点 $\omega$, 都有一个实数 $X(\omega)$ 与之对应, 这样就得到了一个定义在 $\Omega$ 上的单值实函数 $X = X(\omega)$, 则称 $X$ 为**随机变量**, 通常用字母 $X, Y, Z$ 或 $\xi, \eta$ 等表示.

离散型随机变量——随机变量 $X$ 的所有可能取值为有限个或可列无限个. 连续型随机变量——随机变量 $X$ 的所有可能取值连续地充满一个或多个区间.

**2. 随机变量的分布函数**

(1) 定义

设 $X$ 是一个随机变量, $x$ 是任意实数, 概率 $P(X \leqslant x)$ 是 $x$ 的函数, 则称此函数为随机变量 $X$ 的**分布函数**, 记为 $F(x)$, 即

$$F(x) = P(X \leqslant x) = P\left(\left\{\omega \,\middle|\, X(\omega) \leqslant x\right\}\right).$$

(2) 性质

① $0 \leqslant F(x) \leqslant 1, \forall x \in \mathbf{R}$

② 若 $x_1 < x_2$, 则 $F(x_1) \leqslant F(x_2)$, 即 $F(x)$ 单调不减.

③ $F(-\infty) = \lim\limits_{x \to -\infty} F(x) = 0, F(+\infty) = \lim\limits_{x \to +\infty} F(x) = 1$.

④ $\lim\limits_{x \to x_0^+} F(x) = F(x_0), \forall x_0 \in \mathbf{R}$, 即 $F(x)$ 右连续.

分布函数一定具有以上 4 个基本性质. 反之, 若某一函数 $F(x)$ 具有以上 4 个基本性质, 则 $F(x)$ 一定可作为某一随机变量的分布函数.

⑤ $P(a < X \leqslant b) = F(b) - F(a)$.

### (二) 离散型随机变量及其分布

**1. 概率分布**

设离散型随机变量 $X$ 的所有可能取值为 $x_i (i = 1, 2, \cdots, n, \cdots)$, 事件 $\{X = x_i\}$ 发生的概率为 $p_i$, 则称 $P(X = x_i) = p_i$ 为 $X$ 的**概率分布**或**分布律**, 也可表示如下:

| $X$ | $x_1$ | $x_2$ | $\cdots$ | $x_n$ | $\cdots$ |
|-----|-------|-------|----------|-------|----------|
| $P$ | $p_1$ | $p_2$ | $\cdots$ | $p_n$ | $\cdots$ |

概率分布具有下列两个基本性质:

(1) $p_i \geqslant 0, i = 1, 2, \cdots, n, \cdots$;

(2) $\sum\limits_{i=1}^{\infty} p_i = 1$.

概率分布 $p_i(i = 1, 2, \cdots, n, \cdots)$ 一定具有以上两个基本性质. 反之, 若 $p_i(i = 1, 2, \cdots, n, \cdots)$ 具有以上两个基本性质, 则 $p_i$ 一定可作为某一离散型随机变量的概率分布.

**2. 概率分布与分布函数**

(1) 已知概率分布求分布函数

设 $P(X = x_i) = p_i, i = 1, 2, \cdots, n$, 且 $x_1 < x_2 < \cdots < x_n$, 则

$$F(x) = P(X \leqslant x) = \sum_{i:\, x_i \leqslant x} p_i = \begin{cases} 0, & x < x_1 \\ p_1, & x_1 \leqslant x < x_2 \\ p_1 + p_2, & x_2 \leqslant x < x_3 \\ \cdots & \cdots \\ p_1 + p_2 + \cdots + p_{n-1}, & x_{n-1} \leqslant x < x_n \\ 1, & x \geqslant x_n \end{cases}. \qquad (*)$$

(2) 已知分布函数求概率分布

设分布函数 $F(x)$ 为式 $(*)$, 则

$$\begin{cases} p_1 = F(x_1) \\ p_i = F(x_i) - F(x_{i-1}), i = 2, 3, \cdots, n \end{cases},$$

即

| $X$ | $x_1$ | $x_2$ | $\cdots$ | $x_n$ |
|-----|-------|-------|----------|-------|
| $P$ | $p_1$ | $p_2$ | $\cdots$ | $p_n$ |

**3. 常用离散型随机变量的分布**

(1) 0-1 分布

设随机变量 $X$ 的概率分布为

$$P(X = k) = p^k(1 - p)^{1-k}, k = 0, 1,$$

其中 $0 < p < 1$, 或写为

| $X$ | 0 | 1 |
|-----|-----|-----|
| $P$ | $1 - p$ | $p$ |

则称随机变量 $X$ 服从 **0-1 分布**.

设随机试验中事件 $A$ 发生的概率为 $p$, 令

$$X = \begin{cases} 1, & A \text{发生} \\ 0, & A \text{不发生} \end{cases},$$

则 $X$ 服从 0-1 分布.

由此可知, 任何一个只有两种可能结果的随机试验, 都可以用一个服从 0-1 分布的随机变量来描述.

(2) 二项分布

设随机变量 $X$ 的概率分布为

$$P(X = k) = C_n^k p^k q^{n-k}, k = 0, 1, \cdots, n,$$

其中 $0 < p < 1, q \triangleq 1 - p$，则称随机变量 $X$ 服从**二项分布**，记作 $X \sim B(n, p)$．

$n$ 重伯努利试验中事件 $A$ 发生的次数 $X$ 是服从二项分布的．

（3）泊松分布

设随机变量 $X$ 的概率分布为

$$P(X = k) = \frac{\lambda^k}{k!} \mathrm{e}^{-\lambda}, k = 0, 1, \cdots,$$

其中 $\lambda > 0$ 且 $\lambda$ 为常数，则称随机变量 $X$ 服从**泊松分布**，记作 $X \sim P(\lambda)$．

大量独立试验中稀有事件发生的次数可用泊松分布来描述．

泊松分布具有以下性质．

若 $n$ 很大，$p$ 很小，而 $\lambda = np(np \leqslant 10)$ 大小适中，则

$$\mathrm{C}_n^k p^k (1 - p)^{n-k} \approx \frac{\lambda^k}{k!} \mathrm{e}^{-\lambda}, k = 0, 1, \cdots, n.$$

（4）几何分布

设随机变量 $X$ 的概率分布为

$$P(X = k) = q^{k-1} p, k = 1, 2, \cdots,$$

其中 $0 < p < 1, q \triangleq 1 - p$，则称随机变量 $X$ 服从**几何分布**，记作 $X \sim G(p)$．

在重复独立试验中，每次试验观察事件 $A$ 发生与否，且 $P(A) = p, P(\overline{A}) = 1 - p = q$．记 $X$ 为事件 $A$ 首次发生时的试验次数，则 $X$ 服从几何分布，即 $X \sim G(p)$．

几何分布具有以下性质．

设 $X \sim G(p), m, k$ 为任意两个正整数，则

$$P(X = m + k \mid X > m) = P(X = k).$$

此性质称为几何分布的**无记忆性**．

（5）超几何分布

设 $1 \leqslant M \leqslant N, 1 \leqslant n \leqslant N$，若随机变量 $X$ 的概率分布为

$$P(X = k) = \frac{\mathrm{C}_M^k \mathrm{C}_{N-M}^{n-k}}{\mathrm{C}_N^n}, k = 0, 1, \cdots, r,$$

其中 $r = \min\{n, M\}$，则称随机变量 $X$ 服从**超几何分布**，记作 $X \sim H(M, N, n)$．

设 $N$ 件产品中有 $M$ 件次品，从中任取 $n$ 件产品，记其中的次品数为 $X$，则 $X$ 服从超几何分布，即 $X \sim H(M, N, n)$．

超几何分布具有以下性质．

若抽样的次数 $n$ 相对于 $N$ 很小，则

$$\frac{\mathrm{C}_M^k \mathrm{C}_{N-M}^{n-k}}{\mathrm{C}_N^n} \approx \mathrm{C}_n^k \left(\frac{M}{N}\right)^k \left(1 - \frac{M}{N}\right)^{n-k}, k = 0, 1, \cdots, r,$$

其中 $r = \min\{n, M\}$．

（6）负二项分布

在伯努利试验中，设每次试验事件 $A$ 发生的概率为 $p$，随机变量 $X$ 表示事件 $A$ 第 $r$ 次发生时已经试验的次数，则 $X$ 的取值为 $r, r + 1, \cdots, r + n, \cdots$，相应的概率分布为

$$P(X = k) = C_{r-1}^{k-1} p^r (1-p)^{k-r}, 0 < p < 1, k = r, r+1, \cdots, r+n, \cdots,$$

则称随机变量 $X$ 服从参数为 $r, p$ 的**负二项分布**,记作 $X \sim NB(r, p)$.

负二项分布是几何分布的延伸,当 $r = 1$ 时即为几何分布.

## (三)连续型随机变量及其分布

### 1. 密度函数

设随机变量 $X$ 的分布函数为 $F(x)$,若存在非负可积函数 $p(x)$,使

$$F(x) = \int_{-\infty}^{x} p(t) dt,$$

则称 $X$ 为**连续型随机变量**,$p(x)$ 为连续型随机变量 $X$ 的**概率密度函数**,简称**密度函数**.

密度函数具有下列两个基本性质:

(1) $p(x) \geqslant 0, \forall x \in \mathbf{R}$.

(2) $\int_{-\infty}^{+\infty} p(x) dx = 1$.

密度函数 $p(x)$ 一定具有以上两个基本性质. 反之,若函数 $p(x)$ 具有以上两个基本性质,则 $p(x)$ 一定可作为某一连续型随机变量的密度函数.

### 2. 连续型随机变量的性质

(1) 对任一指定的实数值 $a$,有

$$P(X = a) = 0.$$

(2) $P(x_1 \leqslant X \leqslant x_2) = P(x_1 \leqslant X < x_2) = P(x_1 < X \leqslant x_2)$

$$= P(x_1 < X < x_2) = \int_{x_1}^{x_2} p(t) dt.$$

(3) 在 $p(x)$ 的连续点处,有 $F'(x) = p(x)$.

### 3. 密度函数与分布函数

已知密度函数 $p(x)$,则分布函数

$$F(x) = \int_{-\infty}^{x} p(t) dt.$$

已知分布函数 $F(x)$,则密度函数

$$p(x) = F'(x)(在 p(x) 的连续点处).$$

在 $F(x)$ 的不可导处,$p(x)$ 的值可以是任意定义的有限值.

### 4. 常用连续型随机变量的分布

(1) 均匀分布

若随机变量 $X$ 的密度函数为

$$p(x) = \begin{cases} \dfrac{1}{b-a}, & a \leqslant x \leqslant b \\ 0, & 其他 \end{cases},$$

其中 $a < b$,则称 $X$ 服从区间 $[a, b]$ 上的**均匀分布**,记作 $X \sim U[a, b]$.

均匀分布的分布函数为

$$F(x) = \begin{cases} 0, & x < a \\ \dfrac{x-a}{b-a}, & a \leqslant x < b. \\ 1, & x \geqslant b \end{cases}$$

（2）指数分布

若随机变量 $X$ 的密度函数为

$$p(x) = \begin{cases} \lambda e^{-\lambda x}, & x \geqslant 0 \\ 0, & x < 0 \end{cases},$$

其中 $\lambda > 0$，则称随机变量 $X$ 服从**指数分布**，记作 $X \sim Exp(\lambda)$.

指数分布的分布函数为

$$F(x) = \begin{cases} 1 - e^{-\lambda x}, & x > 0 \\ 0, & x \leqslant 0 \end{cases}.$$

指数分布具有以下性质.

设 $X \sim Exp(\lambda)$，则对于任意 $s > 0, t > 0$，有

$$P(X > s + t \mid X > s) = P(X > t).$$

此性质称为指数分布的**无记忆性**.

（3）正态分布

若随机变量 $X$ 的密度函数为

$$p(x) = \frac{1}{\sqrt{2\pi}\,\sigma} e^{-\frac{(x-\mu)^2}{2\sigma^2}}, -\infty < x < +\infty,$$

其中 $\mu$ 和 $\sigma$ 均为常数，且 $-\infty < \mu < +\infty, \sigma > 0$，则称随机变量 $X$ 服从**正态分布**，记作 $X \sim N(\mu, \sigma^2)$.

特别地，当 $\mu = 0, \sigma = 1$ 时的正态分布称为标准正态分布，记作 $N(0,1)$. 标准正态分布的密度函数和分布函数分别用 $\varphi(x)$ 和 $\Phi(x)$ 表示，即

$$\varphi(x) = \frac{1}{\sqrt{2\pi}} e^{-\frac{x^2}{2}}, -\infty < x < +\infty, \Phi(x) = \frac{1}{\sqrt{2\pi}} \int_{-\infty}^{x} e^{-\frac{t^2}{2}} \mathrm{d}t, -\infty < x < +\infty.$$

正态分布具有以下性质.

① 设 $X \sim N(0,1), Y \sim N(\mu, \sigma^2)$，且它们的密度函数分别为 $\varphi(x)$ 和 $p(x)$，分布函数分别为 $\Phi(x)$ 和 $F(x)$，则

$$p(x) = \frac{1}{\sigma} \varphi\left(\frac{x-\mu}{\sigma}\right), F(x) = \Phi\left(\frac{x-\mu}{\sigma}\right).$$

② 若 $X \sim N(\mu, \sigma^2)$，且设 $Y = \dfrac{X-\mu}{\sigma}$，则 $Y \sim N(0,1)$.

③ $\Phi(-x) = 1 - \Phi(x)$.

④ 设 $X \sim N(\mu, \sigma^2)$，则

$$P(|X - \mu| < \sigma) \approx 0.6826, P(|X - \mu| < 2\sigma) \approx 0.9546, P(|X - \mu| < 3\sigma) \approx 0.9973.$$

⑤ 若 $X \sim N(\mu, \sigma^2)$，且 $b \neq 0$，则 $Y = a + bX \sim N(a + b\mu, b^2\sigma^2)$.

## （四）随机变量函数的分布

### 1. 离散型随机变量函数 $Y = f(X)$ 的分布

若 $X$ 的概率分布为

| $X$ | $x_1$ | $x_2$ | $\cdots$ | $x_n$ | $\cdots$ |
|---|---|---|---|---|---|
| $P$ | $p_1$ | $p_2$ | $\cdots$ | $p_n$ | $\cdots$ |

$Y$ 的可能取值为 $f(x_i), i = 1, 2, \cdots, n, \cdots$，那么有如下结论.

（1）当 $f(x_i)$ 的值互不相等时，$Y = f(X)$ 的概率分布为

| $Y$ | $f(x_1)$ | $f(x_2)$ | $\cdots$ | $f(x_n)$ | $\cdots$ |
|---|---|---|---|---|---|
| $P$ | $p_1$ | $p_2$ | $\cdots$ | $p_n$ | $\cdots$ |

（2）当 $f(x_i)$ 的值有的相等时，应先把那些相等的值分别合并，同时把它们所对应的概率相加，即

$$P\left(Y = f(x_i)\right) = P\left(f(X) = f(x_i)\right) = P\left(\sum_{k:f(x_k)=f(x_i)} \{X = x_k\}\right)$$

$$= \sum_{k:f(x_k)=f(x_i)} p_k, i = 1, 2, \cdots, n, \cdots,$$

从而得到 $Y = f(X)$ 的概率分布.

### 2. 连续型随机变量函数 $Y = f(X)$ 的分布

设 $X$ 的密度函数为 $p_X(x)$，那么求 $Y = f(X)$ 的密度函数 $p_Y(y)$ 通常有以下两种方法.

（1）一般方法（分布函数法）

先求出 $Y$ 的分布函数 $F_Y(y)$，即

$$F_Y(y) = P(Y \leqslant y) = P(f(X) \leqslant y) = P(X \in S),$$

其中 $S = \left\{ x \mid f(x) \leqslant y \right\}$.

然后对 $F_Y(y)$ 求导，即得

$$p_Y(y) = \begin{cases} \dfrac{\mathrm{d}F_Y(y)}{\mathrm{d}y}, & F_Y(y) \text{在} y \text{处可导} \\ 0, & F_Y(y) \text{在} y \text{处不可导} \end{cases}.$$

（2）公式法

**定理** 设随机变量 $X$ 的密度函数为 $p_X(x)$，其中 $-\infty < x < +\infty$，且恒有 $f'(x) > 0$（或恒有 $f'(x) < 0$），则 $Y = f(X)$ 的密度函数为

$$p_Y(y) = \begin{cases} p_X\left[h(y)\right] \left| h'(y) \right|, & \alpha < y < \beta \\ 0, & \text{其他} \end{cases},$$

其中，$\alpha = \min\{f(-\infty), f(+\infty)\}, \beta = \max\{f(-\infty), f(+\infty)\}, h(y)$ 为 $f(x)$ 的反函数．

**推广**　若函数 $y = f(x)$ 在不相交的区间 $I_1, I_2, \cdots, I_n$ 上逐段严格单调，$y = f(x)$ 在这些区间上的反函数分别为 $h_1(y), h_2(y), \cdots, h_n(y)$，而且反函数的导数 $h_1'(y), h_2'(y), \cdots, h_n'(y)$ 均为连续函数，则 $Y = f(X)$ 的密度函数为

$$p_Y(y) = \sum_{k=1}^{n} p_X\big[h_k(y)\big]\big| h_k'(y) \big|.$$

# 三、典型例题解析

**【例1】** 已知随机变量 $X$ 的分布函数为 $F(x) = \begin{cases} 0, & x < -1 \\ 0.3, & -1 \leqslant x < 0 \\ 0.6, & 0 \leqslant x < 1 \\ 0.8, & 1 \leqslant x < 3 \\ 1, & x \geqslant 3 \end{cases}$，试求 $X$ 的概率分布，

并计算 $P(X < 1|X \neq 0)$.

**解**
$$P(X = -1) = F(-1) = 0.3,$$
$$P(X = 0) = F(0) - F(-1) = 0.3,$$
$$P(X = 1) = F(1) - F(0) = 0.2,$$
$$P(X = 3) = F(3) - F(1) = 0.2.$$

因此，$X$ 的概率分布为

| $X$ | −1 | 0 | 1 | 3 |
|---|---|---|---|---|
| $P$ | 0.3 | 0.3 | 0.2 | 0.2 |

$$P(X < 1|X \neq 0) = \frac{P(\{X < 1\} \bigcap \{X \neq 0\})}{P(X \neq 0)} = \frac{P(X = -1)}{1 - P(X = 0)} = \frac{3}{7}.$$

**【例2】**（考研真题 2002 年数学一）　设 $X_1$ 和 $X_2$ 是任意两个相互独立的连续型随机变量，它们的概率密度函数分别为 $p_1(x)$ 和 $p_2(x)$，分布函数分别为 $F_1(x)$ 和 $F_2(x)$，则（　　　）.

A．$p_1(x) + p_2(x)$ 必为某一随机变量的概率密度函数

B．$p_1(x) p_2(x)$ 必为某一随机变量的概率密度函数

C．$F_1(x) + F_2(x)$ 必为某一随机变量的分布函数

D．$F_1(x) F_2(x)$ 必为某一随机变量的分布函数

**解**　选 D.

由于
$$\int_{-\infty}^{+\infty}\big[p_1(x) + p_2(x)\big]dx = \int_{-\infty}^{+\infty}p_1(x)dx + \int_{-\infty}^{+\infty}p_2(x)dx = 2 \neq 1,$$
$$F_1(+\infty) + F_2(+\infty) = 1 + 1 = 2 \neq 1,$$

所以可排除 A 与 C.

对于选项 B,设 $p_1(x)=\begin{cases}1, & 1<x<2\\0, & 其他\end{cases}$,$p_2(x)=\begin{cases}1, & 2<x<3\\0, & 其他\end{cases}$,则 $p_1(x)p_2(x)\equiv 0$,不满足概率密度函数的要求,进一步排除 B.

综上所述,用排除法可知应选 D. 进一步分析可知,若令 $X=\max\{X_1,X_2\}$,而 $X_i\sim p_i(x)$,$i=1,2$,则 $X$ 的分布函数 $F(x)$ 恰是 $F_1(x)F_2(x)$,如下:

$$F(x)=P\left(\max\{X_1,X_2\}\le x\right)=P\left(X_1\le x,X_2\le x\right)$$
$$=P\left(X_1\le x\right)P\left(X_2\le x\right)=F_1(x)F_2(x).$$

**【例3】** 设随机变量 $X$ 的密度函数为

$$p(x)=\begin{cases}0, & x<0\\\dfrac{k}{1+x^2}, & x\ge 0\end{cases},$$

求:(1)常数 $k$;(2)$X$ 的分布函数 $F(x)$;(3)$P\left(\arctan X<\dfrac{\pi}{4}\right)$.

**解** (1)由题意得 $\int_{-\infty}^{+\infty}p(x)\mathrm{d}x=\int_0^{+\infty}\dfrac{k}{1+x^2}\mathrm{d}x=1$,解得 $k=\dfrac{2}{\pi}$.

(2)$F(x)=\int_{-\infty}^x p(t)\mathrm{d}t,x\in\mathbf{R}$,当 $x<0$ 时,$F(x)=0$;

当 $x\ge 0$ 时,$F(x)=\int_0^x\dfrac{\frac{2}{\pi}}{1+t^2}\mathrm{d}t=\dfrac{2}{\pi}\arctan x$. 所以

$$F(x)=\begin{cases}0, & x<0\\\dfrac{2}{\pi}\arctan x, & x\ge 0\end{cases}.$$

(3)$P\left(\arctan X<\dfrac{\pi}{4}\right)=P(X<1)=\int_0^1 p(x)\mathrm{d}x=\dfrac{1}{2}$,

或者 $P(X<1)=F(1)-F(0)=\dfrac{1}{2}$.

**【例4】** 设随机变量 $X$ 的概率密度函数为

$$p(x)=\begin{cases}\dfrac{1}{3}, & 0\le x\le 1\\\dfrac{2}{9}, & 3\le x\le 6\\0, & 其他\end{cases},$$

若 $k$ 使得 $P(X\ge k)=\dfrac{2}{3}$,则 $k$ 的取值范围是_____.

**解** $P(X\ge k)=\dfrac{2}{3}$ 表明 $k$ 点右边介于 $x=k,y=p(x),x=6$ 之间的曲边梯形面积为 $\dfrac{2}{3}$,所以 $k\in[1,3]$.

**【例5】** 设随机变量 $X\sim U[0,5]$,现在对 $X$ 进行 3 次独立观测,试求至少有两次观测值使方程 $4x^2+4Xx+(X+2)=0$ 有实根的概率.

**解**　方程有实根的条件为 $\Delta = (4X)^2 - 16(X + 2) \geqslant 0$,解之得 $X \geqslant 2$ 或 $X \leqslant -1$. 又 $X \sim U[0,5]$,其密度函数为 $p(x) = \begin{cases} \dfrac{1}{5}, & 0 \leqslant x \leqslant 5 \\ 0, & \text{其他} \end{cases}$,因此方程有实根的概率为

$$p = P(X \geqslant 2) + P(X \leqslant -1) = \int_2^5 \frac{1}{5}\,\mathrm{d}x + \int_{-\infty}^{-1} 0\,\mathrm{d}x = \frac{3}{5}.$$

另设 $Y$ 表示 3 次独立观测中观测值使方程有实根的次数,显然 $Y \sim B\left(3, \dfrac{3}{5}\right)$,则

$$P(Y \geqslant 2) = P(Y = 2) + P(Y = 3)$$
$$= C_3^2 \left(\frac{3}{5}\right)^2 \left(\frac{2}{5}\right) + C_3^3 \left(\frac{3}{5}\right)^3 \left(\frac{2}{5}\right)^0 = \frac{81}{125}.$$

**【例 6】**(**考研真题** 2013 年数学三)　设 $X_1, X_2, X_3$ 是随机变量,且 $X_1 \sim N(0,1)$,$X_2 \sim N(0, 2^2)$,$X_3 \sim N(5, 3^2)$,$p_j = P(-2 \leqslant X_j \leqslant 2)(j = 1, 2, 3)$,则(　　).

A. $p_1 > p_2 > p_3$　　　　B. $p_2 > p_1 > p_3$　　　　C. $p_3 > p_1 > p_2$　　　　D. $p_1 > p_3 > p_2$

**解**　选 A.

$p_1 = P(-2 \leqslant X_1 \leqslant 2) = 2\Phi(2) - 1$,

$p_2 = P(-2 \leqslant X_2 \leqslant 2) = 2\Phi(1) - 1$,

$p_3 = P(-2 \leqslant X_3 \leqslant 2) = \Phi(-1) - \Phi\left(-\frac{7}{3}\right) = \Phi\left(\frac{7}{3}\right) - \Phi(1)$.

由 $\Phi(x)$ 单调增加易知 $p_1 > p_2$.

又 $p_2 - p_3 = 3\Phi(1) - 1 - \Phi\left(\dfrac{7}{3}\right)$,下面证明 $p_2 - p_3 > 0$.

**证法一**　$p_2 - p_3 = 3\Phi(1) - \Phi\left(\dfrac{7}{3}\right) - 1 > 3\Phi(1) - 2$,且 $\Phi(1) = 0.8413$,故 $p_2 - p_3 > 0$.

**证法二**　由于 $\Phi(x) = \displaystyle\int_{-\infty}^x \frac{1}{\sqrt{2\pi}} \mathrm{e}^{-\frac{t^2}{2}}\,\mathrm{d}t$,所以 $\Phi'(x) = \varphi(x) = \dfrac{1}{\sqrt{2\pi}} \mathrm{e}^{-\frac{x^2}{2}}$,$\Phi''(x) = -\dfrac{1}{\sqrt{2\pi}} x\mathrm{e}^{-\frac{x^2}{2}}$.

当 $x > 0$ 时,有 $\Phi''(x) < 0$,故 $\Phi(x)$ 在 $[0, +\infty)$ 上为凸面函数,因此有

$$\frac{\Phi(0) + \Phi(2)}{2} < \Phi(1), \quad \frac{\Phi(1) + \Phi\left(\dfrac{7}{3}\right)}{2} < \frac{\Phi(1) + \Phi(3)}{2} < \Phi(2).$$

又因为 $\Phi(0) = \dfrac{1}{2}$,所以 $\Phi(2) < 2\Phi(1) - \dfrac{1}{2}$,$\Phi\left(\dfrac{7}{3}\right) < 2\Phi(2) - \Phi(1) < 3\Phi(1) - 1$,从而

$$p_2 - p_3 > 0.$$

故选 A.

**【例 7】**　设随机变量 $X$ 的密度函数为

$$p_X(x) = \begin{cases} 1 - |x|, & -1 < x < 1 \\ 0, & \text{其他} \end{cases},$$

试求 $Y = X^2 + 1$ 的分布函数 $F_Y(y)$ 与密度函数 $p_Y(y)$.

例 7

**解法一**（分布函数法）

当 $X$ 的取值范围为 $(-1, 1)$ 时, $Y$ 的取值范围为 $[1, 2)$.

当 $y < 1$ 时, $F_Y(y) = 0$;

当 $1 \leqslant y < 2$ 时, $F_Y(y) = P(Y \leqslant y) = P(X^2 + 1 \leqslant y)$

$$= P(-\sqrt{y-1} \leqslant X \leqslant \sqrt{y-1}) = \int_{-\sqrt{y-1}}^{\sqrt{y-1}} (1 - |x|) \, dx$$

$$= 2\int_0^{\sqrt{y-1}} (1 - x) \, dx = 1 - (1 - \sqrt{y-1})^2;$$

当 $y \geqslant 2$ 时, $F_Y(y) = 1$.

因此, $Y$ 的分布函数为

$$F_Y(y) = \begin{cases} 0, & y < 1 \\ 1 - (1 - \sqrt{y-1})^2, & 1 \leqslant y < 2, \\ 1, & y \geqslant 2 \end{cases}$$

$Y$ 的密度函数为

$$p_Y(y) = \frac{dF_Y(y)}{dy} = \begin{cases} \dfrac{1}{\sqrt{y-1}} - 1, & 1 < y < 2 \\ 0, & \text{其他} \end{cases}.$$

**解法二**（公式法）

$y = x^2 + 1$ 在 $(-1, 0)$ 上严格下降, 在 $(0, 1)$ 上严格上升. 于是,

当 $1 < y < 2$ 时, 有

$$p_Y(y) = p_X(-\sqrt{y-1}) \left| (-\sqrt{y-1})' \right| + p_X(\sqrt{y-1}) \left| (\sqrt{y-1})' \right|$$

$$= (1 - \sqrt{y-1}) \frac{1}{2\sqrt{y-1}} + (1 - \sqrt{y-1}) \frac{1}{2\sqrt{y-1}} = \frac{1}{\sqrt{y-1}} - 1.$$

因此, $Y$ 的密度函数为

$$p_Y(y) = \begin{cases} \dfrac{1}{\sqrt{y-1}} - 1, & 1 < y < 2 \\ 0, & \text{其他} \end{cases}.$$

再求 $Y$ 的分布函数.

当 $y < 1$ 时, $F_Y(y) = 0$;

当 $1 \leqslant y < 2$ 时, $F_Y(y) = \int_{-\infty}^{y} p_Y(t) \, dt = \int_1^y \left( \frac{1}{\sqrt{t-1}} - 1 \right) dt$

$$= 2\sqrt{y-1} - (y-1) = 1 - (1 - \sqrt{y-1})^2;$$

当 $y \geqslant 2$ 时, $F_Y(y) = 1$.

因此, $Y$ 的分布函数为

$$F_Y(y) = \begin{cases} 0, & y < 1 \\ 1 - (1 - \sqrt{y-1}\,)^2, & 1 \leqslant y < 2. \\ 1, & y \geqslant 2 \end{cases}$$

**【例 8】** 设随机变量 $X$ 的绝对值不大于 $1$，$P(X = -1) = \dfrac{1}{8}$，$P(X = 1) = \dfrac{1}{4}$. 在事件 $\{-1 < X < 1\}$ 发生的条件下，$X$ 在 $(-1, 1)$ 内的任一子区间上取值的条件概率与该子区间长度成正比，试求 $X$ 的分布函数.

**解** 显然，当 $x < -1$ 时，$F(x) = 0$；当 $x \geqslant 1$ 时，$F(x) = 1$.

当 $-1 \leqslant x < 1$ 时，由于 $|X| \leqslant 1$，故 $P(-1 < X < 1) = 1 - \dfrac{1}{8} - \dfrac{1}{4} = \dfrac{5}{8}$，由已知条件知，

$$P(-1 < X \leqslant x | -1 < X < 1) = k(x + 1),$$

其中 $k$ 为待定常数. 令 $x = 0$，有

$$P(-1 < X \leqslant 0 | -1 < X < 1) = k,$$

同理 $P(0 < X < 1 | -1 < X < 1) = k$，而

$$P(-1 < X \leqslant 0 | -1 < X < 1) + P(0 < X < 1 | -1 < X < 1) = 1,$$

故 $k = \dfrac{1}{2}$，于是

$$\begin{aligned} P(-1 < X \leqslant x) &= P(-1 < X \leqslant x, -1 < X < 1) \\ &= P(-1 < X < 1)P(-1 < X \leqslant x | -1 < X < 1) \\ &= \frac{5}{8} \times \frac{x+1}{2} = \frac{5x+5}{16}. \end{aligned}$$

此时，

$$\begin{aligned} F(x) = P(X \leqslant x) &= P(X \leqslant -1) + P(-1 < X \leqslant x) \\ &= \frac{1}{8} + \frac{5(x+1)}{16} = \frac{7}{16} + \frac{5}{16}x. \end{aligned}$$

综上所述，

$$F(x) = \begin{cases} 0, & x < -1 \\ \dfrac{7}{16} + \dfrac{5}{16}x, & -1 \leqslant x < 1. \\ 1, & x \geqslant 1 \end{cases}$$

**注意**：$F(x)$ 不是阶梯函数（即 $X$ 不是离散型随机变量），$F(x)$ 也不是处处连续函数（即 $X$ 也不是连续型随机变量），所以随机变量 $X$ 为混合型随机变量（离散型随机变量与连续型随机变量的混合）.

例 9

**【例 9】**（**考研真题** 2013 年数学一）　设随机变量 $X$ 的密度函数为

$$p(x) = \begin{cases} \dfrac{1}{9}x^2, & 0 < x < 3 \\ 0, & \text{其他} \end{cases},$$

随机变量 $Y = \begin{cases} 2, & X \leqslant 1 \\ X, & 1 < X < 2, \\ 1, & X \geqslant 2 \end{cases}$ (1) 求 $Y$ 的分布函数；(2) 求概率 $P(X \leqslant Y)$.

**解** (1) 记 $Y$ 的分布函数为 $F_Y(y)$，则

当 $y < 1$ 时，$F_Y(y) = 0$；

当 $1 \leq y < 2$ 时，$F_Y(y) = P(Y \leq y) = P(\{1 < X \leq y\} \cup \{2 \leq X \leq 3\})$

$$= P(1 < X \leq y) + P(2 \leq X \leq 3)$$

$$= \int_1^y \frac{1}{9}x^2 dx + \int_2^3 \frac{1}{9}x^2 dx = \frac{y^3 + 18}{27};$$

当 $y \geq 2$ 时，$F_Y(y) = 1$.

所以 $Y$ 的分布函数为 $F_Y(y) = \begin{cases} 0, & y < 1 \\ \dfrac{y^3 + 18}{27}, & 1 \leq y < 2 \\ 1, & y \geq 2 \end{cases}$.

(2) $P(X \leq Y) = P(0 < X < 2) = \int_0^2 \frac{1}{9}x^2 dx = \frac{8}{27}$.

# 四、自测练习试卷

## 试卷 1

(一) 填空题(共 7 题,每题 3 分,共 21 分)

1. 已知随机变量 $X$ 只能取 $-1, 0, 1, 2$ 这 4 个数值,其相应的概率依次为 $\frac{1}{2C}, \frac{3}{4C}, \frac{5}{8C}, \frac{2}{16C}$, 则 $C = $_____.

2. 若随机变量 $X$ 的概率分布为

| $X$ | 1 | 3 | 5 |
|-----|---|---|---|
| $P$ | $\frac{1}{2}$ | $\frac{1}{3}$ | $\frac{1}{6}$ |

则它的分布函数 $F(x)$ 在 $x = 4$ 时为_____.

3. 一射手对同一目标独立地进行 4 次射击,若至少命中一次的概率为 $\frac{80}{81}$,则该射手的命中率为_____.

4. 设离散型随机变量 $X$ 的概率分布为 $P(X = k) = \frac{1}{ck!}$,$k = 1, 2, \cdots$,则常数 $c = $_____.

5. 已知连续型随机变量 $X$ 的分布函数为 $F(x) = \begin{cases} 0, & x < 0 \\ A\sin x, & 0 \leq x < \frac{\pi}{2} \\ 1, & x \geq \frac{\pi}{2} \end{cases}$,则

$P\left(|X| < \frac{\pi}{6}\right) = $_____.

6. 设随机变量 $X$ 服从正态分布，其密度函数 $p(x) = ke^{-\frac{x^2}{2}-x}(-\infty < x < +\infty)$，则 $k =$ _____.

7. 设 $X \sim N(2,2)$，且 $Y = 2X - 3$，则 $Y$ 的密度函数 $p_Y(y) =$ _____.

（二）选择题（共 7 题，每题 3 分，共 21 分）

1. 下列函数中，可以作为随机变量的分布函数的是（ ）.

A. $F(x) = \dfrac{1}{1+x^2}$ 　　　　　　　B. $F(x) = \dfrac{3}{4} + \dfrac{1}{2\pi}\arctan x$

C. $F(x) = \begin{cases} 0, & x < 0 \\ \dfrac{x}{1+x}, & x \geqslant 0 \end{cases}$ 　　　D. $F(x) = \dfrac{2}{\pi}\arctan x + 1$

2. 设离散型随机变量 $X$ 的概率分布为 $P(X = k) = A\lambda^k, k = 1, 2, \cdots$，其中 $A > 0$，则 $\lambda$ 为（ ）.

A. 大于 0 的任意实数 　　　　　　　B. $\dfrac{1}{A-1}$

C. $A + 1$ 　　　　　　　　　　　　D. $\dfrac{1}{A+1}$

3. 设随机变量 $X$ 的密度函数为 $p(x) = \begin{cases} \dfrac{k}{1+x^2}, & 0 \leqslant x \leqslant 1 \\ 0, & 其他 \end{cases}$，那么 $k =$（ ）.

A. $\dfrac{\pi}{4}$ 　　　　B. $\dfrac{4}{\pi}$ 　　　　C. $\ln 2$ 　　　　D. $\dfrac{1}{\ln 2}$

4. 若连续型随机变量 $X$ 的分布函数为 $F(x) = \begin{cases} A, & x < 0 \\ Bx^2, & 0 \leqslant x < 1 \\ Cx - \dfrac{x^2}{2} - 1, & 1 \leqslant x < 2 \\ 1, & x \geqslant 2 \end{cases}$，则常数 $A, B$，

$C$ 的取值是（ ）.

A. $A = -1, B = \dfrac{1}{2}, C = 1$ 　　　　B. $A = 0, B = \dfrac{1}{2}, C = 2$

C. $A = 1, B = 1, C = 2$ 　　　　　　　D. $A = 0, B = 1, C = 0$

5. 设 $X \sim N(0,1)$，$X$ 的分布函数为 $\Phi(x)$，且 $P(|X| > 0) = \alpha$，其中 $0 < \alpha < 1$，则 $x =$（ ）.

A. $\Phi^{-1}(\alpha)$ 　　　　　　　　　B. $\Phi^{-1}\left(1 - \dfrac{\alpha}{2}\right)$

C. $\Phi^{-1}(1 - \alpha)$ 　　　　　　　D. $\Phi^{-1}\left(\dfrac{\alpha}{2}\right)$

6. 设随机变量 $X$ 服从正态分布 $N(\mu, 1)$，其分布函数为 $F(x)$，则对任意实数 $x$，有（ ）.

A. $F(x + \mu) = F(x - \mu)$ 　　　　　B. $F(\mu + x) = F(\mu - x)$

C. $F(x + \mu) + F(x - \mu) = 1$ 　　　D. $F(\mu + x) + F(\mu - x) = 1$

7. 设随机变量 $X$ 的密度函数为 $p_X(x)=\begin{cases}\dfrac{1}{2\pi}, & 0<x<2\pi \\ 0, & \text{其他}\end{cases}$，则随机变量 $Y=\cos X$ 的

密度函数 $p_Y(y)$ 为（　　）.

A. $\begin{cases}\dfrac{1}{\pi\sqrt{1-y^2}}, & -1<y<1 \\ 0, & \text{其他}\end{cases}$　　　　B. $\begin{cases}\dfrac{1}{2\pi\sqrt{1-y^2}}, & -1<y<1 \\ 0, & \text{其他}\end{cases}$

C. $\begin{cases}\dfrac{1}{2\sqrt{1-y^2}}, & -1<y<1 \\ 0, & \text{其他}\end{cases}$　　　　D. $\begin{cases}\dfrac{1}{\sqrt{1-y^2}}, & -1<y<1 \\ 0, & \text{其他}\end{cases}$

（三）分析判断题（共 2 题，每题 3 分，共 6 分）

1. 设随机变量 $X$ 的分布函数为 $F(x)$，则有 $P(a<X<b)=F(b)-F(a)$.

2. 连续型随机变量的密度函数是连续的.

（四）简答题（共 1 题，共 4 分）

1. 叙述二项分布和超几何分布的背景，它们有何联系？

（五）计算题（共 6 题，第 1~4 题每题 8 分，第 5 题 10 分，第 6 题 6 分，共 48 分）

1. 袋中有标号为 1~6 的 6 个球，从中随机地取出 3 个球，用 $X$ 表示取出的 3 个球中的最大标号数，试求 $X$ 的概率分布和分布函数.

2. 设连续型随机变量 $X$ 的分布函数为 $F(x)=A\arctan(e^x)$，$-\infty<x<+\infty$，试求：

（1）$A$ 的值；（2）$X$ 的密度函数；（3）$P\left(0<X<\dfrac{1}{2}\ln 3\right)$.

3. 假设某科统考的成绩 $X$ 近似服从正态分布 $N(70,10^2)$，已知第 100 名的成绩为 60 分，问：第 20 名的成绩约为多少？

4. 已知随机变量 $X$ 的分布函数为

$$F(x)=\begin{cases}0, & x<-1 \\ \dfrac{1}{3}, & -1\leqslant x<0 \\ \dfrac{1}{2}, & 0\leqslant x<1 \\ \dfrac{2}{3}, & 1\leqslant x<2 \\ 1, & x\geqslant 2\end{cases}，$$

求：（1）$Y=\left(\sin\dfrac{\pi}{6}X\right)^2$ 的分布函数；（2）$P(0\leqslant Y<0.5)$.

5. 设随机变量 $X$ 的密度函数为 $p(x)=\begin{cases}\dfrac{1}{3\sqrt[3]{x^2}}, & 0\leqslant x\leqslant 8 \\ 0, & \text{其他}\end{cases}$，$F(x)$ 是 $X$ 的分布函数，求：

（1）$F(x)$；（2）$Y=F(X)$ 的分布函数 $F_Y(y)$.

6. 设随机变量 $X \sim U(0,2)$，$Y = \min\{X, 1\} = \begin{cases} X, & X < 1 \\ 1, & X \geq 1 \end{cases}$，求 $Y$ 的分布函数.

## 试卷2

(一) 填空题(共7题,每题3分,共21分)

1. 设随机变量 $X$ 的分布函数如下:

$$F(x) = \begin{cases} \dfrac{1}{1+x^2}, & x < \underline{\quad①\quad} \\ \underline{\quad②\quad}, & x \geq \underline{\quad③\quad} \end{cases}.$$

试填上①、②、③项.

2. 设某批电子元件的正品率为 $\dfrac{4}{5}$,次品率为 $\dfrac{1}{5}$. 现对这批电子元件进行测试,只要测得一个正品就停止测试工作,则测试次数 $X$ 的概率分布为_____,测试次数为偶数的概率为_____.

3. 8门炮同时向一目标发射一发炮弹,当不少于2发炮弹命中时,目标被摧毁,如果每门炮命中目标的概率都是0.6,则摧毁目标的概率是_____.

4. 已知随机变量 $X$ 的密度函数为 $p(x) = \begin{cases} ax + b, & 0 < x < 1 \\ 0, & 其他 \end{cases}$，且 $P\left(X > \dfrac{1}{2}\right) = \dfrac{5}{8}$，则 $P\left(\dfrac{1}{4} < X \leq \dfrac{1}{2}\right) = $ _____.

5. 设随机变量 $X$ 在 $[1,4]$ 上服从均匀分布,现在对 $X$ 进行3次独立试验,则至少有2次观察值大于2的概率为_____.

6. 若 $X \sim N(2, \sigma^2)$，且 $P(2 < X < 4) = 0.3$，则 $P(X < 0) = $ _____.

7. 设 $X \sim U[0, 2]$，且 $Y = X^2$，则 $Y$ 的密度函数 $p_Y(y) = $ _____.

(二) 选择题(共7题,每题3分,共21分)

1. 设随机变量 $X$ 的概率分布为 $P(X = k) = \dfrac{A\lambda^k}{k!}$，$k = 1, 2, \cdots$，其中 $\lambda > 0$，则 $A = $ (  ).

A. $1 - \dfrac{1}{e^\lambda}$       B. $\dfrac{1}{e^\lambda - 1}$       C. $\dfrac{1}{e^\lambda}$       D. $e^\lambda - 1$

2. 在每次试验中,事件 $A$ 发生的概率为 $p(0 < p < 1)$，直至第 $n$ 次时,事件 $A$ 才发生 $k$ 次 $(1 \leq k \leq n)$ 的概率为(  ).

A. $p^k(1-p)^{n-k}$       B. $C_n^k p^k(1-p)^{n-k}$

C. $C_{n-1}^{k-1} p^{k-1}(1-p)^{n-(k-1)}$       D. $C_{n-1}^{k-1} p^k(1-p)^{n-k}$

3. 设 $p(x)$ 为连续型随机变量 $X$ 的密度函数,则有(  ).

A. $0 \leq p(x) \leq 1$       B. $P(X = x) = p(x)$

C. $p(x) \geq 0$       D. $\displaystyle\int_0^{+\infty} p(x)\mathrm{d}x = 1$

4. 已知连续型随机变量 $X$ 的密度函数 $p(x)$ 是偶函数,即 $p(x) = p(-x)$，$F(x)$ 是 $X$ 的

分布函数,则对任意实数 $c$ 有 $F(-c)$ 等于(　　).

A. $F(c)$

B. $\dfrac{1}{2} - \displaystyle\int_0^c p(x)\,\mathrm{d}x$

C. $2F(c) - 1$

D. $1 - \displaystyle\int_0^c p(x)\,\mathrm{d}x$

5. 设 $X \sim N(\mu, \sigma^2)$,记 $g(\sigma) = P(|X - \mu| < \sigma)$,则随着 $\sigma$ 的增大,$g(\sigma)$ 的值(　　).

A. 保持不变　　　　　　　　　　B. 单调增大

C. 单调减小　　　　　　　　　　D. 增减性不确定

[选择题 5]

6. 设随机变量 $X$ 的分布函数为 $F(x)$,则随机变量 $Y = 2X + 1$ 的分布函数 $G(y)$ 为(　　).

A. $F\left(\dfrac{y}{2} - \dfrac{1}{2}\right)$

B. $F\left(\dfrac{y}{2} + 1\right)$

C. $2F(y) + 1$

D. $\dfrac{1}{2}F(y) - \dfrac{1}{2}$

7. 设 $X$ 为非负连续型随机变量,且 $X^2$ 服从 $(0,1)$ 上的均匀分布,则 $X$ 的密度函数 $p(x) = ($　　$)$.

A. $\begin{cases} 2x, & 0 < x < 1 \\ 0, & \text{其他} \end{cases}$

B. $\begin{cases} \dfrac{1}{2\sqrt{x}}, & 0 < x < 1 \\ 0, & \text{其他} \end{cases}$

C. $\begin{cases} 3x^2, & 0 < x < 1 \\ 0, & \text{其他} \end{cases}$

D. $\begin{cases} \dfrac{3\sqrt{x}}{2}, & 0 < x < 1 \\ 0, & \text{其他} \end{cases}$

(三)分析判断题(共 2 题,每题 3 分,共 6 分)

1. 不同的随机变量,它们的分布函数一定不相同.

2. 随机变量 $X$ 的密度函数 $p(x)$ 在点 $a$ 处的取值,表示随机变量取此值的概率.

(四)简答题(共 1 题,共 4 分)

1. 叙述指数分布的无记忆性的数学表达式,并且解释其含义.

(五)计算题(共 6 题,每题 8 分,共 48 分)

1. 甲、乙两人分别独立射击同一目标各一次,甲命中的概率为 $p_1$,乙命中的概率为 $p_2$,求目标命中总次数的概率分布和分布函数.

2. 设一个人在一年中患感冒的次数是服从参数为 $\lambda = 5$ 的泊松分布的随机变量,假定正在销售的一种新药,对 75% 的人来说可将上述参数减小为 3,而对另外 25% 的人则是无效的. 若某人试用此药一年,在试用期间患了两次感冒,求此药对他有效的概率.

3. 设连续型随机变量 $X$ 的分布函数为 $F(x) = \begin{cases} 0, & x < 0 \\ a + b\cos\dfrac{\pi}{2}x, & 0 \leq x < 2 \\ 1, & x \geq 2 \end{cases}$.

(1)试确定常数 $a, b$;(2)写出 $X$ 的密度函数;(3)求 $P(X^2 > 1)$.

4. 设随机变量 $X$ 的密度函数为 $p_X(x) = \begin{cases} 1 - |x|, & -1 < x < 1 \\ 0, & \text{其他} \end{cases}$, $Y = X^2$, 求:

(1) $Y$ 的密度函数 $p_Y(y)$; (2) $P(0 < X + 2Y < 1)$.

5. 设随机变量 $X$ 在 $[0,1]$ 上取值, 其分布函数为 $F(x) = \begin{cases} 0, & x < 0, \\ a + bx, & 0 \leqslant x \leqslant 1, \\ 1, & x > 1, \end{cases}$ 且

$P(X = 0) = \dfrac{1}{4}$, 求: (1) 常数 $a, b$; (2) $Y = -\ln F(X)$ 的分布函数 $F_Y(y)$.

6. 设随机变量 $X \sim U(0,2)$, 则 $Y = \begin{cases} 0, & X < 1 \\ X, & X \geqslant 1 \end{cases}$ 的分布函数 $F_Y(y)$ 的间断点有几个?

# 五、习题、总复习题及详解

## 习题2-1  随机变量及其分布函数

1. 判断函数 $F(x) = \dfrac{1}{1 + x^2}$ 能否作为某一随机变量的分布函数. 就以下 3 种情况进行说明.

(1) $-\infty < x < +\infty$;

(2) $0 < x < +\infty$, 在其他场合适当定义;

(3) $-\infty < x < 0$, 在其他场合适当定义.

**解** (1) 不能, 不满足分布函数的单调不减性, 例如 $F(-1) = \dfrac{1}{2} > F(+\infty) = 0$.

(2) 不能, 不满足分布函数的单调不减性, 例如 $F(1) = \dfrac{1}{2} > F(2) = \dfrac{1}{5}$.

(3) 能, 可以根据定义验证. 对任意 $-\infty < x_1 < x_2 < 0$, 有

$$F(x_1) - F(x_2) = \frac{1}{1 + F(x_1)} - \frac{1}{1 + F(x_2)} = \frac{x_2^2 - x_1^2}{(1 + x_1^2)(1 + x_2^2)} < 0,$$

满足分布函数的单调不减性. $F(x)$ 满足

$$F(-\infty) = \lim_{x \to -\infty} \frac{1}{1 + x^2} = 0, \quad F(0) = \lim_{x \to 0} \frac{1}{1 + x^2} = 1.$$

$F(x)$ 是连续函数, 故满足右连续性. 综上所述, $F(x)$ 能作为某一随机变量的分布函数.

2. 随机变量 $X$ 的分布函数为

$$F(x) = \begin{cases} a + be^{-\lambda x}, & x \geqslant 0 \\ 0, & x < 0 \end{cases},$$

其中 $\lambda > 0$ 且 $\lambda$ 为常数, 求常数 $a, b$ 的值.

**解** 由分布函数的有界性知, $F(+\infty) = \lim_{x \to +\infty} (a + be^{-\lambda x}) = 1$, 由分布函数的右连续性知,

$F(0) = a + b = 0$, 联立可得 $a = 1$, $b = -1$.

## 习题2-2　离散型随机变量及其分布

1. 设袋中有 6 个小球,其中有 2 个红球和 4 个白球. 任取 3 个球,将取到的红球数记作 $X$,求 $X$ 的概率分布和分布函数(后者要求作图).

**解**　$X$ 可能的取值为 $0, 1, 2$,则

$$P(X=0)=\frac{C_4^3}{C_6^3}=\frac{1}{5}, P(X=1)=\frac{C_2^1 C_4^2}{C_6^3}=\frac{3}{5}, P(X=2)=\frac{C_2^2 C_4^1}{C_6^3}=\frac{1}{5}.$$

概率分布为

| $X$ | 0 | 1 | 2 |
|---|---|---|---|
| $P$ | $\frac{1}{5}$ | $\frac{3}{5}$ | $\frac{1}{5}$ |

分布函数为(如图 2-1 所示)

$$F(x)=\begin{cases} 0, & x<0 \\ 0.2, & 0 \leqslant x<1 \\ 0.8, & 1 \leqslant x<2 \\ 1, & x \geqslant 2 \end{cases}.$$

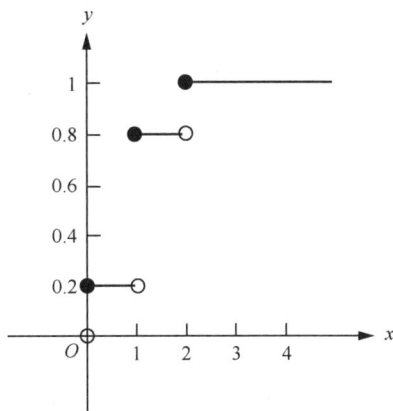

图 2-1

2. 设随机变量 $X$ 的分布函数为

$$F(x)=\begin{cases} 0, & x<-1 \\ 0.3, & -1 \leqslant x<1 \\ 0.7, & 1 \leqslant x<3 \\ 1, & x \geqslant 3 \end{cases},$$

求 $X$ 的概率分布.

**解**　$P(X=-1)=F(-1)=0.3$,

$P(X=1)=F(1)-F(-1)=0.4$,

$P(X=3)=F(3)-F(1)=0.3$.

概率分布为

| $X$ | $-1$ | 1 | 3 |
|---|---|---|---|
| $P$ | 0.3 | 0.4 | 0.3 |

3. 设离散型随机变量 $X$ 的概率分布为 $P(X=k)=\dfrac{a\lambda^k}{k!}$ $(k=0,1,2,\cdots)$,其中 $\lambda>0$ 且 $\lambda$ 为常数,试确定常数 $a$.

**解**　由概率定义,利用 $e^\lambda=\displaystyle\sum_{k=0}^{+\infty}\frac{\lambda^k}{k!}$ 可知 $\displaystyle\sum_{k=0}^{+\infty}\frac{a\lambda^k}{k!}=a\sum_{k=0}^{+\infty}\frac{\lambda^k}{k!}=1 \Rightarrow a=e^{-\lambda}$.

4. 一实习生用一台机器接连生产了 3 个同种零件,第 $i$ 个零件是不合格品的概率为 $p_i=\dfrac{1}{i+1}$ $(i=1,2,3)$,以 $X$ 表示 3 个零件中合格品的个数,求 $X$ 的概率分布.

**解**　$X$ 可能的取值为 $0,1,2,3$,则

$$P(X=0)=p_1 p_2 p_3=\frac{1}{24},$$

$$P(X = 1) = (1 - p_1)p_2p_3 + p_1(1 - p_2)p_3 + p_1p_2(1 - p_3) = \frac{1}{4},$$

$$P(X = 2) = (1 - p_1)(1 - p_2)p_3 + p_1(1 - p_2)(1 - p_3) + (1 - p_1)p_2(1 - p_3) = \frac{11}{24},$$

$$P(X = 3) = (1 - p_1)(1 - p_2)(1 - p_3) = \frac{1}{4}.$$

概率分布为

| $X$ | 0 | 1 | 2 | 3 |
|-----|-----|-----|-----|-----|
| $P$ | $\frac{1}{24}$ | $\frac{1}{4}$ | $\frac{11}{24}$ | $\frac{1}{4}$ |

5. 如果一次投球投中篮圈的概率为 $p = 0.3$, 求一次投球投中次数的概率分布和分布函数.

**解** 由题意知, 一次投球投中次数服从参数为 $p = 0.3$ 的伯努利分布, 则

$$P(X = k) = 0.3^k 0.7^{1-k}, \quad k = 0, 1.$$

概率分布为

| $X$ | 0 | 1 |
|-----|-----|-----|
| $P$ | 0.7 | 0.3 |

分布函数为

$$F(x) = \begin{cases} 0, & x < 0 \\ 0.7, & 0 \leqslant x < 1. \\ 1, & x \geqslant 1 \end{cases}$$

6. 某人任意地掷硬币 8 次, 试写出正面向上次数的概率分布, 并求正面向上次数不小于 3 的概率.

**解** 设 $X$ 为正面向上的次数, 则 $X$ 服从二项分布 $B(8, 0.5)$,

$$P(X = k) = C_8^k 0.5^8, \quad k = 0, 1, \cdots, 8.$$

正面向上的次数不小于 3, 即

$$P(X \geqslant 3) = 1 - P(X < 3) = 0.855.$$

7. 甲地需要与乙地的 10 个电话用户联系, 每一个用户在 1h 内平均占线 12min, 并且任何两个用户的呼叫是相互独立的. 为了在任意时刻使能为所有电话用户服务的概率为 0.99, 应当设置多少条电话线路?

**解** 设 $X$ 为同时打电话的用户数, 由题意知 $X$ 服从二项分布 $B(10, 0.2)$, 设至少要设置 $k$ 条电话线路使可能为所有电话用户服务的概率为 0.99, 则

$$P(X \leqslant k) = \sum_{i=0}^{k} C_{10}^i \cdot 0.2^i \cdot 0.8^{10-i} = 0.99,$$

经查表得 $k = 5$.

8. 某商店每月销售某种商品的数量服从参数为 5 的泊松分布, 问在月初至少库存多少此种商品, 才能保证当月不脱销的概率为 0.99977 以上.

**解** 设 $X$ 为每月销售该种商品的数量, 则 $X$ 服从参数为 5 的泊松分布,

$$P(X = k) = \frac{5^k}{k!} e^{-5}, \quad k = 0, 1, \cdots.$$

$$P(X \leqslant k) \geqslant 0.99977,$$

通过查表可得 $k \geqslant 14$.

9. 某公司生产一种产品共 300 件,根据历史生产记录知该种产品的废品率为 0.01,问:这 300 件产品中废品数大于 5 的概率是多少?

**解** 设 $X$ 为产品中的废品数,由题意知 $X$ 服从二项分布 $B(300, 0.01)$,因为 $n = 300$ 比较大且 $p = 0.01$ 比较小,所以可以近似为 $X$ 服从参数为 3 的泊松分布.

$$P(X > 5) = 1 - P(X \leqslant 5) = 1 - \sum_{i=0}^{5} C_{300}^i \cdot 0.01^i \cdot 0.99^{300-i}$$

$$\approx 1 - \sum_{i=0}^{5} \frac{3^i}{i!} e^{-3} = 0.084.$$

10. 设某批电子管正品率为 $\frac{3}{4}$,次品率为 $\frac{1}{4}$,现对这批电子管进行测试,只要测得一个正品电子管就不再继续测试,试求测试次数 $X$ 的概率分布.

**解** 若前 $k - 1$ 次测试的产品都是次品,则第 $k$ 次测试的产品是正品的概率为

$$P(X = k) = \left(\frac{1}{4}\right)^{k-1} \cdot \frac{3}{4}, k = 1, 2, \cdots.$$

11. 盒中有 12 个乒乓球,其中只有 2 个新球,其余 10 个球都是用过的. 从盒中任取 3 个球,求取出的 3 个球中新球数的概率分布和分布函数.

**解** 设 $X$ 为取出的新球数,$X$ 可能的取值为 $0, 1, 2$,

$$P(X = k) = \frac{C_2^k C_{10}^{3-k}}{C_{12}^3}, k = 0, 1, 2.$$

概率分布为

| $X$ | 0 | 1 | 2 |
|---|---|---|---|
| $P$ | $\dfrac{6}{11}$ | $\dfrac{9}{22}$ | $\dfrac{1}{22}$ |

分布函数为

$$F(x) = \begin{cases} 0, & x < 0 \\ \dfrac{6}{11}, & 0 \leqslant x < 1 \\ \dfrac{21}{22}, & 1 \leqslant x < 2 \\ 1, & x \geqslant 2 \end{cases}.$$

### 习题2-3 连续型随机变量及其分布

1. 试在下面 3 种情况下,判别

$$p(x) = \begin{cases} \sin x, x \in D \\ 0, \quad x \notin D \end{cases}$$

是否可以作为某一个随机变量的密度函数.

$$D:(1)\left[0,\frac{\pi}{2}\right];(2)[0,\pi];(3)\left[\pi,\frac{3\pi}{2}\right].$$

**解** （1）可以. 对于任意 $x,p(x)\geqslant 0$ 且 $\int_{-\infty}^{+\infty}p(x)\mathrm{d}x=\int_{0}^{\frac{\pi}{2}}\sin x\mathrm{d}x=1.$

（2）不可以. $\int_{-\infty}^{+\infty}p(x)\mathrm{d}x=\int_{0}^{\pi}\sin x\mathrm{d}x\neq 1,$ 不满足密度函数的性质.

（3）不可以. $p(x)<0,x\in D,$ 不满足密度函数的性质.

2. 设随机变量 $X$ 的密度函数为

$$p(x)=\begin{cases}ax+b, & 0<x<1\\ 0, & \text{其他}\end{cases},$$

又已知 $P\left(X<\frac{1}{3}\right)=P\left(X>\frac{1}{3}\right),$ 试求常数 $a$ 和 $b$.

**解** 由密度函数的性质可知 $\int_{-\infty}^{+\infty}p(x)\mathrm{d}x=\int_{0}^{1}(ax+b)\mathrm{d}x=1,$ 由题意知

$$P\left(X<\frac{1}{3}\right)=P\left(X>\frac{1}{3}\right)\Rightarrow\int_{0}^{\frac{1}{3}}(ax+b)\mathrm{d}x=\int_{\frac{1}{3}}^{1}(ax+b)\mathrm{d}x,$$

联立可得 $a=-\dfrac{3}{2},b=\dfrac{7}{4}.$

3. 已知随机变量 $X$ 的密度函数为

$$p(x)=\frac{1}{2}\mathrm{e}^{-|x|},-\infty<x<+\infty,$$

求 $X$ 的分布函数.

**解** 当 $x<0$ 时,分布函数为

$$F(x)=\int_{-\infty}^{x}\frac{1}{2}\mathrm{e}^{x}\mathrm{d}x=\frac{1}{2}\mathrm{e}^{x};$$

当 $x\geqslant 0$ 时,分布函数为

$$F(x)=\int_{-\infty}^{x}p(x)\mathrm{d}x=\int_{-\infty}^{0}\frac{1}{2}\mathrm{e}^{x}\mathrm{d}x+\int_{0}^{x}\frac{1}{2}\mathrm{e}^{-x}\mathrm{d}x=1-\frac{1}{2}\mathrm{e}^{-x}.$$

4. 设连续型随机变量 $X$ 的分布函数为

$$F(x)=\begin{cases}A\mathrm{e}^{x}, & x<0\\ B, & 0\leqslant x<1,\\ 1-A\mathrm{e}^{-(x-1)}, & x\geqslant 1\end{cases}$$

求：（1）$A,B$ 的值；

（2）$X$ 的密度函数；

（3）$P\left(X>\dfrac{1}{3}\right).$

**解** （1）$\begin{cases}\lim\limits_{x\to 0^{-}}F(x)=\lim\limits_{x\to 0^{+}}F(x)\\ \lim\limits_{x\to 1^{-}}F(x)=\lim\limits_{x\to 1^{+}}F(x)\end{cases},\begin{cases}A=B\\ B=1-A\end{cases},\begin{cases}A=\dfrac{1}{2}\\ B=\dfrac{1}{2}\end{cases}.$

$$(2)\ p(x) = \begin{cases} \dfrac{1}{2}e^x, & x < 0 \\ 0, & 0 \leqslant x < 1. \\ \dfrac{1}{2}e^{-(x-1)}, & x \geqslant 1 \end{cases}$$

$$(3)\ P\left(X > \frac{1}{3}\right) = 1 - P\left(X \leqslant \frac{1}{3}\right) = 1 - \frac{1}{2} = \frac{1}{2}.$$

5. 设某型号的电子管的寿命 $X$(单位:h)具有密度函数:

$$p(x) = \begin{cases} \dfrac{100}{x^2}, & x > 100 \\ 0, & x \leqslant 100 \end{cases},$$

试求:(1) 使用寿命在 150h 以上的概率;

(2) 3 个该型号的电子管使用 150h 都不损坏的概率;

(3) 3 个该型号的电子管使用 150h 至少有一个不损坏的概率.

**解** (1) 由题意知,$F(x) = \begin{cases} 1 - \dfrac{100}{x}, & x > 100 \\ 0, & x \leqslant 100 \end{cases}$,所以 $P(X > 150) = 1 - P(X \leqslant 150) = \dfrac{2}{3}$.

(2) $P(X > 150)^3 = \left(\dfrac{2}{3}\right)^3 = \dfrac{8}{27}$.

(3) $P(\{3 \text{个中至少有一个不损坏}\}) = 1 - P(X \leqslant 150)^3 = 1 - \left(\dfrac{1}{3}\right)^3 = \dfrac{26}{27}$.

6. 已知随机变量 $X$ 在 $(-3,3)$ 上服从均匀分布,现有

$$4y^2 + 4Xy + X + 2 = 0,$$

求:(1) 方程有重根的概率;(2) 方程没有实根(有复根)的概率.

**解** (1) 由题意知,$p(x) = \begin{cases} \dfrac{1}{6}, & x \in (-3,3) \\ 0, & \text{其他} \end{cases}$,$F(x) = \begin{cases} \dfrac{x+3}{6}, & x \in (-3,3) \\ 0, & \text{其他} \end{cases}$.

$P(\{\text{方程有重根}\}) = P(\Delta = 0) = P(X^2 - X - 2 = 0) = P(X = 2) + P(X = -1) = 0$.

(2) $P(\{\text{方程没有实根(有复根)}\}) = P(\Delta < 0) = P(X \in (-1, 2)) = \dfrac{1}{2}$.

7. 设随机变量 $X$ 的分布函数为

$$F(x) = \begin{cases} 1 - e^{-x}, & x \geqslant 0 \\ 0, & x < 0 \end{cases},$$

试求:(1) $P(X \leqslant 2), P(X > 3)$;

(2) 密度函数 $p(x)$.

**解** (1) $P(X \leqslant 2) = F(2) = 1 - e^{-2} \approx 0.86466$,$P(X > 3) = 1 - F(3) = e^{-3} \approx 0.04979$.

(2) $p(x) = F'(x) = \begin{cases} e^{-x}, & x > 0 \\ 0, & x \leqslant 0 \end{cases}$.

8. 设随机变量 $X$ 的密度函数为

$$p(x) = \begin{cases} \dfrac{1}{\theta} \mathrm{e}^{-\frac{x}{\theta}}, & x > 0 \\ 0, & x \leqslant 0 \end{cases},$$

其中 $\theta > 0$, 求 $c$, 使得 $P(X > c) = \dfrac{1}{2}$.

**解** $P(X > c) = \displaystyle\int_c^{+\infty} \dfrac{1}{\theta} \mathrm{e}^{-\frac{x}{\theta}} \mathrm{d}x = \mathrm{e}^{-\frac{c}{\theta}} = \dfrac{1}{2}$, 解得 $c = \theta \ln 2$.

9. 设顾客到某银行窗口等待服务的时间 $X$(单位:min)服从指数分布,其密度函数为

$$p(x) = \begin{cases} \dfrac{1}{5} \mathrm{e}^{-\frac{x}{5}}, & x > 0 \\ 0, & x \leqslant 0 \end{cases}.$$

某顾客在窗口等待服务,如超过 10min,他就离开. 他一个月要到银行 5 次,以 $Y$ 表示一个月内他未等到服务而离开的次数,写出 $Y$ 的概率分布,并求 $P(Y \geqslant 1)$.

**解** $P(\{\text{某次等待时间超过}10\min\}) = \displaystyle\int_{10}^{+\infty} \dfrac{1}{5} \mathrm{e}^{-\frac{x}{5}} \mathrm{d}x = \mathrm{e}^{-2}$,

$$P(Y = k) = \mathrm{C}_5^k \mathrm{e}^{-2k} (1 - \mathrm{e}^{-2})^{5-k}, k = 0, 1, 2, 3, 4, 5.$$
$$P(Y \geqslant 1) = 1 - P(Y = 0) = 1 - (1 - \mathrm{e}^{-2})^5 \approx 0.5167.$$

10. 已知 $X \sim N(8, 4^2)$, 求 $P(X \leqslant 16)$, $P(X \leqslant 0)$, $P(|X - 16| < 4)$.

**解** $P(X \leqslant 16) = \displaystyle\int_{-\infty}^{16} \dfrac{1}{4\sqrt{2\pi}} \mathrm{e}^{-\frac{(x-8)^2}{32}} \mathrm{d}x = \int_{-\infty}^{2} \dfrac{1}{\sqrt{2\pi}} \mathrm{e}^{-\frac{y^2}{2}} \mathrm{d}y \approx 0.97725$,

$$P(X \leqslant 0) = \int_{-\infty}^{0} \dfrac{1}{4\sqrt{2\pi}} \mathrm{e}^{-\frac{(x-8)^2}{32}} \mathrm{d}x = \int_{-\infty}^{-2} \dfrac{1}{\sqrt{2\pi}} \mathrm{e}^{-\frac{y^2}{2}} \mathrm{d}y \approx 0.02275,$$

$$P(|X - 16| < 4) = \int_{12}^{20} \dfrac{1}{4\sqrt{2\pi}} \mathrm{e}^{-\frac{(x-8)^2}{32}} \mathrm{d}x = \int_{1}^{3} \dfrac{1}{\sqrt{2\pi}} \mathrm{e}^{-\frac{y^2}{2}} \mathrm{d}y \approx 0.15735.$$

11. 设 $\ln X \sim N(1, 2^2)$, 试求 $P\left(\dfrac{1}{2} < X < 2\right)$.

**解** $P\left(\dfrac{1}{2} < X < 2\right) = P(-\ln 2 < \ln X < \ln 2) = \Phi\left(\dfrac{\ln 2 - 1}{2}\right) - \Phi\left(\dfrac{-\ln 2 - 1}{2}\right) \approx 0.2427$.

12. 某厂决定为工人增发高产奖. 按过去生产状况为月生产额最高的 5% 的工人发放高产奖. 已知过去每人每月生产额 $X$(单位:kg)服从正态分布 $N(4000, 60^2)$. 试问:高产奖发放标准应把月生产额定为多少?

**解** 设月生产额定为 $a$, 依题意,得

$$\Phi\left(\dfrac{a - 4000}{60}\right) = 1 - 0.05, \quad \dfrac{a - 4000}{60} \approx 1.64,$$

解得 $a = 4098.4 \approx 4099(\mathrm{kg})$.

13. 若 $X \sim N(\mu, \sigma^2)$, 而方程 $y^2 + 4y + X = 0$ 无实根的概率等于 $\dfrac{1}{2}$, 求 $\mu$.

**解** $P(\{\text{方程无实根}\}) = P(4^2 - 4X < 0) = P(X > 4) = \dfrac{1}{2}$, 所以 $\mu = 4$.

14. 假设某科统考的成绩 $X$ 近似服从正态分布 $N(70, 10^2)$，已知第 100 名考生的成绩为 60 分，问第 20 名考生的成绩约为多少？

**解** $P(X \geqslant 60) = 1 - P(X < 60) = 1 - \Phi(-1) \approx 0.8413$.

学生总数为 $100 \div 0.8413 \approx 119$，前 20 名考生所占比例约为 $16.81\%$. 设 $t$ 为第 20 名考生的成绩，有

$$P(X \leqslant t) = 1 - 16.81\% = 83.19\% \approx \Phi(0.96), \frac{t - 70}{10} = 0.96, t = 79.6.$$

15. 生产过程中，产品的尺寸与规定的尺寸的偏差 $X$（单位：mm）服从正态分布 $N(0, 2.5^2)$，如果产品的尺寸与规定的尺寸的偏差绝对值不超过 3mm，则属于合格品. 问生产的 5 件产品中，至少有 4 件合格品的概率是多少？

**解** $p = P(\{\text{一件产品合格}\}) = P(-3 \leqslant X \leqslant 3) = \Phi\left(\frac{3}{2.5}\right) - \Phi\left(-\frac{3}{2.5}\right) \approx 0.7698$,

$$P(\{\text{生产的5件产品中至少有4件合格品}\}) = p^5 + C_5^4 p^4 (1 - p) \approx 0.6745.$$

### 习题 2-4 随机变量函数的分布

1. 设随机变量 $X$ 的概率分布为

| $X$ | 0 | $\frac{\pi}{2}$ | $\pi$ |
|---|---|---|---|
| $P$ | $\frac{1}{4}$ | $\frac{1}{2}$ | $\frac{1}{4}$ |

求：（1）$\cos X$ 的概率分布；

（2）$\sin X$ 的概率分布.

**解** （1）

| $\cos X$ | $-1$ | 0 | 1 |
|---|---|---|---|
| $P$ | $\frac{1}{4}$ | $\frac{1}{2}$ | $\frac{1}{4}$ |

（2）

| $\sin X$ | 0 | 1 |
|---|---|---|
| $P$ | $\frac{1}{2}$ | $\frac{1}{2}$ |

2. 设随机变量 $X$ 的密度函数为

$$p(x) = \begin{cases} e^{-x}, & x > 0 \\ 0, & x \leqslant 0 \end{cases},$$

求 $Y = 2X^2 + 1$ 的密度函数.

**解** 依题意，得 $F_X(x) = \begin{cases} 1 - e^{-x}, & x > 0 \\ 0, & x \leqslant 0 \end{cases}, F_Y(y) = \begin{cases} P(X^2 \leqslant y), & y \geqslant 0 \\ 0, & y < 0 \end{cases},$

所以 $P(0 \leqslant X^2 \leqslant y) = F_X(\sqrt{y}) = 1 - e^{-\sqrt{y}}, p_Y(y) = \begin{cases} \dfrac{1}{2\sqrt{y}} e^{-\sqrt{y}}, & y \geqslant 0 \\ 0, & y < 0 \end{cases}.$

3. 设随机变量 $X$ 的密度函数为

$$p(x) = \begin{cases} |x|, & -1 < x < 1 \\ 0, & \text{其他} \end{cases},$$

求随机变量 $Y = 2X + 1$ 的密度函数.

**解** $P(Y \leqslant y) = P(2X + 1 \leqslant y) = P\left(X \leqslant \frac{1}{2}(y-1)\right) = \begin{cases} 0, & y < -1 \\ \int_{-1}^{\frac{1}{2}(y-1)} |x|\,\mathrm{d}x\mathrm{d}t, & -1 \leqslant y < 3 \\ 1, & y \geqslant 3 \end{cases}$,

所以 $F_Y(y) = \begin{cases} 0, & y < -1 \\ -\frac{1}{8}(y-1)^2 + \frac{1}{2}, & -1 \leqslant y < 1 \\ \frac{1}{8}(y-1)^2 + \frac{1}{2}, & 1 \leqslant y < 3 \\ 1, & y \geqslant 3 \end{cases}$, $p_Y(y) = F_Y'(y) = \begin{cases} \frac{1}{4}|y-1|, & -1 \leqslant y < 3 \\ 0, & \text{其他} \end{cases}$.

4. 已知随机变量 $X \sim N(0,1)$，求 $Y = |X|$ 的密度函数.

**解** $F_Y(y) = \begin{cases} P(Y \leqslant y) = P(-y \leqslant X \leqslant y) = 2\Phi(y) - 1, & y \geqslant 0 \\ 0, & y < 0 \end{cases}$,

所以 $p_Y(y) = \begin{cases} 2\Phi'(y) = \sqrt{\dfrac{2}{\pi}}\, \mathrm{e}^{-\frac{y^2}{2}}, & y \geqslant 0 \\ 0, & y < 0 \end{cases}$.

5. 设 $p_X(x) = \dfrac{1}{4\sqrt{x}}\mathrm{e}^{-\frac{1}{16}(x^2 - 4x + 4)}$，求 $Y = 2X + 4$ 的密度函数.

**解** 由于 $Y = 2X + 4$ 在 $\mathbf{R}$ 上单调递增，因此可取 $X = \frac{1}{2}Y - 2$，所以

$$p_Y(y) = \frac{1}{2}p_X\left(\frac{y-4}{2}\right) = \frac{1}{8\sqrt{\frac{1}{2}y - 2}}\mathrm{e}^{-\frac{1}{16}\left(\frac{1}{2}y - 4\right)^2} = \frac{\sqrt{2}}{8\sqrt{y-4}}\mathrm{e}^{-\frac{1}{64}(y-8)^2}.$$

## 总复习题二

1. 某小组有 6 个男生和 4 个女生，任选 3 个人去参观某地，求所选 3 个人中男生数 $X$ 的概率分布.

**解** $X$ 可能的取值为 $0,1,2,3$，则

$$P(X = 0) = \frac{C_4^3}{C_{10}^3} = \frac{1}{30}, P(X = 1) = \frac{C_4^2 C_6^1}{C_{10}^3} = \frac{3}{10},$$

$$P(X = 2) = \frac{C_4^1 C_6^2}{C_{10}^3} = \frac{1}{2}, P(X = 3) = \frac{C_6^3}{C_{10}^3} = \frac{1}{6}.$$

概率分布为

| $X$ | 0 | 1 | 2 | 3 |
|---|---|---|---|---|
| $P$ | $\dfrac{1}{30}$ | $\dfrac{3}{10}$ | $\dfrac{1}{2}$ | $\dfrac{1}{6}$ |

2. 一批产品中有 10 件正品和 3 件次品,现从中随机地一件一件取出,以 $X$ 表示直到取得正品为止所需的次数,分别求出在下列情况下 $X$ 的概率分布.

(1) 每次取出的产品不放回;

(2) 每次取出的产品经检验后放回,再抽取;

(3) 每次取出一件产品后,总以一件正品放回,再抽取.

**解** (1) $X$ 可能的取值为 $1,2,3,4$,则

$$P(X=1)=\frac{C_{10}^1}{C_{13}^1}=\frac{10}{13},\quad P(X=2)=\frac{C_3^1}{C_{13}^1}\cdot\frac{C_{10}^1}{C_{12}^1}=\frac{5}{26},$$

$$P(X=3)=\frac{C_3^1}{C_{13}^1}\cdot\frac{C_2^1}{C_{12}^1}\cdot\frac{C_{10}^1}{C_{11}^1}=\frac{5}{143},\quad P(X=4)=\frac{C_3^1}{C_{13}^1}\cdot\frac{C_2^1}{C_{12}^1}\cdot\frac{C_1^1}{C_{11}^1}\cdot\frac{C_{10}^1}{C_{10}^1}=\frac{1}{286}.$$

概率分布为

| $X$ | 1 | 2 | 3 | 4 |
|---|---|---|---|---|
| $P$ | $\dfrac{10}{13}$ | $\dfrac{5}{26}$ | $\dfrac{5}{143}$ | $\dfrac{1}{286}$ |

(2) 由题意可知每次抽取正品和次品的概率不变,故

$$P(X=k)=\left(\frac{C_3^1}{C_{13}^1}\right)^{k-1}\cdot\frac{C_{10}^1}{C_{13}^1}=\left(\frac{3}{13}\right)^{k-1}\cdot\frac{10}{13},\quad k=1,2,\cdots.$$

(3) $X$ 可能的取值为 $1,2,3,4$,则

$$P(X=1)=\frac{C_{10}^1}{C_{13}^1}=\frac{10}{13},\quad P(X=2)=\frac{C_3^1}{C_{13}^1}\cdot\frac{C_{11}^1}{C_{13}^1}=\frac{33}{169},$$

$$P(X=3)=\frac{C_3^1}{C_{13}^1}\cdot\frac{C_2^1}{C_{13}^1}\cdot\frac{C_{12}^1}{C_{13}^1}=\frac{72}{2197},\quad P(X=4)=\frac{C_3^1}{C_{13}^1}\cdot\frac{C_2^1}{C_{13}^1}\cdot\frac{C_1^1}{C_{13}^1}\cdot\frac{C_{13}^1}{C_{13}^1}=\frac{6}{2197}.$$

概率分布为

| $X$ | 1 | 2 | 3 | 4 |
|---|---|---|---|---|
| $P$ | $\dfrac{10}{13}$ | $\dfrac{33}{169}$ | $\dfrac{72}{2197}$ | $\dfrac{6}{2197}$ |

3. 某炮弹击中目标的概率为 0.2,现在共发射了 14 发炮弹. 已知至少要两发炮弹击中目标才能摧毁目标,试求摧毁目标的概率.

**解** 设 $X$ 为炮弹击中目标的次数,则 $X$ 服从二项分布 $B(14,0.2)$,

$$P(X=k)=C_{14}^k\cdot 0.2^k\cdot 0.8^{14-k},\quad k=0,1,\cdots,14.$$

至少有两发炮弹击中目标的概率为

$$P(X\geqslant 2)=1-P(X<2)=0.802.$$

4. 假设一厂家生产的每台仪器,有 0.70 的概率可以直接出厂,有 0.30 的概率需进一步调试,经调试后有 0.80 的概率可以出厂,有 0.20 的概率定为不合格品不能出厂. 现该厂新生产了 20 台仪器(假设各台仪器的生产过程相互独立).求:

(1) 一台仪器能出厂的概率 $p$;

(2) 其中恰好有两台仪器不能出厂的概率 $\alpha$;

(3) 其中至少有两台仪器不能出厂的概率 $\beta$.

**解**　(1) $p = 0.94$.

(2) 设 $X$ 为仪器不能出厂的数量, 由题意知 $X$ 服从二项分布 $B(20, 0.06)$, 则

$$P(X = k) = C_{20}^k \cdot 0.06^k \cdot 0.94^{20-k}, k = 0, 1, \cdots, 20.$$

恰好有两台仪器不能出厂的概率为

$$\alpha = P(X = 2) = C_{20}^2 \cdot 0.06^2 \cdot 0.94^{18} = 0.225.$$

(3) 至少有两台仪器不能出厂的概率为

$$\beta = P(X \geqslant 2) = 1 - P(X < 2) = 0.340.$$

5. 电子计算机内, 装有 2000 个同样的晶体管, 每一个晶体管损坏的概率为 0.0005. 如果任一晶体管损坏, 计算机即停止工作, 求计算机停止工作的概率.

**解**　设 $X$ 为晶体管损坏数, 由题意知 $X$ 服从二项分布 $B(2000, 0.0005)$, 因为 $n = 2000$ 比较大且 $p = 0.0005$ 比较小, 所以可以近似为 $X$ 服从参数为 1 的泊松分布.

$$P(X \geqslant 1) = 1 - P(X = 0) = 1 - C_{2000}^0 \times 0.0005^0 \times 0.9995^{2000}$$

$$\approx 1 - \frac{1^0}{0!} e^{-1} = 0.632.$$

6. 某工厂有同类型仪器若干台, 各仪器的工作相互独立, 且发生故障的概率均为 0.01, 通常一台仪器的故障可由一个人来排除.

(1) 若甲负责维修 30 台仪器, 求仪器发生故障而不能及时排除的概率;

(2) 若由甲、乙、丙三个人共同负责维修 100 台仪器, 则仪器发生故障而不能及时排除的概率是多少?

**解**　(1) 设 $X$ 为仪器发生故障的数量, 由题意知 $X$ 服从二项分布 $B(30, 0.01)$, 因为一台仪器的故障可由一个人来排除, 所以当 1 台以上的仪器发生故障时就不能排除, 于是

$$P(X > 1) = 1 - P(X \leqslant 1) = 1 - \sum_{i=0}^{1} C_{30}^i \cdot 0.01^i \cdot 0.99^{30-i} = 0.036.$$

(2) 设 $X$ 为仪器发生故障的数量, 由题意知 $X$ 服从二项分布 $B(100, 0.01)$, 因为一台仪器的故障可由一个人来排除, 所以当 3 台以上的仪器发生故障时就不能排除, 于是

$$P(X > 3) = 1 - P(X \leqslant 3) = 1 - \sum_{i=0}^{3} C_{100}^i \cdot 0.01^i \cdot 0.99^{100-i}$$

$$\approx 1 - \sum_{i=0}^{3} \frac{1^i}{i!} e^{-1} = 1 - \frac{8}{3} e^{-1} \approx 0.019.$$

3 个人平均负责的仪器数量比 (1) 中的 30 台多, 但发生故障而不能排除的概率比 (1) 中情形更小, 说明合作效率更高.

7. 同时抛掷两枚骰子, 直到至少有一枚骰子出现 6 点为止, 试写出抛掷次数 $X$ 的概率分布.

**解**　任意抛掷一次, 两枚骰子都没有出现 6 点的概率为 $p_0 = \dfrac{C_5^1}{C_6^1} \cdot \dfrac{C_5^1}{C_6^1} = \dfrac{25}{36}$, 则至少有一

枚骰子出现 6 点的概率为 $p = 1 - p_0 = \dfrac{11}{36}$. 所以第 $k$ 次至少有一枚骰子出现 6 点的概率为

$$P(X = k) = \left(\frac{25}{36}\right)^{k-1} \cdot \frac{11}{36}, k = 1, 2, \cdots.$$

8．从一个装有 4 个红球和 2 个白球的口袋中一个一个地取球，共取 5 次，如果每次取出的球：

（1）立即放回袋中，再取下一个球；

（2）不放回袋中．

试分别写出两种情况下取出的红球个数 $X$ 的概率分布．

**解** （1）由题意知 $X$ 服从二项分布，每次取出红球的概率为 $\dfrac{2}{3}$，取出白球的概率为 $\dfrac{1}{3}$，则

$$P(X = k) = C_5^k \left(\frac{2}{3}\right)^k \left(\frac{1}{3}\right)^{5-k}, k = 0, 1, \cdots, 5.$$

（2）不放回地取 5 次剩 1 球，可能是红球，也可能是白球．

$$P(X = k) = \frac{C_4^k C_2^{5-k}}{C_6^5}, k = 3, 4.$$

9．设随机变量 $X$ 的密度函数为

$$p(x) = \begin{cases} A\cos x, & |x| \leqslant \dfrac{\pi}{2} \\ 0, & |x| > \dfrac{\pi}{2} \end{cases},$$

试求：（1）系数 $A$；（2）$X$ 落在区间 $\left(0, \dfrac{\pi}{4}\right)$ 内的概率；（3）$X$ 的分布函数．

**解** （1）由密度函数的性质可得 $\displaystyle\int_{-\infty}^{+\infty} p(x)\mathrm{d}x = \int_{-\frac{\pi}{2}}^{\frac{\pi}{2}} A\cos x\,\mathrm{d}x = 1 \Rightarrow A = \dfrac{1}{2}$.

（2）$P\left(0 < X < \dfrac{\pi}{4}\right) = \displaystyle\int_0^{\frac{\pi}{4}} \dfrac{1}{2}\cos x\,\mathrm{d}x = \dfrac{\sqrt{2}}{4}$.

（3）$F(x) = \displaystyle\int_{-\infty}^x p(x)\mathrm{d}x = 0 + \int_{-\frac{\pi}{2}}^x \dfrac{1}{2}\cos x\,\mathrm{d}x = \dfrac{1}{2}\sin x + \dfrac{1}{2}, \ -\dfrac{\pi}{2} \leqslant x < \dfrac{\pi}{2}$.

分布函数为

$$F(x) = \begin{cases} 0, & x < -\dfrac{\pi}{2} \\ \dfrac{1}{2}\sin x + \dfrac{1}{2}, & -\dfrac{\pi}{2} \leqslant x < \dfrac{\pi}{2}. \\ 1, & x \geqslant \dfrac{\pi}{2} \end{cases}$$

10．设随机变量 $X$ 的密度函数为

$$p(x) = \begin{cases} 2x, & 0 < x < 1 \\ 0, & 其他 \end{cases},$$

以 $Y$ 表示对 $X$ 的 3 次独立重复观察中事件 $\left\{X \leqslant \dfrac{1}{2}\right\}$ 发生的次数,试求 $P(Y = 2)$.

**解**　$Y \sim B(3, p), p = P\left(X \leqslant \dfrac{1}{2}\right)$,　所以 $P(Y = 2) = C_3^2 p^2 (1 - p)$.

由题意知,$F(x) = \begin{cases} x^2, & 0 < x < 1 \\ 0, & \text{其他} \end{cases}$,　所以 $p = \left(\dfrac{1}{2}\right)^2 = \dfrac{1}{4}$.

故 $P(Y = 2) = C_3^2 \times \left(\dfrac{1}{4}\right)^2 \times \dfrac{3}{4} = \dfrac{9}{64}$.

11. 在区间 $[0, a](a > 0)$ 上任意投掷一质点,用 $X$ 表示这个质点的坐标,设这个质点落在 $[0, a]$ 中任一小区间的概率与这个小区间的长度成正比,求 $X$ 的分布函数.

**解**　由题意知,$X$ 服从区间 $[0, a]$ 上的均匀分布,所以 $F(x) = \begin{cases} 0, & x < 0 \\ \dfrac{x}{a}, & 0 \leqslant x < a. \\ 1, & x \geqslant a \end{cases}$

12. 某灯的寿命服从指数分布 $Exp(\lambda)$. 大街上有 $n$ 盏这样的灯,过了时间 $T$ 后,再去看这 $n$ 盏灯,以 $X$ 表示其中没有坏的灯数,求 $X$ 的概率分布.

**解**　寿命 $Y \sim Exp(\lambda), F(y) = \begin{cases} 1 - \mathrm{e}^{-\lambda y}, & y \geqslant 0 \\ 0, & y < 0 \end{cases}$,

$P(X = k) = C_n^k P(Y < T)^{n-k} P(Y \geqslant T)^k = C_n^k (1 - \mathrm{e}^{-\lambda T})^{n-k} (\mathrm{e}^{-\lambda T})^k, k = 0, 1, \cdots, n.$

13. 设随机变量 $X$ 的密度函数为
$$p(x) = A\mathrm{e}^{-x^2 + x}, \quad -\infty < x < +\infty,$$
求常数 $A$.

**解**　$p(x) = A\mathrm{e}^{-\left(x - \frac{1}{2}\right)^2 + \frac{1}{4}} \geqslant 0$, $\displaystyle\int_{-\infty}^{+\infty} p(x)\,\mathrm{d}x = A\mathrm{e}^{\frac{1}{4}} \int_{-\infty}^{+\infty} \mathrm{e}^{-\left(x - \frac{1}{2}\right)^2}\,\mathrm{d}x = A\sqrt{\pi}\,\mathrm{e}^{\frac{1}{4}} = 1$,　解 得 $A = \dfrac{1}{\sqrt{\pi}}\mathrm{e}^{-\frac{1}{4}}$.

14. 设随机变量 $X$ 与 $Y$ 均服从正态分布,$X \sim N(\mu, 4^2), Y \sim N(\mu, 5^2)$,试比较 $p_1 = P(X \leqslant \mu - 4)$ 和 $p_2 = P(Y \geqslant \mu + 5)$ 的大小.

**解**　$p_1 = P(X \leqslant \mu - 4) = \displaystyle\int_{-\infty}^{\mu - 4} \dfrac{1}{4\sqrt{2\pi}}\mathrm{e}^{-\frac{(x - \mu)^2}{2 \times 4^2}}\,\mathrm{d}x = \int_{-\infty}^{-1} \dfrac{1}{\sqrt{2\pi}}\mathrm{e}^{-\frac{z^2}{2}}\,\mathrm{d}z$,

$p_2 = P(Y \geqslant \mu + 5) = \displaystyle\int_{\mu + 5}^{+\infty} \dfrac{1}{5\sqrt{2\pi}}\mathrm{e}^{-\frac{(x - \mu)^2}{2 \times 5^2}}\,\mathrm{d}x = \int_{1}^{+\infty} \dfrac{1}{\sqrt{2\pi}}\mathrm{e}^{-\frac{z^2}{2}}\,\mathrm{d}z$,

所以 $p_1 = p_2$.

15. 设测量误差 $X \sim N(0, 10^2)$,求在 100 次独立重复测量中至少有 3 次测量的误差的绝对值大于 19.6 的概率(用泊松分布求其近似值).

**解**　$P(|X| > 19.6) = 2[1 - \Phi(1.96)] \approx 0.05$. 设 $Y$ 为测量的误差的绝对值大于 19.6 的次数,则

$$P(Y \geqslant 3) = \sum_{k=3}^{100} C_{100}^k 0.05^k (1-0.05)^{100-k} \approx 1 - \sum_{k=0}^{2} \frac{\lambda^k}{k!} e^{-\lambda}, \lambda = np = 5,$$

查表得 $P(Y \geqslant 3) \approx 0.8753$.

16. 在电源电压不超过 200V、200~240V 和超过 240V 这 3 种情形下，某种电子元件损坏的概率分别为 0.1、0.001 和 0.2，假设电源电压 $X$ 服从正态分布 $N(220, 25^2)$，试求：

(1) 该电子元件损坏的概率 $\alpha$；

(2) 该电子元件损坏时，电源电压为 200~240V 的概率 $\beta$.

**解** （1）$P(X \leqslant 200) = \Phi\left(\dfrac{200-220}{25}\right) \approx 0.2119$,

$P(200 < X \leqslant 240) = \Phi\left(\dfrac{240-220}{25}\right) - P(X \leqslant 200) \approx 0.5762$,

$P(X > 240) = 1 - P(X \leqslant 200) - P(200 < X \leqslant 240) \approx 0.2119$,

所以 $\alpha = 0.1 \times 0.2119 + 0.001 \times 0.5762 + 0.2 \times 0.2119 = 0.0642$.

(2) $\beta = P(\{电源电压为200\sim240V \mid 电子元件损坏\}) = \dfrac{0.001 \times P(200 < X \leqslant 240)}{\alpha} \approx 0.009$.

17. 设 $X \sim Exp(\lambda)$，求随机变量 $Y = X^3$ 的密度函数.

**解** 由于 $Y = X^3$ 在 $[0, +\infty)$ 上单调递增，因此可取 $X = \sqrt[3]{Y}$,

$$p_Y(y) = \begin{cases} \dfrac{\lambda e^{-\lambda y^{\frac{1}{3}}}}{3y^{\frac{2}{3}}}, & y \geqslant 0 \\ 0, & y < 0 \end{cases}.$$

18. 设随机变量 $X$ 的密度函数为

$$p(x) = \frac{2}{\pi} \cdot \frac{1}{e^x + e^{-x}}, \quad -\infty < x < +\infty,$$

求随机变量 $Y = f(X)$ 的概率分布，其中 $f(x) = \begin{cases} 1, & x \geqslant 0 \\ -1, & x < 0 \end{cases}$.

**解** $P(Y = 1) = P(x \geqslant 0)$

$$= \int_0^{+\infty} \frac{2}{\pi} \frac{1}{e^x + e^{-x}} dx$$

$$= \frac{2}{\pi} \int_0^{+\infty} \frac{e^x}{1 + (e^x)^2} dx$$

$$= \frac{2}{\pi} \arctan^x \Big|_0^{+\infty}$$

$$= \frac{2}{\pi} \left(\frac{\pi}{2} - \frac{\pi}{4}\right) = \frac{1}{2},$$

$$P(Y = -1) = 1 - P(Y = 1) = \frac{1}{2},$$

即 $Y = f(x)$ 的概率分布为

| $Y$ | $-1$ | $1$ |
|---|---|---|
| $P$ | $\dfrac{1}{2}$ | $\dfrac{1}{2}$ |

19. 设随机变量 $X \sim U[0, 2\pi]$,求 $Y = \sin X$ 的密度函数.

**解**　因为 $p_X(x) = \begin{cases} \dfrac{1}{2\pi}, & x \in [0, 2\pi] \\ 0, & \text{其他} \end{cases}$, $F_X(x) = \begin{cases} 1, & x > 2\pi \\ \dfrac{x}{2\pi}, & x \in [0, 2\pi], \\ 0, & x < 0 \end{cases}$

$$P(Y \leqslant y) = P(\sin X \leqslant y) = \begin{cases} 1, & y > 1 \\ \dfrac{1}{2} + \dfrac{\arcsin y}{\pi}, & 0 \leqslant y \leqslant 1 \\ \dfrac{1}{2} - \dfrac{\arcsin(-y)}{\pi}, & -1 \leqslant y < 0 \\ 0, & y < -1 \end{cases},$$

所以 $p_Y(y) = F'(y) = \begin{cases} \dfrac{1}{\pi\sqrt{1-y^2}}, & -1 \leqslant y \leqslant 1 \\ 0, & \text{其他} \end{cases}$.

20. 假设随机变量 $X$ 服从参数为 5 的指数分布,即 $X \sim Exp(5)$,证明 $Y = 1 - e^{-5X}$ 服从在区间 $(0, 1)$ 上的均匀分布.

**证明**　$F_Y(y) = P(1 - e^{-5X} \leqslant y) = P\left(X \leqslant -\dfrac{1}{5}\ln(1-y)\right) = \begin{cases} 0, & y \leqslant 0 \\ y, & y \in (0, 1) \\ 1, & y \geqslant 1 \end{cases}$,证毕.

# 第三章　随机向量及其分布

## 一、知识结构图示

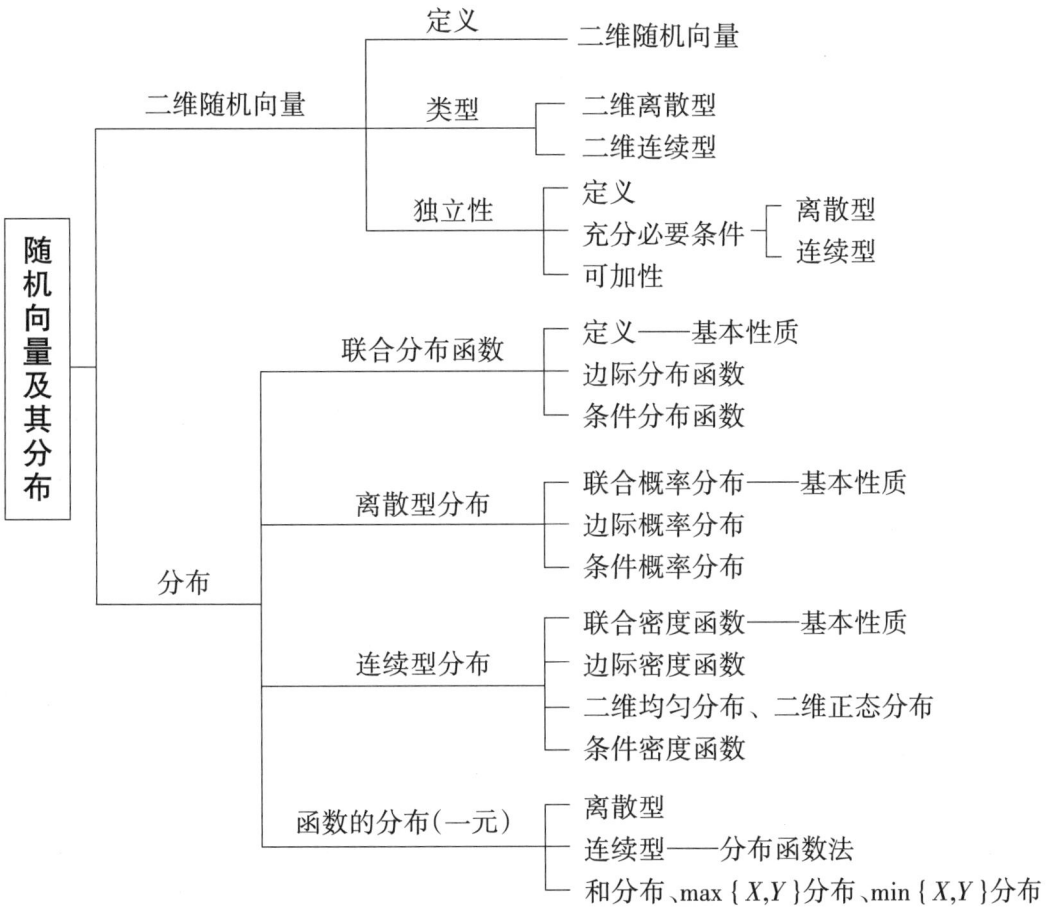

## 二、内容归纳总结

### (一) 二维随机向量

**1. 二维随机向量的定义**

设随机试验 $E$ 的样本空间为 $\Omega = \{\omega\}$, $X(\omega)$ 和 $Y(\omega)$ 为定义在同一样本空间 $\Omega$ 上的两个随机变量,则称 $(X(\omega), Y(\omega))$ 为**二维随机向量**,简记为 $(X, Y)$.

**2. 联合分布函数的定义与性质**

设 $(X,Y)$ 为二维随机向量, $x$ 和 $y$ 为两个任意实数, 则称二元函数

$$F(x,y) = P\left(\left\{\omega \mid X(\omega) \leqslant x, Y(\omega) \leqslant y\right\}\right) = P(X \leqslant x, Y \leqslant y)$$

为二维随机向量 $(X,Y)$ 的**联合分布函数**.

联合分布函数 $F(x,y)$ 具有以下基本性质.

(1) $F(x,y)$ 对任意变量 $x$ 或 $y$ 都是不减的.

(2) $F(x,y)$ 对任意变量 $x$ 或 $y$ 都是右连续的.

(3) 对一切实数 $x$ 和 $y$, 都有

$$0 \leqslant F(x,y) \leqslant 1, F(-\infty, y) = 0,$$
$$F(x, -\infty) = 0, F(+\infty, +\infty) = 1.$$

(4) 对一切实数 $x_1 < x_2, y_1 < y_2$, 都有

$$P(x_1 < X \leqslant x_2, y_1 < Y \leqslant y_2) = F(x_2, y_2) - F(x_1, y_2) - F(x_2, y_1) + F(x_1, y_1) \geqslant 0.$$

任何一个联合分布函数 $F(x,y)$ 一定具有以上 4 个基本性质; 反之, 任何具有以上 4 个基本性质的二元函数 $F(x,y)$ 必可作为某一随机向量 $(X,Y)$ 的联合分布函数.

称 $F_X(x) = F(x, +\infty)$ 为随机向量 $(X,Y)$ 关于分量 $X$ 的**边际分布函数**; 称 $F_Y(y) = F(+\infty, y)$ 为随机向量 $(X,Y)$ 关于分量 $Y$ 的**边际分布函数**.

**3. 二维离散型随机向量**

如果二维随机向量 $(X,Y)$ 的所有可能取值为有限对或可列无限对, 则称 $(X,Y)$ 为**二维离散型随机向量**.

称 $p_{ij} = P(X = x_i, Y = y_j)(i,j = 1, 2, \cdots)$ 为二维离散型随机向量 $(X,Y)$ 的**联合概率分布**.

联合概率分布 $p_{ij}$ 具有以下基本性质.

(1) $p_{ij} \geqslant 0, \forall i, j$.

(2) $\sum_i \sum_j p_{ij} = 1$.

反之, 具有以上两个基本性质的 $p_{ij}(i,j = 1, 2, \cdots)$ 必可作为某二维离散型随机向量的联合概率分布.

称 $p_{i\cdot} = \sum_j p_{ij}(i = 1, 2, \cdots)$ 为二维离散型随机向量 $(X,Y)$ 关于分量 $X$ 的**边际概率分布**; 称 $p_{\cdot j} = \sum_i p_{ij}(j = 1, 2, \cdots)$ 为二维离散型随机向量 $(X,Y)$ 关于分量 $Y$ 的**边际概率分布**.

**4. 二维连续型随机向量**

对于二维随机向量 $(X,Y)$ 的联合分布函数 $F(x,y)$, 如果存在非负可积函数 $p(x,y)$, 使得对于任意实数 $x, y$, 均有

$$F(x,y) = \int_{-\infty}^{x} \int_{-\infty}^{y} p(u,v) \mathrm{d}u \mathrm{d}v,$$

则称 $(X,Y)$ 为**二维连续型随机向量**,称 $p(x,y)$ 为二维连续型随机向量 $(X,Y)$ 的**联合密度函数**.

联合密度函数 $p(x,y)$ 具有以下基本性质.

(1) $p(x,y) \geqslant 0, \forall x, y \in \mathbf{R}$.

(2) $\int_{-\infty}^{+\infty} \int_{-\infty}^{+\infty} p(x,y) \mathrm{d}x \mathrm{d}y = 1$.

反之,具有以上两个基本性质的二元函数 $p(x,y)$ 必可作为某二维连续型随机向量的联合密度函数.

另外,联合密度函数 $p(x,y)$ 还具有下列性质.

(3) 在 $p(x,y)$ 的连续点处,有 $p(x,y) = \dfrac{\partial^2 F(x,y)}{\partial x \partial y}$.

(4) $P((X,Y) \in D) = \iint\limits_{D} p(x,y) \mathrm{d}x \mathrm{d}y$. 其中 $D$ 为平面上的一个区域,其几何意义是: $(X,Y)$ 落入区域 $D$ 中的概率等于以区域 $D$ 为底,$D$ 的边界为准线,母线平行于 $z$ 轴,曲面 $z = p(x,y)$ 为顶的曲顶柱体的体积.

如果 $(X,Y)$ 的联合密度函数为 $p(x,y)$,则称

$$p_X(x) = \int_{-\infty}^{+\infty} p(x,y) \mathrm{d}y (x \in \mathbf{R})$$

为二维连续型随机向量 $(X,Y)$ 关于分量 $X$ 的**边际密度函数**;称

$$p_Y(y) = \int_{-\infty}^{+\infty} p(x,y) \mathrm{d}x (y \in \mathbf{R})$$

为二维连续型随机向量 $(X,Y)$ 关于分量 $Y$ 的**边际密度函数**.

有以下两个常用的二维连续型随机向量的分布.

(1) 二维均匀分布

设 $G$ 是平面 $xOy$ 上的一个有界区域,其面积记为 $S_G (S_G > 0)$. 若二维连续型随机向量 $(X,Y)$ 的联合密度函数为

$$p(x,y) = \begin{cases} \dfrac{1}{S_G}, & (x,y) \in G \\ 0, & \text{其他} \end{cases},$$

则称 $(X,Y)$ 服从区域 $G$ 上的**二维均匀分布**.

若二维连续型随机向量 $(X,Y)$ 服从区域 $G$ 上的二维均匀分布,且 $D \subset G$,则

$$P((X,Y) \in D) = \frac{S_D}{S_G},$$

其中 $S_D$ 为区域 $D$ 的面积.

特别地,当 $G$ 为矩形区域时,即

$$G = \left\{ (x,y) \mid a \leqslant x \leqslant b, c \leqslant y \leqslant d \right\},$$

此二维均匀分布的联合密度函数为

$$p(x,y) = \begin{cases} \dfrac{1}{(b-a)(d-c)}, & a \leqslant x \leqslant b, c \leqslant y \leqslant d \\ 0, & \text{其他} \end{cases}.$$

（2）二维正态分布

若二维连续型随机向量 $(X,Y)$ 的联合密度函数为

$$p(x,y) = \frac{1}{2\pi\sigma_1\sigma_2\sqrt{1-\rho^2}} \mathrm{e}^{-\frac{1}{2(1-\rho^2)}\left[\frac{(x-\mu_1)^2}{\sigma_1^2} - \frac{2\rho(x-\mu_1)(y-\mu_2)}{\sigma_1\sigma_2} + \frac{(y-\mu_2)^2}{\sigma_2^2}\right]},$$

其中 $\mu_1, \mu_2, \sigma_1, \sigma_2, \rho$ 均为常数,且 $-\infty < \mu_1 < +\infty, -\infty < \mu_2 < +\infty, \sigma_1 > 0, \sigma_2 > 0, |\rho| < 1$,则称 $(X,Y)$ 服从**二维正态分布**,记作 $(X,Y) \sim N(\mu_1, \mu_2, \sigma_1^2, \sigma_2^2, \rho)$。

二维正态分布具有以下性质.

若 $(X,Y) \sim N(\mu_1, \mu_2, \sigma_1^2, \sigma_2^2, \rho)$,则 $X \sim N(\mu_1, \sigma_1^2), Y \sim N(\mu_2, \sigma_2^2)$。

## （二）随机变量的独立性

设 $F(x,y)$ 为 $(X,Y)$ 的联合分布函数,$F_X(x), F_Y(y)$ 为 $(X,Y)$ 的两个边际分布函数,若对于任意实数 $x,y$,有

$$F(x,y) = F_X(x)F_Y(y),$$

则称 $X$ 和 $Y$ 相互**独立**.否则,称 $X$ 和 $Y$ 不独立.

设 $(X,Y)$ 为二维离散型随机向量,则 $X$ 和 $Y$ 相互独立的充分必要条件为

$$p_{ij} = p_{i\cdot} p_{\cdot j}, \forall i,j.$$

设 $(X,Y)$ 为二维连续型随机向量,则 $X$ 和 $Y$ 相互独立的充分必要条件为

$$p(x,y) = p_X(x) p_Y(y), \forall x,y.$$

## （三）二维随机向量函数的分布

### 1. 二维离散型随机向量函数的分布

设 $(X,Y)$ 的联合概率分布为

$$P(X = x_i, Y = y_j) = p_{ij}, i = 1, \cdots, m, \cdots, j = 1, \cdots, n, \cdots,$$

则 $Z = f(X,Y)$ 也是离散型随机变量,且 $Z$ 的概率分布为

$$P(Z = z_k) = P(f(X,Y) = z_k) = \sum_{f(x_i, y_j) = z_k} p_{ij}, k = 1, \cdots, l, \cdots,$$

其中,$\sum\limits_{f(x_i, y_j) = z_k} p_{ij}$ 是指若有一些 $(x_i, y_j)$ 能使 $f(x_i, y_j) = z_k$,则将这些 $(x_i, y_j)$ 对应的概率加起来.

### 2. 二维连续型随机向量函数的分布

设二维连续型随机向量 $(X,Y)$ 的联合密度函数为 $p(x,y)$,则 $Z = f(X,Y)$ 是一个随机变量.若 $Z$ 是一个连续型随机变量,则 $Z$ 的分布函数为

$$F_Z(z) = P(Z \leqslant z) = P\big(f(X, Y) \leqslant z\big) = \iint\limits_{f(x,y) \leqslant z} p(x, y)\,\mathrm{d}x\mathrm{d}y,$$

且其密度函数为 $p_Z(z) = F_Z'(z)$.

**和的密度公式** 设 $(X, Y)$ 的联合密度函数为 $p(x, y)$，则 $Z = X + Y$ 的密度函数为

$$p_Z(z) = \int_{-\infty}^{+\infty} p(x, z - x)\,\mathrm{d}x\,.$$

**更一般的情形**，设 $(X, Y)$ 的联合密度函数为 $p(x, y)$，则 $Z = aX + bY (ab \neq 0)$ 的密度函数为

$$p_Z(z) = \frac{1}{|b|} \int_{-\infty}^{+\infty} p\left(x, \frac{z - ax}{b}\right)\mathrm{d}x.$$

**3. 可加性**

（1）二项分布的可加性

设 $X \sim B(n_1, p)$，$Y \sim B(n_2, p)$，$X$ 与 $Y$ 相互独立，则 $X + Y \sim B(n_1 + n_2, p)$，即二项分布具有**可加性**.

**推广** 若 $X_1, \cdots, X_m$ 相互独立，且 $X_i \sim B(n_i, p)$，$i = 1, 2, \cdots, m$，则

$$\sum_{i=1}^{m} X_i \sim B\left(\sum_{i=1}^{m} n_i, p\right).$$

（2）泊松分布的可加性

设 $X \sim P(\lambda_1)$，$Y \sim P(\lambda_2)$，且 $X$ 与 $Y$ 相互独立，则 $X + Y \sim P(\lambda_1 + \lambda_2)$，即泊松分布具有可加性.

**推广** 设 $X_i \sim P(\lambda_i)$，$i = 1, 2, \cdots, n$，且 $X_1, \cdots, X_n$ 相互独立，则

$$\sum_{i=1}^{n} X_i \sim P\left(\sum_{i=1}^{n} \lambda_i\right).$$

（3）正态分布的可加性

设 $X \sim N(\mu_1, \sigma_1^2)$，$Y \sim N(\mu_2, \sigma_2^2)$，且 $X$ 与 $Y$ 相互独立，则

$$X + Y \sim N(\mu_1 + \mu_2, \sigma_1^2 + \sigma_2^2),$$

即正态分布具有可加性.

**推广** 设 $X_i \sim N(\mu_i, \sigma_i^2)$，$i = 1, 2, \cdots, n$，且 $X_1, \cdots, X_n$ 相互独立，则

$$\sum_{i=1}^{n} X_i \sim N\left(\sum_{i=1}^{n} \mu_i, \sum_{i=1}^{n} \sigma_i^2\right).$$

**推论 1** 设 $X_i \sim N(\mu_i, \sigma_i^2)$，$i = 1, 2, \cdots, n$，且 $X_1, \cdots, X_n$ 相互独立，则

$$\sum_{i=1}^{n} a_i X_i \sim N\left(\sum_{i=1}^{n} a_i \mu_i, \sum_{i=1}^{n} a_i^2 \sigma_i^2\right),$$

其中 $a_1, \cdots, a_n$ 不全为 0.

推论 1 表明,独立正态随机变量的线性函数仍服从正态分布.

## （四）条件分布

**1. 二维离散型随机向量的条件概率分布**

若对固定的 $j$, $P(Y = y_j) = p_{\cdot j} > 0$, 则在已知 $Y = y_j$ 的条件下,$X$ 取各可能值的条件概率为

$$P(X = x_i \mid Y = y_j) = \frac{P(X = x_i, Y = y_j)}{P(Y = y_j)} = \frac{p_{ij}}{p_{\cdot j}}, \ i = 1, 2, \cdots, m, \cdots,$$

称其为在 $Y = y_j$ 的条件下 $X$ 的**条件概率分布**.

类似地,若对固定的 $i$,$P(X = x_i) = p_{i\cdot} > 0$, 则在已知 $X = x_i$ 的条件下,$Y$ 取各可能值的条件概率为

$$P(Y = y_j \mid X = x_i) = \frac{P(X = x_i, Y = y_j)}{P(X = x_i)} = \frac{p_{ij}}{p_{i\cdot}}, \ j = 1, 2, \cdots, n, \cdots,$$

称其为在 $X = x_i$ 的条件下 $Y$ 的**条件概率分布**.

对固定的 $j$,条件概率分布 $P(X = x_i \mid Y = y_j)$ 仍然是概率分布,满足概率分布的一切性质. 例如:(1) $P(X = x_i \mid Y = y_j) \geqslant 0$, $i = 1, 2, \cdots, m, \cdots$;(2) $\sum_{i=1}^{\infty} P(X = x_i \mid Y = y_j) = 1$.

**2. 二维连续型随机向量的条件密度函数**

当 $y \in \{ y \mid p_Y(y) > 0 \}$ 时,在 $Y = y$ 的条件下 $X$ 的分布函数为

$$F_{X\mid Y}(x \mid y) = \int_{-\infty}^{x} \frac{p(x, y)}{p_Y(y)} \, \mathrm{d}x,$$

称其为在 $Y = y$ 的条件下 $X$ 的**条件分布函数**. 其中称 $\dfrac{p(x, y)}{p_Y(y)}$ 为在 $Y = y$ 的条件下 $X$ 的**条件密度函数**,记为 $p_{X\mid Y}(x \mid y)$,即 $p_{X\mid Y}(x \mid y) = \dfrac{p(x, y)}{p_Y(y)}$.

类似地,当 $x \in \{ x \mid p_X(x) > 0 \}$ 时,在 $X = x$ 的条件下 $Y$ 的条件分布函数为

$$F_{Y\mid X}(y \mid x) = \int_{-\infty}^{y} \frac{p(x, y)}{p_X(x)} \, \mathrm{d}y,$$

在 $X = x$ 的条件下 $Y$ 的条件密度函数为

$$p_{Y\mid X}(y \mid x) = \frac{p(x, y)}{p_X(x)}.$$

**注意**:对固定的 $y \in \{ y \mid p_Y(y) > 0 \}$,条件密度函数 $p_{X\mid Y}(x \mid y)$ 仍然是密度函数,满足密度函数的一切性质. 例如:(1) $p_{X\mid Y}(x \mid y) \geqslant 0$, $x \in \mathbf{R}$ ;(2) $\int_{-\infty}^{+\infty} p_{X\mid Y}(x \mid y) \mathrm{d}x = 1$.

# 三、典型例题解析

**【例1】** 试问：二元函数 $F(x,y) = \begin{cases} 1, & x+y \geqslant 0 \\ 0, & x+y < 0 \end{cases}$ 能否作为某二维随机向量的联合分布函数？

**解** 此二元函数 $F(x,y)$ 具有二维随机向量的联合分布函数的基本性质(1)、(2)和(3)，但因

$$F(2,2) - F(2,-1) - F(-1,2) + F(-1,-1)$$
$$= 1 - 1 - 1 + 0 = -1 < 0(见图3\text{-}1),$$

故 $F(x,y)$ 不具有二维随机向量的联合分布函数的基本性质(4)(见图3-1).

所以，$F(x,y)$ 不能作为某二维随机向量的联合分布函数.

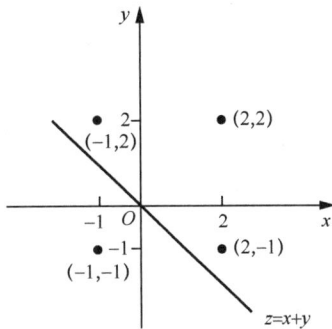

图 3-1

**【例2】** 设二维随机向量 $(X,Y)$ 的联合概率分布为

| X \ Y | 0 | 1 |
|---|---|---|
| 0 | $p_1$ | $p_2$ |
| 1 | $p_3$ | $p_4$ |

求 $(X,Y)$ 的联合分布函数.

**解** 由题设条件知，$p_i \geqslant 0, i = 1,2,3,4$，且 $\sum_{i=1}^{4} p_i = 1$. 因为二维离散型随机向量 $(X,Y)$ 的联合分布函数为 $F(x,y) = \sum_{\substack{x_i \leqslant x \\ y_j \leqslant y}} p_{ij}$(见图3-2).

当 $x < 0$ 或 $y < 0$ 时，$F(x,y) = \sum_{\substack{x_i \leqslant x \\ y_j \leqslant y}} p_{ij} = 0$；

当 $0 \leqslant x < 1, 0 \leqslant y < 1$ 时，$F(x,y) = \sum_{\substack{x_i \leqslant x \\ y_j \leqslant y}} = p_1$；

当 $0 \leqslant x < 1, y \geqslant 1$ 时，$F(x,y) = \sum_{\substack{x_i \leqslant x \\ y_j \leqslant y}} p_{ij} = p_1 + p_2$；

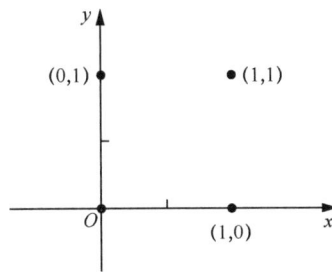

图 3-2

当 $x \geqslant 1, 0 \leqslant y < 1$ 时，$F(x,y) = \sum_{\substack{x_i \leqslant x \\ y_j \leqslant y}} p_{ij} = p_1 + p_3$；

当 $x \geqslant 1, y \geqslant 1$ 时，$F(x,y) = \sum_{\substack{x_i \leqslant x \\ y_j \leqslant y}} p_{ij} = p_1 + p_2 + p_3 + p_4 = 1$.

所以，$(X,Y)$ 的联合分布函数为

$$F(x,y)=\begin{cases}0, & x<0\text{或}y<0\\ p_1, & 0\leqslant x<1,0\leqslant y<1\\ p_1+p_2, & 0\leqslant x<1,y\geqslant1\\ p_1+p_3, & x\geqslant1,0\leqslant y<1\\ 1, & x\geqslant1,y\geqslant1\end{cases}.$$

**【例3】**　设袋中装有 3 个白球、2 个黑球及 1 个黄球,从中任取 4 个球,其中白球数记为 $X$,黑球数记为 $Y$.(1) 求 $(X,Y)$ 的联合概率分布;(2) 求 $(X,Y)$ 的边际概率分布;(3) 求 $X$ 与 $Y$ 是否独立.

**解**　$X$ 的所有可能取值为 $1,2,3$,$Y$ 的所有可能取值为 $0,1,2$.

(1) 设 $X$ 的取值为 $i$,$Y$ 的取值为 $j$,当 $0\leqslant 4-i-j\leqslant1$,即 $3\leqslant i+j\leqslant4$ 时,

$$P(X=i,Y=j)=\frac{\mathrm{C}_3^i\mathrm{C}_2^j\mathrm{C}_1^{4-i-j}}{\mathrm{C}_6^4},$$

其中 $i=1,2,3$,$j=0,1,2$.

当 $4-i-j<0$ 或 $4-i-j>1$,即 $i+j>4$ 或 $i+j<3$ 时,

$$P(X=i,Y=j)=0,$$

其中 $i=1,2,3$,$j=0,1,2$.

因此,$(X,Y)$ 的联合概率分布为

$$P(X=i,Y=j)=\begin{cases}\dfrac{\mathrm{C}_3^i\mathrm{C}_2^j\mathrm{C}_1^{4-i-j}}{\mathrm{C}_6^4}, & 3\leqslant i+j\leqslant4\\ 0, & \text{其他}\end{cases},$$

其中 $i=1,2,3$,$j=0,1,2$.

或者将联合概率分布表示为:

| $X$ \ $Y$ | 0 | 1 | 2 | $p_{i\cdot}$ |
|---|---|---|---|---|
| 1 | 0 | 0 | $\frac{1}{5}$ | $\frac{1}{5}$ |
| 2 | 0 | $\frac{2}{5}$ | $\frac{1}{5}$ | $\frac{3}{5}$ |
| 3 | $\frac{1}{15}$ | $\frac{2}{15}$ | 0 | $\frac{1}{5}$ |
| $p_{\cdot j}$ | $\frac{1}{15}$ | $\frac{8}{15}$ | $\frac{2}{5}$ | 1 |

(2) $(X,Y)$ 的边际概率分布 $p_{i\cdot}$ 和 $p_{\cdot j}$ 如上表所示.

(3) 因为 $p_{32}=0$,$p_{3\cdot}p_{\cdot2}=\frac{1}{5}\times\frac{2}{5}=\frac{2}{25}$,即 $p_{32}\neq p_{3\cdot}p_{\cdot2}$,所以,$X$ 与 $Y$ 不独立.

**【例4】**　设随机变量 $X_1$ 和 $X_2$ 独立同分布,$P(X_1=k)=\frac{1}{3}$,$k=1,2,3$,且随机变量 $Y_1=\max\{X_1,X_2\}$,$Y_2=\min\{X_1,X_2\}$.

（1）求 $Y_1$ 与 $Y_2$ 的联合概率分布；

（2）判断 $Y_1$ 与 $Y_2$ 的独立性；

（3）求 $Y = Y_1 Y_2$ 的概率分布；

（4）求 $P\left(Y_1 + Y_2 \leqslant 3\right), P\left(Y_1 = Y_2\right)$.

**解**　（1）$Y_1$ 与 $Y_2$ 的所有可能取值均为 $1,2,3$，易见 $P\left(Y_1 < Y_2\right) = 0$，又因为 $X_1$ 与 $X_2$ 独立，所以，有

$$P\left(Y_1 = k, Y_2 = k\right) = P\left(X_1 = k, X_2 = k\right) = P\left(X_1 = k\right)P\left(X_2 = k\right) = \frac{1}{9}, k = 1,2,3 .$$

$$P\left(Y_1 = 2, Y_2 = 1\right) = P\left(X_1 = 2, X_2 = 1\right) + P\left(X_1 = 1, X_2 = 2\right)$$

$$= P\left(X_1 = 2\right)P\left(X_2 = 1\right) + P\left(X_1 = 1\right)P\left(X_2 = 2\right) = \frac{2}{9}.$$

同理可得

$$P\left(Y_1 = 3, Y_2 = 1\right) = P\left(X_1 = 3, X_2 = 1\right) + P\left(X_1 = 1, X_2 = 3\right) = \frac{2}{9};$$

$$P\left(Y_1 = 3, Y_2 = 2\right) = P\left(X_1 = 3, X_2 = 2\right) + P\left(X_1 = 2, X_2 = 3\right) = \frac{2}{9}.$$

所以，$\left(Y_1, Y_2\right)$ 的联合概率分布为

| $Y_1$ \ $Y_2$ | 1 | 2 | 3 | $p_{i\cdot}$ |
|---|---|---|---|---|
| 1 | $\frac{1}{9}$ | 0 | 0 | $\frac{1}{9}$ |
| 2 | $\frac{2}{9}$ | $\frac{1}{9}$ | 0 | $\frac{1}{3}$ |
| 3 | $\frac{2}{9}$ | $\frac{2}{9}$ | $\frac{1}{9}$ | $\frac{5}{9}$ |
| $p_{\cdot j}$ | $\frac{5}{9}$ | $\frac{1}{3}$ | $\frac{1}{9}$ | 1 |

（2）由于 $p_{12} = 0, p_{1\cdot}p_{\cdot 2} = \frac{1}{9} \times \frac{1}{3} = \frac{1}{27}$，即 $p_{12} \neq p_{1\cdot}p_{\cdot 2}$，所以 $Y_1$ 与 $Y_2$ 不独立.

（3）因为

| $Y_1$ \ $Y_2$ | 1 | 2 | 3 |
|---|---|---|---|
| 1 | 1 | 2 | 3 |
| 2 | 2 | 4 | 6 |
| 3 | 3 | 6 | 9 |

这样有

| $Y$ | 1 | 2 | 3 | 4 | 6 | 9 |
|---|---|---|---|---|---|---|
| $P$ | $\frac{1}{9}$ | $\frac{2}{9}+0$ | $\frac{2}{9}+0$ | $\frac{1}{9}$ | $\frac{2}{9}+0$ | $\frac{1}{9}$ |

所以，$Y = Y_1 Y_2$ 的概率分布为

| $Y$ | 1 | 2 | 3 | 4 | 6 | 9 |
|---|---|---|---|---|---|---|
| $P$ | $\dfrac{1}{9}$ | $\dfrac{2}{9}$ | $\dfrac{2}{9}$ | $\dfrac{1}{9}$ | $\dfrac{2}{9}$ | $\dfrac{1}{9}$ |

(4) $P(Y_1 + Y_2 \leqslant 3) = P(Y_1 = 1, Y_2 = 1) + P(Y_1 = 1, Y_2 = 2) + P(Y_1 = 2, Y_2 = 1) = \dfrac{1}{3}$;

$$P(Y_1 = Y_2) = \sum_{k=1}^{3} P(Y_1 = k, Y_2 = k) = \dfrac{1}{3}.$$

**【例 5】** 设 $(X, Y)$ 的联合密度函数为 $p(x, y) = \begin{cases} \mathrm{e}^{-y}, & 0 < x < 1, y > 0 \\ 0, & 其他 \end{cases}$.

(1) $X$ 与 $Y$ 是否独立？

(2) 求 $X$ 与 $Y$ 的分布函数.

(3) 求 $U = \max\{X, Y\}$ 和 $V = \min\{X, Y\}$ 的密度函数.

(4) 求 $Z = 2X + Y$ 的密度函数.

**解**　(1) 先求 $(X, Y)$ 的边际密度函数 $p_X(x)$ 和 $p_Y(y)$.

当 $0 < x < 1$ 时，$p_X(x) = \displaystyle\int_{-\infty}^{+\infty} p(x, y)\mathrm{d}y = \int_0^{+\infty} \mathrm{e}^{-y}\mathrm{d}y = 1$.

当 $x \leqslant 0$ 或 $x \geqslant 1$ 时，$p_X(x) = 0$. 所以，

$$p_X(x) = \begin{cases} 1, & 0 < x < 1 \\ 0, & 其他 \end{cases},$$

即 $X \sim U(0, 1)$.

当 $y > 0$ 时，$p_Y(y) = \displaystyle\int_{-\infty}^{+\infty} p(x, y)\mathrm{d}x = \int_0^1 \mathrm{e}^{-y}\mathrm{d}x = \mathrm{e}^{-y}$.

当 $y \leqslant 0$ 时，$p_Y(y) = 0$. 所以，

$$p_Y(y) = \begin{cases} \mathrm{e}^{-y}, & y > 0 \\ 0, & y \leqslant 0 \end{cases},$$

即 $Y \sim Exp(1)$.

由于对于任意 $x, y$，均有 $p(x, y) = p_X(x)p_Y(y)$，所以 $X$ 与 $Y$ 相互独立.

(2) 由于 $X \sim U(0, 1)$，所以 $F_X(x) = \begin{cases} 0, & x < 0 \\ x, & 0 \leqslant x < 1 \\ 1, & x \geqslant 1 \end{cases}$.

由于 $Y \sim Exp(1)$，所以 $F_Y(y) = \begin{cases} 0, & y < 0 \\ 1 - \mathrm{e}^{-y}, & y \geqslant 0 \end{cases}$.

(3) 先求 $U$ 的分布函数.

$$\begin{aligned} F_U(u) &= P(U \leqslant u) = P(\max\{X, Y\} \leqslant u) \\ &= P(X \leqslant u, Y \leqslant u) = P(X \leqslant u)P(Y \leqslant u) = F_X(u)F_Y(u), \end{aligned}$$

所以

$$F_U(u) = \begin{cases} 0, & u < 0 \\ u(1 - e^{-u}), & 0 \leqslant u < 1 . \\ 1 - e^{-u}, & u \geqslant 1 \end{cases}$$

由 $p_U(u) = F'_U(u)$ 知,

$$p_U(u) = \begin{cases} 0, & u < 0 \\ 1 - (1 - u)e^{-u}, & 0 \leqslant u < 1 . \\ e^{-u}, & u \geqslant 1 \end{cases}$$

再求 $V$ 的分布函数.

$$\begin{aligned} F_V(v) &= P(V \leqslant v) = P(\min\{X, Y\} \leqslant v) \\ &= 1 - P(\min\{X, Y\} > v) = 1 - P(X > v, Y > v) \\ &= 1 - P(X > v)P(Y > v) = 1 - [1 - F_X(v)][1 - F_Y(v)], \end{aligned}$$

所以

$$F_V(v) = \begin{cases} 0, & v < 0 \\ 1 - (1 - v)e^{-v}, & 0 \leqslant v < 1 . \\ 1, & v \geqslant 1 \end{cases}$$

由 $p_V(v) = F'_V(v)$ 知,

$$p_V(v) = \begin{cases} (2 - v)e^{-v}, & 0 < v < 1 \\ 0, & \text{其他} \end{cases} .$$

(4) 先求 $Z = 2X + Y$ 的分布函数.

$$F_Z(z) = P(Z \leqslant z) = P(2X + Y \leqslant z) = \iint\limits_{2x + y \leqslant z} p(x, y) \mathrm{d}x\mathrm{d}y.$$

当 $z < 0$ 时,$F_Z(z) = 0$;

当 $0 \leqslant z < 2$ 时(见图 3-3),

$$F_Z(z) = \iint\limits_{2x + y \leqslant z} p(x, y)\mathrm{d}x\mathrm{d}y = \iint\limits_{D_1} e^{-y}\mathrm{d}x\mathrm{d}y = \int_0^{\frac{z}{2}} \mathrm{d}x \int_0^{z - 2x} e^{-y}\mathrm{d}y = \frac{1}{2}(z - 1 + e^{-z});$$

当 $z \geqslant 2$ 时(见图 3-4),

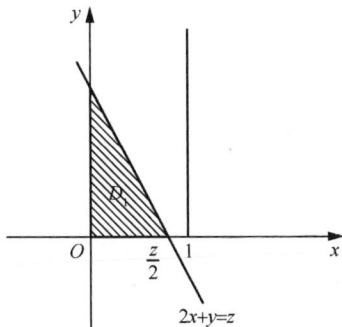

图 3-3

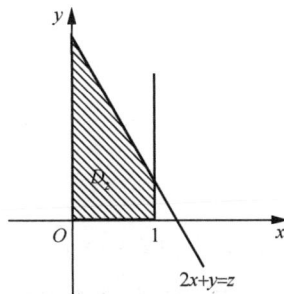

图 3-4

$$F_Z(z) = \iint\limits_{2x+y \leqslant z} p(x,y)\mathrm{d}x\mathrm{d}y = \iint\limits_{D_2} \mathrm{e}^{-y}\mathrm{d}x\mathrm{d}y = \int_0^1 \mathrm{d}x \int_0^{z-2x} \mathrm{e}^{-y}\mathrm{d}y = 1 + \frac{1}{2}(1-\mathrm{e}^2)\mathrm{e}^{-z}.$$

所以

$$F_Z(z) = \begin{cases} 0, & z < 0 \\ \dfrac{1}{2}(z - 1 + \mathrm{e}^{-z}), & 0 \leqslant z < 2 \\ 1 + \dfrac{1}{2}(1 - \mathrm{e}^2)\mathrm{e}^{-z}, & z \geqslant 2 \end{cases}.$$

由于 $p_Z(z) = F_Z'(z)$,所以

$$p_Z(z) = \begin{cases} 0, & z < 0 \\ \dfrac{1}{2}(1 - \mathrm{e}^{-z}), & 0 \leqslant z < 2 \\ \dfrac{1}{2}(\mathrm{e}^2 - 1)\mathrm{e}^{-z}, & z \geqslant 2 \end{cases}.$$

**【例6】** 设随机向量 $(X,Y)$ 的联合密度函数为

$$p(x,y) = \begin{cases} 8xy, & 0 < y < x < 1 \\ 0, & \text{其他} \end{cases}.$$

(1)求边际密度函数 $p_X(x), p_Y(y)$,并讨论 $X$ 与 $Y$ 的独立性;

(2)求 $Z = X + Y$ 的密度函数 $p_Z(z)$;

(3)求 $(X,Y)$ 的联合分布函数 $F(x,y)$.

**解** (1)如图 3-5 所示,

当 $0 < x < 1$ 时, $p_X(x) = \displaystyle\int_{-\infty}^{+\infty} p(x,y)\mathrm{d}y = \int_0^x 8xy\mathrm{d}y = 4x^3$, 所以 $p_X(x) = \begin{cases} 4x^3, & 0 < x < 1 \\ 0, & \text{其他} \end{cases}$;

当 $0 < y < 1$ 时, $p_Y(y) = \displaystyle\int_{-\infty}^{+\infty} p(x,y)\mathrm{d}x = \int_y^1 8xy\mathrm{d}x = 4y(1-y^2)$, 所以 $p_Y(y) = \begin{cases} 4y(1-y^2), & 0 < y < 1 \\ 0, & \text{其他} \end{cases}$.

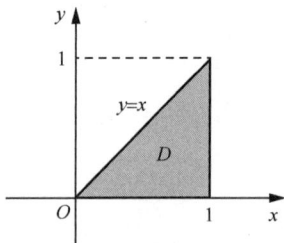

图 3-5

当 $(x,y) \in D$ 时, $p(x,y) \neq p_X(x)p_Y(y)$,所以,$X$ 与 $Y$ 不独立.

(2)当 $z \leqslant 0$ 或 $z \geqslant 2$ 时,$p_Z(z) = 0$.

用卷积公式 $p_Z(z) = \displaystyle\int_{-\infty}^{+\infty} p(x, z-x)\mathrm{d}x$,

$0 < z < 2$,当 $p(x, z-x) = 8x(z-x)$ 时,必须满足 $0 < z - x < x < 1$,

即 $\dfrac{z}{2} < x < z, 0 < x < 1$,取交集.

① 当 $0 < z < 1$ 时(见图 3-6),

$$p_Z(z) = \int_{\frac{z}{2}}^{z} 8x(z-x)\mathrm{d}x = \int_{\frac{z}{2}}^{z}(8xz - 8x^2)\mathrm{d}x = 4zx^2 \Big|_{\frac{z}{2}}^{z} - \frac{8}{3}x^3 \Big|_{\frac{z}{2}}^{z} = \frac{2}{3}z^3;$$

② 当 $1 \leqslant z < 2$ 时(见图 3-7),

$$p_Z(z) = \int_{\frac{z}{2}}^{1} 8x(z-x)\mathrm{d}x = \int_{\frac{z}{2}}^{1}(8xz - 8x^2)\mathrm{d}x = 4zx^2 \Big|_{\frac{z}{2}}^{1} - \frac{8}{3}x^3 \Big|_{\frac{z}{2}}^{1} = -\frac{2}{3}z^3 + 4z - \frac{8}{3}.$$

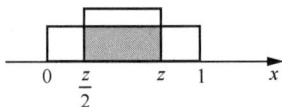

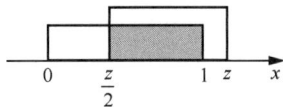

图 3-6                                  图 3-7

所以

$$p_Z(z) = \begin{cases} \dfrac{2}{3}z^3, & 0 < z < 1 \\ -\dfrac{2}{3}z^3 + 4z - \dfrac{8}{3}, & 1 \leqslant z < 2 \\ 0, & \text{其他} \end{cases}.$$

(3) 如图 3-8 所示,

$$F(x,y) = \int_{-\infty}^{x}\int_{-\infty}^{y} p(u,v)\mathrm{d}u\mathrm{d}v.$$

① 当 $x < 0$ 或 $y < 0$ 时, $F(x,y) = 0$;

② 当 $(x,y) \in D$,即 $0 < y < x < 1$ 时(见图 3-9),

$$F(x,y) = \int_0^y \left( \int_0^u 8uv\,\mathrm{d}v \right)\mathrm{d}u + \int_y^x \left( \int_0^y 8uv\,\mathrm{d}v \right)\mathrm{d}u = \int_0^y 4u^3\,\mathrm{d}u + \int_y^x 4uy^2\,\mathrm{d}u$$

$$= y^4 + (2x^2y^2 - 2y^4) = 2x^2y^2 - y^4;$$

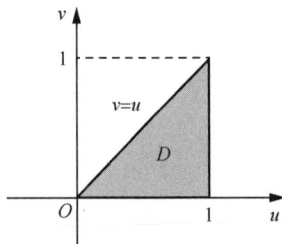

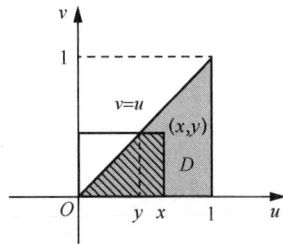

图 3-8                                  图 3-9

③ 当 $0 < x < 1, y \geqslant x$ 时(见图 3-10),

$$F(x,y) = \int_0^x \left( \int_0^u 8uv\,\mathrm{d}v \right)\mathrm{d}u = \int_0^x 4u^3\,\mathrm{d}u = x^4;$$

④ 当 $x > 1, 0 < y < 1$ 时（见图 3-11），

$$F(x,y) = \int_0^y \left( \int_0^u 8uv\, dv \right) du + \int_y^1 \left( \int_0^y 8uv\, dv \right) du$$

$$= \int_0^y 4u^3\, du + \int_y^1 4uy^2\, du = y^4 + (2y^2 - 2y^4) = 2y^2 - y^4;$$

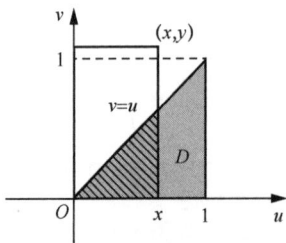

图 3-10

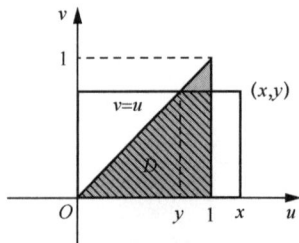

图 3-11

⑤ 当 $x \geq 1, y \geq 1$ 时，$F(x,y) = 1$.

所以

$$F(x,y) = \begin{cases} 0, & x < 0\ \text{或}\ y < 0 \\ 2x^2y^2 - y^4, & 0 < y < x < 1 \\ x^4, & 0 < x < 1, y \geq x. \\ 2y^2 - y^4, & x > 1, 0 < y < 1 \\ 1, & x \geq 1, y \geq 1 \end{cases}$$

【例 7】 （考研真题 2013 年数学三）　设有二维随机向量 $(X, Y)$，$X$ 的边际密度函数为

$$p_X(x) = \begin{cases} 3x^2, & 0 < x < 1 \\ 0, & \text{其他} \end{cases},$$

例 7

在给定 $X = x (0 < x < 1)$ 的条件下，$Y$ 的条件密度函数为

$$p_{Y|X}(y \mid x) = \begin{cases} \dfrac{3y^2}{x^3}, & 0 < y < x \\ 0, & \text{其他} \end{cases},$$

求：$(1)(X, Y)$ 的联合密度函数 $p(x, y)$；$(2)\ Y$ 的边际密度函数 $p_Y(y)$；$(3)\ P(X > 2Y)$.

**解**　$(1)(X, Y)$ 的联合密度函数为

$$p(x, y) = p_X(x) p_{Y|X}(y \mid x) = \begin{cases} \dfrac{9y^2}{x}, & 0 < y < x < 1 \\ 0, & \text{其他} \end{cases}.$$

（2）如图 3-12 所示，

当 $0 < y < 1$ 时，$p_Y(y) = \displaystyle\int_{-\infty}^{+\infty} p(x, y)\, dx = \int_y^1 \dfrac{9y^2}{x}\, dx = -9y^2 \ln y$，

所以，$p_Y(y) = \begin{cases} -9y^2 \ln y, & 0 < y < 1 \\ 0, & \text{其他} \end{cases}$.

（3）如图 3-13 所示，

$$P(X > 2Y) = \iint\limits_{x>2y} p(x,y)\mathrm{d}x\mathrm{d}y = \iint\limits_{D} \frac{9y^2}{x}\mathrm{d}x\mathrm{d}y = \int_0^1\left(\int_0^{\frac{x}{2}} \frac{9y^2}{x}\mathrm{d}y\right)\mathrm{d}x = \int_0^1 \frac{3}{8}x^2\mathrm{d}x = \frac{1}{8}.$$

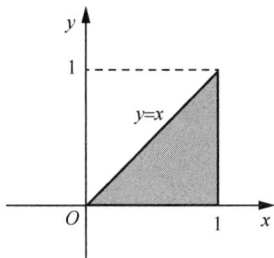

图 3-12

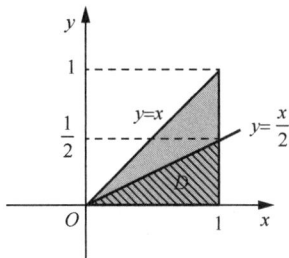

图 3-13

【例 8】 **解** 注意到 $-y^2 + 2xy - 2x^2 = -(y^2 - 2xy + 2x^2) = -\left[(y-x)^2 + x^2\right].$

$$p_X(x) = \int_{-\infty}^{+\infty} p(x,y)\mathrm{d}y = A\mathrm{e}^{-x^2}\int_{-\infty}^{+\infty}\mathrm{e}^{-(y-x)^2}\mathrm{d}y$$

$$= A\sqrt{\pi}\,\mathrm{e}^{-x^2}\int_{-\infty}^{+\infty}\frac{1}{\sqrt{2\pi}\times\frac{1}{\sqrt{2}}}\mathrm{e}^{\frac{-(y-x)^2}{2\times\frac{1}{2}}}\mathrm{d}y = A\sqrt{\pi}\,\mathrm{e}^{-x^2},$$

其中被积函数为 $N\left(x, \frac{1}{2}\right)$ 的密度函数. 所以,

$$p_X(x) = A\sqrt{\pi}\,\mathrm{e}^{-x^2} = A\pi\frac{1}{\sqrt{2\pi}\times\frac{1}{\sqrt{2}}}\mathrm{e}^{-\frac{x^2}{2\times\frac{1}{2}}}.$$

$$1 = \int_{-\infty}^{+\infty} p_X(x)\mathrm{d}x = A\pi\int_{-\infty}^{+\infty}\frac{1}{\sqrt{2\pi}\times\frac{1}{\sqrt{2}}}\mathrm{e}^{-\frac{x^2}{2\times\frac{1}{2}}}\mathrm{d}x = A\pi, 故 A = \frac{1}{\pi}, 且 X \sim N\left(0, \frac{1}{2}\right).$$

$$p_{Y|X}(y\,|\,x) = \frac{p(x,y)}{p_X(x)} = \frac{\frac{1}{\pi}\mathrm{e}^{-[(y-x)^2 + x^2]}}{\frac{1}{\sqrt{\pi}}\mathrm{e}^{-x^2}} = \frac{1}{\sqrt{\pi}}\mathrm{e}^{-(y-x)^2}, 它是 N\left(x, \frac{1}{2}\right) 的密度函数.$$

# 四、自测练习试卷

## 试卷 1

(一) 填空题(共 7 题,每题 3 分,共 21 分)

1. $(X,Y)$ 为二维随机向量,用联合分布函数 $F(x,y)$ 表示概率 $P(X > x, Y > y)$,即 _____.

2.(**考研真题 2003 年数学一**) 设二维随机向量 $(X,Y)$ 的联合密度函数为 $p(x,y) = \begin{cases} 6x, & 0 \leqslant x \leqslant y \leqslant 1 \\ 0, & 其他 \end{cases}$,则 $P(X+Y \leqslant 1) = $ _____.

3. 设随机变量 $X$ 与 $Y$ 相互独立,下面列出了二维随机向量 $(X,Y)$ 的联合概率分布及关于 $X$ 与 $Y$ 的边际概率分布中的部分数值,试将其余值填入空白处.

| $X$ \ $Y$ | $y_1$ | $y_2$ | $y_3$ | $p_{i\cdot}$ |
|---|---|---|---|---|
| $x_1$ | | $\frac{1}{8}$ | | |
| $x_2$ | $\frac{1}{8}$ | | | |
| $p_{\cdot j}$ | $\frac{1}{6}$ | | | 1 |

4. 随机变量 $X$ 和 $Y$ 独立同分布,$X$ 的密度函数为

$$p(x) = \begin{cases} \dfrac{3}{8}x^2, & 0 < x < 2 \\ 0, & \text{其他} \end{cases},$$

设 $A = \{X > a\}$,$B = \{Y > a\}$,且 $P(A \cup B) = \dfrac{3}{4}$,则 $a = \underline{\qquad}$.

5. 若随机变量 $X_1, X_2, X_3$ 相互独立,且服从相同的 0-1 分布.

| $X_i$ | 0 | 1 |
|---|---|---|
| $P$ | 0.8 | 0.2 |

其中 $i = 1, 2, 3$,则 $X = \sum_{i=1}^{3} X_i$ 服从 $\underline{\qquad}$,且 $P(X = k) = \underline{\qquad}$,$k = 0, 1, 2, 3$.

6. 设平面区域 $D$ 由曲线 $y = \dfrac{1}{x}$ 及直线 $y = 0$,$x = 1$,$x = e^2$ 所围成,二维随机向量 $(X,Y)$ 在区域 $D$ 上服从二维均匀分布,则 $(X,Y)$ 关于 $X$ 的边际密度函数在 $x = 2$ 处的值为 $\underline{\qquad}$.

7. 设 $(X,Y) \sim N\left(1, -2, 2, 9, \dfrac{2}{3}\right)$,则 $X$ 的密度函数 $p_X(x) = \underline{\qquad}$,$Y \sim \underline{\qquad}$.

(二)选择题(共 6 题,每题 3 分,共 18 分)

1. 设随机变量 $X$ 与 $Y$ 相互独立,其概率分布为

| $X$ | 0 | 1 |
|---|---|---|
| $P$ | $\frac{1}{3}$ | $\frac{2}{3}$ |

| $Y$ | 0 | 1 |
|---|---|---|
| $P$ | $\frac{1}{3}$ | $\frac{2}{3}$ |

则下列选项中正确的是( ).

A. $P(X = Y) = \dfrac{2}{3}$ 　　　　 B. $P(X = Y) = 1$

C. $P(X = Y) = \dfrac{5}{9}$ 　　　　 D. $P(X = Y) = 0$

2. 设 $X \sim N(0,1)$,$Y \sim N(1,1)$,且 $X$ 与 $Y$ 独立,则( ).

A. $P(X + Y \leqslant 0) = \dfrac{1}{2}$ 　　　　 B. $P(X + Y \leqslant 1) = \dfrac{1}{2}$

C. $P(X - Y \leqslant 0) = \dfrac{1}{2}$ 　　　　 D. $P(X - Y \leqslant 1) = \dfrac{1}{2}$

3．已知 $X,Y$ 为相互独立的随机变量，其联合分布函数为 $F(x,y)$，设 $A=\{X\leqslant x\}$，$B=\{Y>y\}$，下列选项中正确的是（　　）．

A．$F(x,y)=P(A)P(B)$ 　　　　 B．$F(x,y)=P(A)-P(B)$

C．$F(x,y)=P(A)-P(A)P(B)$ 　 D．$F(x,y)=P(B)-P(A)P(B)$

4．（**考研真题** 2012 年数学一）　设随机变量 $X$ 与 $Y$ 相互独立，且 $X\sim Exp(1)$，$Y\sim Exp(4)$，则 $P(X<Y)=$（　　）．

A．$\dfrac{1}{5}$ 　　　 B．$\dfrac{1}{3}$ 　　　 C．$\dfrac{2}{5}$ 　　　 D．$\dfrac{4}{5}$

5．设相互独立的随机变量 $X$ 与 $Y$ 分别服从参数为 3 与参数为 2 的泊松分布，则 $P(X+Y=0)=$（　　）．

A．$e^{-5}$ 　　　 B．$e^{-3}$ 　　　 C．$e^{-2}$ 　　　 D．$e^{-1}$

6．（**考研真题** 2007 年数学三）　设二维随机向量 $(X,Y)$ 服从二维正态分布，且 $X$ 与 $Y$ 不相关，$p_X(x)$，$p_Y(y)$ 分别表示 $X,Y$ 的密度函数，则在 $Y=y$ 的条件下，$X$ 的条件密度函数 $p_{X|Y}(x|y)$ 为（　　）．

A．$p_X(x)$ 　　 B．$p_Y(y)$ 　　 C．$p_X(x)p_Y(y)$ 　　 D．$\dfrac{p_X(x)}{p_Y(y)}$

（三）分析判断题（共 2 题，第 1 题 3 分，第 2 题 5 分，共 8 分）

1．设 $F(x,y)$ 为随机向量 $(X,Y)$ 的联合分布函数，则

$$P(a<X\leqslant b,c<Y\leqslant d)=F(b,d)-F(a,c).$$

2．若二维随机向量在区域 $G=\{(x,y)\,|\,a\leqslant x\leqslant b,c\leqslant y\leqslant d\}$ 上服从二维均匀分布，则 $X$ 和 $Y$ 都服从均匀分布，且 $X$ 与 $Y$ 独立．

（四）简答题（共 1 题，共 3 分）

1．叙述二维随机向量的定义．

（五）计算题（共 5 题，第 1、3 题每题 8 分，第 2、4 题每题 12 分，第 5 题 10 分，共 50 分）

1．一个口袋中有 3 个球，分别标有数字 1,2,2，从中任取一个，不放回袋中，再任取一个，以 $X$ 和 $Y$ 分别表示第一次和第二次取到的球上标有的数字，求 $(X,Y)$ 的联合概率分布和联合分布函数．

2．设 $(X,Y)$ 的联合密度函数为 $p(x,y)=\begin{cases}Ax(1-x-y),&x>0,y>0,x+y<1\\0,&\text{其他}\end{cases}$，其中 $A$ 为待定常数．（1）求常数 $A$；（2）判断 $X$ 和 $Y$ 是否独立；（3）求 $P(Y>X)$．

3．（**考研真题** 2008 年数学三）　设随机变量 $X$ 与 $Y$ 相互独立，$X$ 的概率分布为 $P(X=i)=\dfrac{1}{3}$，$i=-1,0,1$，$Y$ 的密度函数为 $p_Y(y)=\begin{cases}1,0\leqslant y\leqslant 1\\0,\text{其他}\end{cases}$，定义随机变量 $Z=X+Y$，求：（1）条件概率 $P\left(Z\leqslant\dfrac{1}{2}\,\middle|\,X=0\right)$；（2）$Z$ 的分布函数 $F_Z(z)$．

计算题 3

4.(**考研真题** 2005 年数学三) 设二维随机向量 $(X, Y)$ 的联合密度函数为

$$p(x, y) = \begin{cases} 1, 0 < x < 1, 0 < y < 2x \\ 0, 其他 \end{cases},$$

求:(1) $(X, Y)$ 关于 $X$ 和 $Y$ 的边际密度函数 $p_X(x), p_Y(y)$;

(2) 随机变量 $Z = 2X - Y$ 的密度函数;

(3) 条件概率 $P\left(Y \leqslant \dfrac{1}{2} \middle| X \leqslant \dfrac{1}{2}\right)$.

5.(**考研真题** 2011 年数学三) 设二维随机向量 $(X, Y)$ 服从区域 $G$ 上的二维均匀分布,其中 $G$ 是由 $x - y = 0$、$x + y = 2$ 与 $y = 0$ 所围成的三角形区域.

(1) 求 $X$ 的密度函数 $p_X(x)$;(2) 求条件密度函数 $p_{X|Y}(x|y)$.

## 试卷2

(一) 填空题(共 7 题,每题 3 分,共 21 分)

1. 已知 $(X, Y)$ 的联合分布函数为

$$F(x, y) = \begin{cases} 1 - e^{-\frac{x}{2}} - e^{-\frac{y}{2}} + e^{-\frac{x+y}{2}}, x \geqslant 0, y \geqslant 0, \\ 0, \qquad\qquad 其他 \end{cases}$$

则 $(X, Y)$ 的联合密度函数为_____,$(X, Y)$ 关于 $X$ 的边际密度函数为_____.

2. 设随机变量 $X$ 与 $Y$ 独立同分布,

| $X$ | $-1$ | $1$ |
|---|---|---|
| $P$ | $\dfrac{1}{2}$ | $\dfrac{1}{2}$ |

则 $P(X = Y) = $_____.

3. 设二维随机向量 $(X, Y)$ 的联合概率分布为

| $X$ \ $Y$ | $0$ | $1$ |
|---|---|---|
| $0$ | $0.4$ | $a$ |
| $1$ | $b$ | $0.1$ |

若随机事件 $\{X = 0\}$ 和 $\{X + Y = 1\}$ 相互独立,则 $a = $_____,$b = $_____.

4. 设随机变量 $X$ 与 $Y$ 相互独立,且均服从正态分布 $N(0, 1)$,则概率 $P(XY \geqslant 0) = $_____.

5. 设随机变量 $X$ 与 $Y$ 独立同分布,且

| $X$ | $0$ | $1$ |
|---|---|---|
| $P$ | $\dfrac{1}{2}$ | $\dfrac{1}{2}$ |

则 $U = \max\{X, Y\}$ 的概率分布为_____,$V = \min\{X, Y\}$ 的概率分布为_____,$W = XY$ 的概率分布为_____.

6.(**考研真题** 2006 年数学三) 设随机变量 $X$ 与 $Y$ 相互独立,且均服从区间 $(0, 3)$ 上的

均匀分布,则 $P(\max\{X,Y\} \leqslant 1) = $_____.

7.(**考研真题** 2015 年数学三)  设二维随机向量 $(X,Y)$ 服从 $N(1,0,1,1,0)$,则 $P(XY - Y < 0) = $_____.

(二)选择题(共 6 题,每题 3 分,共 18 分)

1.(**考研真题** 2013 年数学三)  设随机变量 $X$ 与 $Y$ 相互独立,它们的概率分布分别为

$$X \sim \begin{pmatrix} 0 & 1 & 2 & 3 \\ \dfrac{1}{2} & \dfrac{1}{4} & \dfrac{1}{8} & \dfrac{1}{8} \end{pmatrix}, Y \sim \begin{pmatrix} -1 & 0 & 1 \\ \dfrac{1}{3} & \dfrac{1}{3} & \dfrac{1}{3} \end{pmatrix},$$

则 $P(X + Y = 2) = ($    ).

A. $\dfrac{1}{12}$ 　　　　 B. $\dfrac{1}{8}$ 　　　　 C. $\dfrac{1}{6}$ 　　　　 D. $-\dfrac{1}{2}$

2. 设 $X$ 与 $Y$ 都服从区间 $[0,1]$ 上的均匀分布,且 $X$ 与 $Y$ 相互独立,则服从区间或区域上的均匀分布的随机变量(或向量)是(    ).

A. $(X,Y)$ 　　 B. $X + Y$ 　　 C. $XY$ 　　 D. $\max\{X,Y\}$

3. 设随机变量 $X$ 与 $Y$ 均服从正态分布 $N(0,1)$,且 $X$ 与 $Y$ 相互独立,则(    ).

A. $P(X + Y \geqslant 0) = \dfrac{1}{4}$ 　　　　　　 B. $P(X - Y \geqslant 0) = \dfrac{1}{4}$

C. $P(\max\{X,Y\} \geqslant 0) = \dfrac{1}{4}$ 　　　 D. $P(\min\{X,Y\} \geqslant 0) = \dfrac{1}{4}$

4. 假设随机变量 $X$ 与 $Y$ 都服从正态分布 $N(0,\sigma^2)$,且 $P(X \leqslant 1, Y \leqslant -1) = \dfrac{1}{4}$,则 $P(X > 1, Y > -1) = ($    ).

A. $\dfrac{1}{4}$ 　　　　 B. $\dfrac{1}{2}$ 　　　　 C. $\dfrac{3}{4}$ 　　　　 D. 1

5.(**考研真题** 2012 年数学三)  设随机变量 $X$ 与 $Y$ 相互独立,且 $X \sim U(0,1)$,$Y \sim U(0,1)$,则 $P(X^2 + Y^2 \leqslant 1) = ($    ).

A. $\dfrac{1}{4}$ 　　　　 B. $\dfrac{1}{2}$ 　　　　 C. $\dfrac{\pi}{8}$ 　　　　 D. $\dfrac{\pi}{4}$

6.(**考研真题** 2009 年数学三)  设随机变量 $X$ 和 $Y$ 独立,且 $X \sim N(0,1)$,$Y \sim \begin{pmatrix} 0 & 1 \\ \dfrac{1}{2} & \dfrac{1}{2} \end{pmatrix}$,令 $Z = XY$,则 $Z$ 的分布函数 $F_Z(z)$ 的间断点个数为(    ).

A. 0 　　　　 B. 1 　　　　 C. 2 　　　　 D. 3

(三)分析判断题(共 2 题,每题 4 分,共 8 分)

1. 若 $X$ 与 $Y$ 独立同分布,则 $X = Y$.

2. 设 $X \sim B(1,p)(0 < p < 1)$,$Y \sim Exp(\lambda)$(参数为 $\lambda$ 的指数分布),则 $Z = XY$ 一定不是连续型随机变量.

(四)简答题(共 1 题,共 3 分)

1. 指出常用分布中具有可加性的分布.

（五）计算题(共 5 题,第 1、3 题每题 10 分,第 2、5 题每题 8 分,第 4 题 14 分,共 50 分)

1.(**考研真题** 2009 年数学三)　袋中有 1 个红球、2 个黑球与 3 个白球,现在有放回地从袋中取两次,每次取一个球,以 $X,Y,Z$ 分别表示两次取球所取得的红球个数、黑球个数与白球个数.

(1)求 $P(X=1|Z=0)$;

(2)求二维随机向量 $(X,Y)$ 的联合概率分布.

2. 设 $(X,Y)$ 在曲线 $y=x^2$ 和 $y=x$ 所围成的区域 $G$ 上服从二维均匀分布,求 $(X,Y)$ 的联合密度函数和边际密度函数,并讨论 $X$ 与 $Y$ 的独立性.

3.(**考研真题** 2007 年数学三)　设二维随机向量 $(X,Y)$ 的联合密度函数为

$$p(x,y)=\begin{cases} 2-x-y, & 0<x<1, 0<y<1 \\ 0, & \text{其他} \end{cases},$$

求:(1) $P(X>2Y)$;(2) 随机变量 $Z=X+Y$ 的密度函数 $p_Z(z)$.

4.(**考研真题** 2016 年数学三)　设二维随机向量 $(X,Y)$ 在区域 $D=\{(x,y)|0<x<1, x^2<y<\sqrt{x}\}$ 上服从二维均匀分布,令随机变量 $U=\begin{cases} 1, & X\leqslant Y \\ 0, & X>Y \end{cases}, Z=U+X.$

计算题 4

(1)求 $(X,Y)$ 的联合密度函数.

(2) $U$ 与 $X$ 是否相互独立? 并说明理由.

(3)求 $Z=U+X$ 的分布函数 $F_Z(z)$.

5.(**考研真题** 2009 年数学三)　设二维随机向量 $(X,Y)$ 的联合密度函数为

$$p(x,y)=\begin{cases} e^{-x}, & 0<y<x \\ 0, & \text{其他} \end{cases}.$$

(1)求条件密度函数 $p_{Y|X}(y|x)$;(2)求条件概率 $P(X\leqslant 1|Y\leqslant 1)$.

# 五、习题、总复习题及详解

## 习题 3-1　二维随机向量

1. 设二元函数 $F(x,y)=\begin{cases} 1, & x+2y\geqslant 1 \\ 0, & x+2y<1 \end{cases}$,问:$F(x,y)$ 是否能作为某二维随机向量的联合分布函数?

**解**　不能. 在平面上取 4 个点,即 $(0,0),(2,0),(0,1),(2,1)$,这 4 个点构成一个矩形,有 $F(2,1)-F(0,1)-F(2,0)+F(0,1)=-1<0$,不满足联合分布函数的第 5 个基本性质.

2. 一正整数 $X$ 随机地在 $1,2,3,4$ 这 4 个数字中取一个值,另一个正整数 $Y$ 随机地在 $1\sim X$ 中取一个值,试求 $(X,Y)$ 的联合概率分布.

**解**　$X$ 的可能取值为 $1,2,3,4$,$Y$ 的可能取值为 $1,2,3,4$,

$$P(X = i, Y = j) = P(X = i)P(Y = j \mid X = i) = \begin{cases} \dfrac{1}{4} \times \dfrac{1}{i}, i \geqslant j \\ 0, \quad i < j \end{cases} = \begin{cases} \dfrac{1}{4i}, i \geqslant j \\ 0, i < j \end{cases}, i, j = 1, 2, 3, 4.$$

3. 设 $(X, Y)$ 的联合密度函数为

$$p(x, y) = \begin{cases} Ae^{-(2x+3y)}, & x > 0, y > 0 \\ 0, & \text{其他} \end{cases},$$

求：(1) 常数 $A$；(2) $P(-1 \leqslant X \leqslant 1, -2 \leqslant Y \leqslant 2)$；(3) 联合分布函数 $F(x, y)$.

**解** (1) $1 = \int_{-\infty}^{+\infty} \int_{-\infty}^{+\infty} p(x, y) \mathrm{d}x \mathrm{d}y = \int_0^{+\infty} \int_0^{+\infty} Ae^{-(2x+3y)} \mathrm{d}x \mathrm{d}y = A \int_0^{+\infty} e^{-2x} \mathrm{d}x \int_0^{+\infty} e^{-3y} \mathrm{d}y$，则 $A = 6$.

(2) $P(-1 \leqslant X \leqslant 1, -2 \leqslant Y \leqslant 2) = \int_0^1 \int_0^2 6e^{-(2x+3y)} \mathrm{d}x \mathrm{d}y = (1 - e^{-2})(1 - e^{-6})$.

(3) 当 $x > 0, y > 0$ 时，

$$F(x, y) = \int_0^x \int_0^y 6e^{-(2u+3v)} \mathrm{d}u \mathrm{d}v = (1 - e^{-2x})(1 - e^{-3y}),$$

$F(x, y)$ 在第二、三、四象限都为 $0$，则

$$F(x, y) = \begin{cases} (1 - e^{-2x})(1 - e^{-3y}), x > 0, y > 0 \\ 0, \qquad \text{其他} \end{cases}.$$

4. 设 $g(x)$ 为某随机变量的密度函数，且 $g(x) = 0 (x \leqslant 0)$，问二元函数

$$p(x, y) = \begin{cases} \dfrac{2g(\sqrt{x^2 + y^2})}{\pi \sqrt{x^2 + y^2}}, x > 0, y > 0 \\ 0, \qquad \text{其他} \end{cases},$$

可否作为某二维连续型随机向量的联合密度函数？

**解** $g(x)$ 是密度函数，则 $\int_{-\infty}^{+\infty} g(x) \mathrm{d}x = \int_0^{+\infty} g(x) \mathrm{d}x = 1$. 由 $g(x)$ 非负可知 $p(x, y)$ 也非负，又

$$\int_{-\infty}^{+\infty} \int_{-\infty}^{+\infty} p(x, y) \mathrm{d}x \mathrm{d}y = \int_0^{+\infty} \int_0^{+\infty} \dfrac{2g(\sqrt{x^2 + y^2})}{\pi \sqrt{x^2 + y^2}} \mathrm{d}x \mathrm{d}y$$

$$\xlongequal{\begin{cases} x = r\cos\theta \\ y = r\sin\theta \end{cases}} \int_0^{\frac{\pi}{2}} \mathrm{d}\theta \int_0^{+\infty} \dfrac{2g(r)}{\pi r} r \mathrm{d}r = \int_0^{+\infty} g(r) \mathrm{d}r = 1,$$

即 $p(x, y)$ 满足联合密度函数的两个基本性质，所以它可以作为某二维连续型随机向量的联合密度函数.

5. 设二维随机向量 $(X, Y)$ 的联合密度函数为

$$p(x, y) = \begin{cases} \dfrac{3}{2}x, & 0 < x < 1, |y| < x \\ 0, & \text{其他} \end{cases},$$

求 $(X, Y)$ 的边际密度函数.

**解** 如图 3-14 所示，

$$p_X(x) = \int_{-\infty}^{+\infty} p(x,y)\mathrm{d}y = \begin{cases} \int_{-x}^{x} \dfrac{3}{2}x\mathrm{d}y, & 0 < x < 1 \\ 0, & \text{其他} \end{cases} = \begin{cases} 3x^2, & 0 < x < 1 \\ 0, & \text{其他} \end{cases},$$

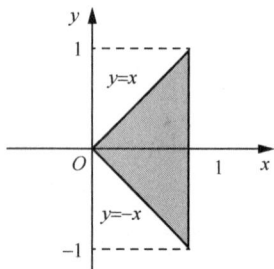

图 3-14

$$p_Y(y) = \int_{-\infty}^{+\infty} p(x,y)\mathrm{d}x = \begin{cases} \int_{-y}^{1} \dfrac{3}{2}x\mathrm{d}x, & -1 < y < 0 \\ \int_{y}^{1} \dfrac{3}{2}x\mathrm{d}x, & 0 \leqslant y < 1 \\ 0, & \text{其他} \end{cases}$$

$$= \begin{cases} \dfrac{3}{4}(1-y^2), & -1 < y < 0 \\ \dfrac{3}{4}(1-y^2), & 0 \leqslant y < 1 \\ 0, & \text{其他} \end{cases} = \begin{cases} \dfrac{3}{4}(1-y^2), & -1 < y < 1 \\ 0, & \text{其他} \end{cases}$$

6. 设随机向量 $(X,Y)$ 的联合密度函数为

$$p(x,y) = \begin{cases} \mathrm{e}^{-y}, & 0 < x < y \\ 0, & \text{其他} \end{cases},$$

试求：$(1)\ P(X+Y \leqslant 1)$；$(2)\ P(X=Y)$；$(3)\ (X,Y)$ 的两个边际密度函数 $p_X(x)$ 和 $p_Y(y)$；$(4)\ P(X>2 \mid Y<4)$.

**解** （1）如图 3-15 所示，

$$P(X+Y \leqslant 1) = \iint\limits_{D} \mathrm{e}^{-y}\mathrm{d}x\mathrm{d}y = \int_{0}^{\frac{1}{2}} \mathrm{d}x \int_{x}^{1-x} \mathrm{e}^{-y}\mathrm{d}y = \int_{0}^{\frac{1}{2}} (\mathrm{e}^{-x} - \mathrm{e}^{x-1})\mathrm{d}x$$

$$= -\mathrm{e}^{-x}\Big|_{0}^{\frac{1}{2}} - \mathrm{e}^{x-1}\Big|_{0}^{\frac{1}{2}} = -(\mathrm{e}^{-\frac{1}{2}} - 1) - (\mathrm{e}^{-\frac{1}{2}} - \mathrm{e}^{-1}) = 1 + \mathrm{e}^{-1} - 2\mathrm{e}^{-\frac{1}{2}} \approx 0.1548.$$

（2）$P(X=Y) = 0$. 在点上或曲线上，概率为 0.

（3）如图 3-16 所示，

$$p_X(x) = \int_{-\infty}^{+\infty} p(x,y)\mathrm{d}y = \begin{cases} \int_{x}^{+\infty} \mathrm{e}^{-y}\mathrm{d}y, & x > 0 \\ 0, & x \leqslant 0 \end{cases} = \begin{cases} \mathrm{e}^{-x}, & x > 0 \\ 0, & x \leqslant 0 \end{cases},$$

$$p_Y(y) = \int_{-\infty}^{+\infty} p(x,y)\mathrm{d}x = \begin{cases} \int_{0}^{y} \mathrm{e}^{-y}\mathrm{d}x, & y > 0 \\ 0, & y \leqslant 0 \end{cases} = \begin{cases} y\mathrm{e}^{-y}, & y > 0 \\ 0, & y \leqslant 0 \end{cases}.$$

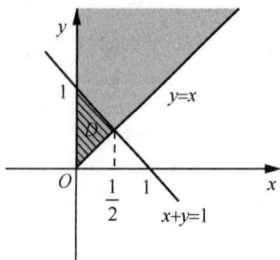

图 3-15

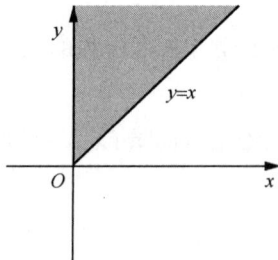

图 3-16

（4）如图 3-17 所示,

$$P(Y < 4) = \int_0^4 y e^{-y} dy = -\int_0^4 y d(e^{-y}) = -\left(ye^{-y}\Big|_0^4 - \int_0^4 e^{-y} dy\right) = 1 - 5e^{-4},$$

$$P(X > 2, Y < 4) = \iint\limits_D e^{-y} dx dy = \int_2^4 dy \int_2^y e^{-y} dx = \int_2^4 (y - 2)e^{-y} dy$$

$$= \int_2^4 y e^{-y} dy - 2\int_2^4 e^{-y} dy = -\left(ye^{-y}\Big|_2^4 - \int_2^4 e^{-y} dy\right) + 2e^{-y}\Big|_2^4 = e^{-2} - 3e^{-4},$$

$$P(X > 2 \mid Y < 4) = \frac{P(X > 2, Y < 4)}{P(Y < 4)} = \frac{e^{-2} - 3e^{-4}}{1 - 5e^{-4}} \approx 0.0885.$$

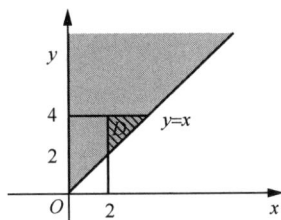

图 3-17

7. 设随机向量 $(X, Y)$ 的联合密度函数为

$$p(x, y) = \begin{cases} A, & 0 \leqslant x \leqslant 1, 0 \leqslant y \leqslant 2 \\ 0, & \text{其他} \end{cases},$$

求:（1）常数 $A$;（2）$X$ 与 $Y$ 中至少有一个小于 0.5 的概率.

**解** （1）面积的倒数, $A = \dfrac{1}{2}$.

（2）$P(\{X < 0.5\} \bigcup \{Y < 0.5\}) = P(X < 0.5) + P(Y < 0.5) - P(X < 0.5, Y < 0.5)$

$$= \frac{1}{2} + \frac{1}{4} - \frac{1}{8} = \frac{5}{8}.$$

### 习题 3-2　随机变量的独立性

1. 设随机变量 $X$ 与 $Y$ 独立同分布,且有

| $X$ | $-1$ | $1$ |
|---|---|---|
| $P$ | $\dfrac{1}{2}$ | $\dfrac{1}{2}$ |

求 $P(X = Y)$.

**解** $P(X = Y) = P(X = -1, Y = -1) + P(X = 1, Y = 1)$

$$= P(X = -1)P(Y = -1) + P(X = 1)P(Y = 1) = \frac{1}{2}.$$

2. 甲、乙两人独立地进行两次射击,假设甲的命中率为 0.2,乙的命中率为 0.5,以 $X$ 和 $Y$ 分别表示甲和乙的命中次数,求 $(X, Y)$ 的联合概率分布.

**解** $X \sim B(2, 0.2)$, $Y \sim B(2, 0.5)$, 所以

$P(X = 0, Y = 0) = P(X = 0)P(Y = 0) = 0.64 \times 0.25 = 0.16$, 其他类似.

| X \ Y | 0 | 1 | 2 |
|---|---|---|---|
| 0 | 0.16 | 0.32 | 0.16 |
| 1 | 0.08 | 0.16 | 0.08 |
| 2 | 0.01 | 0.02 | 0.01 |

3. 设 $(X,Y)$ 的联合分布函数为

$$F(x,y) = A\left(B + \arctan\frac{x}{2}\right)\left(C + \arctan\frac{y}{3}\right),$$

求:(1) 系数 $A,B,C$;(2) $(X,Y)$ 的联合密度函数;

(3) $(X,Y)$ 的边际密度函数;(4) $X$ 与 $Y$ 是否独立.

**解** (1) $F(+\infty, +\infty) = 1, F(-\infty,y) = 0, F(x, -\infty) = 0$, 故

$$A\left(B + \frac{\pi}{2}\right)\left(C + \frac{\pi}{2}\right) = 1, A\left(B - \frac{\pi}{2}\right)\left(C + \arctan\frac{y}{3}\right) = 0, A\left(B + \arctan\frac{x}{2}\right)\left(C - \frac{\pi}{2}\right) = 0,$$

所以 $A = \dfrac{1}{\pi^2}, B = \dfrac{\pi}{2}, C = \dfrac{\pi}{2}$.

(2) $p(x,y) = \dfrac{\partial^2 F(x,y)}{\partial x \partial y} = \dfrac{6}{\pi^2(x^2+4)(y^2+9)}$.

(3) $F_X(x) = F(x, +\infty) = \dfrac{1}{\pi}\left(\dfrac{\pi}{2} + \arctan\dfrac{x}{2}\right)$,

$$p_X(x) = F_X'(x) = \dfrac{1/2}{\pi\left(1 + \dfrac{x^2}{4}\right)} = \dfrac{2}{\pi(x^2+4)}, \quad -\infty < x < +\infty.$$

同理可得 $p_Y(y) = \dfrac{3}{\pi(y^2+9)}, \quad -\infty < y < +\infty.$

(4) 因为 $p(x,y) = p_X(x)p_Y(y), \forall (x,y) \in \mathbf{R}^2$,所以 $X,Y$ 相互独立.

4. 设 $(X,Y)$ 的联合密度函数为

$$p(x,y) = \dfrac{C}{(1+x^2)(1+y^2)},$$

求: (1) 常数 $C$;(2) $P(0 < X < 1, 0 < Y < 1)$;

(3) $(X,Y)$ 的边际密度函数;(4) $X$ 与 $Y$ 是否独立.

**解** (1) $1 = \displaystyle\int_{-\infty}^{+\infty}\int_{-\infty}^{+\infty} p(x,y)\mathrm{d}x\mathrm{d}y = C\int_{-\infty}^{+\infty}\frac{1}{1+x^2}\mathrm{d}x\int_{-\infty}^{+\infty}\frac{1}{1+y^2}\mathrm{d}y = \pi^2 C, C = \dfrac{1}{\pi^2}.$

(2) $P(0 < X < 1, 0 < Y < 1) = \dfrac{1}{\pi^2}\displaystyle\int_0^1\frac{1}{1+x^2}\mathrm{d}x\int_0^1\frac{1}{1+y^2}\mathrm{d}y = \dfrac{1}{16}.$

(3) $p_X(x) = \displaystyle\int_{-\infty}^{+\infty} p(x,y)\mathrm{d}y = \dfrac{1}{\pi^2(1+x^2)}\int_{-\infty}^{+\infty}\frac{1}{1+y^2}\mathrm{d}y = \dfrac{1}{\pi(1+x^2)}, -\infty < x < +\infty.$

同理可得 $p_Y(y) = \displaystyle\int_{-\infty}^{+\infty} p(x,y)\mathrm{d}x = \dfrac{1}{\pi(1+y^2)}, \quad -\infty < y < +\infty.$

(4) 因为 $p(x,y) = p_X(x)p_Y(y), \forall (x,y) \in \mathbf{R}^2$,所以 $X,Y$ 相互独立.

5. 设随机变量 $X$ 与 $Y$ 独立,且它们的密度函数分别为

$$p_X(x) = \begin{cases} \dfrac{1}{\pi\sqrt{1-x^2}}, & |x| < 1 \\ 0, & |x| \geqslant 1 \end{cases}, \quad p_Y(y) = \begin{cases} y\mathrm{e}^{-\frac{y^2}{2}}, & y > 0 \\ 0, & y \leqslant 0 \end{cases},$$

求:(1) $(X,Y)$ 的联合密度函数;(2) $P(|X| \leqslant \frac{1}{2}, |Y| \leqslant 1)$.

**解** (1) $p(x,y) = p_X(x)p_Y(y) = \begin{cases} \dfrac{y\mathrm{e}^{-\frac{y^2}{2}}}{\pi\sqrt{1-x^2}}, & |x| < 1, y > 0 \\ 0, & \text{其他} \end{cases}$.

(2) $P(|X| \leqslant \frac{1}{2}, |Y| \leqslant 1) = P(|X| \leqslant \frac{1}{2})P(|Y| \leqslant 1) = \int_{-\frac{1}{2}}^{\frac{1}{2}} \dfrac{1}{\pi\sqrt{1-x^2}}\mathrm{d}x \int_0^1 y\mathrm{e}^{-\frac{y^2}{2}}\mathrm{d}y$

$$= \left(\frac{1}{\pi}\arcsin x\right)\Big|_{-\frac{1}{2}}^{\frac{1}{2}} \left(-\mathrm{e}^{-\frac{y^2}{2}}\right)\Big|_0^1 = \frac{1}{3}\left(1 - \mathrm{e}^{-\frac{1}{2}}\right).$$

### 习题 3-3 二维随机向量函数的分布

1. 设随机向量 $(X,Y)$ 的联合概率分布为

| X \ Y | 1 | 2 |
|---|---|---|
| 1 | $\frac{1}{6}$ | $\frac{1}{3}$ |
| 2 | $\frac{1}{9}$ | $\frac{2}{9}$ |
| 3 | $\frac{1}{18}$ | $\frac{1}{9}$ |

求:(1) $U = \max\{X,Y\}$ 的概率分布;

(2) $V = \min\{X,Y\}$ 的概率分布;

(3) $Z = X + Y$ 的概率分布.

**解** (1)

| U \ Y | 1 | 2 |
|---|---|---|
| X | | |
| 1 | 1 | 2 |
| 2 | 2 | 2 |
| 3 | 3 | 3 |

| U | 1 | 2 | 3 |
|---|---|---|---|
| P | $\frac{1}{6}$ | $\frac{2}{3}$ | $\frac{1}{6}$ |

(2)

| V \ Y | 1 | 2 |
|---|---|---|
| X | | |
| 1 | 1 | 1 |
| 2 | 1 | 2 |
| 3 | 1 | 2 |

| V | 1 | 2 |
|---|---|---|
| P | $\frac{2}{3}$ | $\frac{1}{3}$ |

(3)

| Z＼Y X | 1 | 2 |
|---|---|---|
| 1 | 2 | 3 |
| 2 | 3 | 4 |
| 3 | 4 | 5 |

| $Z$ | 2 | 3 | 4 | 5 |
|---|---|---|---|---|
| $P$ | $\dfrac{1}{6}$ | $\dfrac{4}{9}$ | $\dfrac{5}{18}$ | $\dfrac{1}{9}$ |

2. 设二维随机向量 $(X, Y)$ 的联合密度函数为

$$p(x, y) = \begin{cases} e^{-(x+y)}, & x \geqslant 0, y \geqslant 0 \\ 0, & \text{其他} \end{cases},$$

求:(1) $Z = \dfrac{X+Y}{2}$ 的密度函数;(2) $U = \max\{X, Y\}$ 和 $V = \min\{X, Y\}$ 的密度函数.

**解** (1) 如图 3-18 所示,当 $z \leqslant 0$ 时,$F_Z(z) = 0$;

当 $z > 0$ 时,$F_Z(z) = P(Z \leqslant z) = P\left(\dfrac{X+Y}{2} \leqslant z\right) = \iint\limits_{D} e^{-(x+y)} \mathrm{d}x\mathrm{d}y = \int_0^{2z} \mathrm{d}x \int_0^{2z-x} e^{-(x+y)} \mathrm{d}y$

$$= \int_0^{2z} e^{-x}\mathrm{d}x \int_0^{2z-x} e^{-y}\mathrm{d}y = \int_0^{2z}(1 - e^{-2z+x})e^{-x}\mathrm{d}x$$

$$= \int_0^{2z} e^{-x}\mathrm{d}x - 2ze^{-2z} = 1 - e^{-2z} - 2ze^{-2z}.$$

当 $z > 0$ 时,$p_Z(z) = F_Z'(z) = -e^{-2z}(-2) - (2ze^{-2z}(-2) + 2e^{-2z}) = 4ze^{-2z}.$

所以

$$p_Z(z) = \begin{cases} 4ze^{-2z}, & z > 0 \\ 0, & z \leqslant 0 \end{cases}.$$

(2) 如图 3-19 所示,当 $u < 0$ 时,$F_U(u) = 0$;

当 $u \geqslant 0$ 时,$F_U(u) = P(U \leqslant u) = P(\max\{X, Y\} \leqslant u) = P(X \leqslant u, Y \leqslant u)$

$$= \int_0^u \mathrm{d}x \int_0^u e^{-(x+y)}\mathrm{d}y = (1 - e^{-u})\int_0^u e^{-x}\mathrm{d}x = (1 - e^{-u})^2.$$

当 $u > 0$ 时,$p_U(u) = F_U'(u) = 2(e^{-u} - e^{-2u}).$

所以

$$p_U(u) = \begin{cases} 2(e^{-u} - e^{-2u}), & u > 0 \\ 0, & u \leqslant 0 \end{cases}.$$

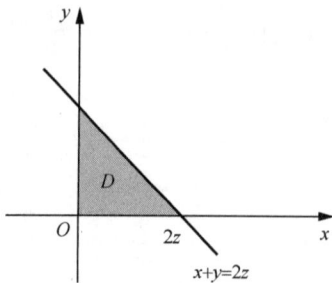

**图 3-18**

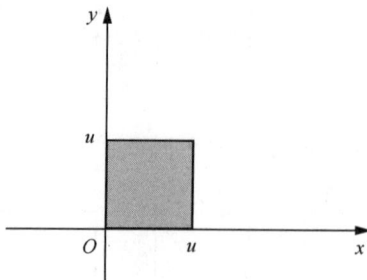

**图 3-19**

如图 3-20 所示,当 $v < 0$ 时,$F_V(v) = 0$;

当 $v \geqslant 0$ 时,$F_V(v) = P(V \leqslant v) = P(\min\{X, Y\} \leqslant v) = 1 - P(\min\{X, Y\} > v)$

$$= 1 - P(X > v, Y > v) = 1 - \int_v^{+\infty} \mathrm{d}x \int_v^{+\infty} \mathrm{e}^{-(x+y)} \mathrm{d}y$$

$$= 1 - \mathrm{e}^{-v} \int_v^{+\infty} \mathrm{e}^{-x} \mathrm{d}x = 1 - \mathrm{e}^{-2v}.$$

当 $v > 0$ 时,$p_V(v) = F_V'(v) = 2\mathrm{e}^{-2v}$.

所以

$$p_V(v) = \begin{cases} 2\mathrm{e}^{-2v}, & v > 0 \\ 0, & v \leqslant 0 \end{cases}.$$

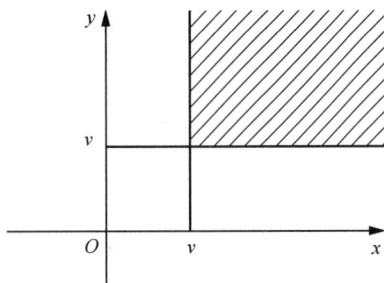

**图 3-20**

3. 某商品一周的需求量是一个随机变量,其密度函数为

$$p(x) = \begin{cases} x\mathrm{e}^{-x}, & x > 0 \\ 0, & x \leqslant 0 \end{cases},$$

又设各周的需求量是相互独立的. 试求:

(1) 两周的需求量的密度函数;(2) 3 周的需求量的密度函数.

**解** 设 $X_i(i = 1, 2, 3)$ 表示第 $i$ 周的需求量,其中 $X_1, X_2, X_3$ 相互独立,且它们具有相同的密度函数 $p(x)$. 两周的需求量可表示为 $U = X_1 + X_2$,3 周的需求量可表示为 $V = X_1 + X_2 + X_3 = U + X_3$,其中 $U$ 和 $X_3$ 相互独立.

(1) $p_U(u) = \int_{-\infty}^{+\infty} p_{X_1}(x) p_{X_2}(u - x) \mathrm{d}x$

$$= \begin{cases} \int_0^u x\mathrm{e}^{-x}(u - x)\mathrm{e}^{-(u-x)} \mathrm{d}x, & u > 0 \\ 0, & u \leqslant 0 \end{cases} = \begin{cases} \dfrac{1}{6} u^3 \mathrm{e}^{-u}, & u > 0 \\ 0, & u \leqslant 0 \end{cases}$$

其中 $x > 0, u - x > 0$,即 $0 < x < u$.

(2) $p_V(v) = \int_{-\infty}^{+\infty} p_U(u) p_{X_3}(v - u) \mathrm{d}u$

$$= \begin{cases} \int_0^v \dfrac{u^3}{6} \mathrm{e}^{-u}(v - u)\mathrm{e}^{-(v-u)} \mathrm{d}u, & v > 0 \\ 0, & v \leqslant 0 \end{cases} = \begin{cases} \dfrac{1}{120} v^5 \mathrm{e}^{-v} & v > 0 \\ 0, & v \leqslant 0 \end{cases},$$

其中 $u > 0, v - u > 0$,即 $0 < u < v$.

4. 某疫苗每 1mL 中所含细菌数服从泊松分布 $P(1)$,把这种疫苗放入 5 支试管中,每支试管放 2mL. 试求:

(1) 每支试管中有细菌的概率;(2) 5 支试管中都有细菌的概率;

(3) 至少有 3 支试管中有细菌的概率.

**解** 由泊松分布的可加性知,2mL 疫苗中所含细菌数服从泊松分布 $P(2)$.

(1) 设 $X$ 表示 2mL 疫苗中所含细胞数,$P(X \geqslant 1) = 1 - P(X = 0) \approx 0.8647$.

(2) 设 $Y$ 表示有细菌的试管数，$Y \sim B(5, 0.8647)$，

$$P(Y = 5) = C_5^5 \times 0.8647^5 \times 0.1353^0 \approx 0.4834.$$

(3) $P(Y \geqslant 3) = P(Y = 3) + P(Y = 4) + P(Y = 5) \approx 0.9799$.

5. 设 $X_1 \sim N(1, 2)$，$X_2 \sim N(0, 3)$，$X_3 \sim N(2, 1)$，且 $X_1, X_2, X_3$ 相互独立，求：

(1) $Y = 2X_1 + 3X_2 - X_3$ 的密度函数；(2) $P(0 \leqslant Y \leqslant 6)$.

**解**　由正态分布的性质知，$\sum\limits_{i=1}^{n} a_i X_i \sim N\left(\sum\limits_{i=1}^{n} a_i \mu_i, \sum\limits_{i=1}^{n} a_i^2 \sigma_i^2\right)$，$Y \sim N(0, 36)$.

(1) $p_Y(y) = \dfrac{1}{6\sqrt{2\pi}} \mathrm{e}^{-\frac{y^2}{72}}$.

(2) $P(0 \leqslant Y \leqslant 6) = \Phi\left(\dfrac{6}{6}\right) - \Phi\left(\dfrac{0}{6}\right) = \Phi(1) - \Phi(0) \approx 0.3413$.

## 习题 3-4　条件分布

1. 设随机向量 $(X, Y)$ 的联合概率分布为

| X \ Y | 0 | 1 |
|---|---|---|
| 0 | $\dfrac{1}{4}$ | $\dfrac{1}{4}$ |
| 1 | $\dfrac{1}{6}$ | $\dfrac{1}{8}$ |
| 2 | $\dfrac{1}{8}$ | $\dfrac{1}{12}$ |

求：(1) 在 $X = 1$ 的条件下 $Y$ 的条件概率分布；

(2) 在 $Y = 1$ 的条件下 $X$ 的条件概率分布.

**解**　(1) $P(Y = 0 | X = 1) = \dfrac{p_{10}}{p_1} = \dfrac{\frac{1}{6}}{\frac{7}{24}} = \dfrac{4}{7}$，$P(Y = 1 | X = 1) = \dfrac{p_{11}}{p_1} = \dfrac{3}{7}$，

即 $P(Y = j | X = 1) = \begin{cases} \dfrac{4}{7}, & j = 0 \\ \dfrac{3}{7}, & j = 1 \end{cases}$.

(2) $P(X = 0 | Y = 1) = \dfrac{p_{01}}{p_{\cdot 1}} = \dfrac{\frac{1}{4}}{\frac{11}{24}} = \dfrac{6}{11}$，$P(X = 1 | Y = 1) = \dfrac{p_{11}}{p_1} = \dfrac{\frac{1}{8}}{\frac{11}{24}} = \dfrac{3}{11}$，

$P(X = 2 | Y = 1) = \dfrac{p_{21}}{p_{\cdot 1}} = \dfrac{\frac{1}{12}}{\frac{11}{24}} = \dfrac{2}{11}$，

即 $P(X=i|Y=1)=\begin{cases}\dfrac{6}{11}, & i=0\\[2mm]\dfrac{3}{11}, & i=1.\\[2mm]\dfrac{2}{11}, & i=2\end{cases}$

2. 设随机向量 $(X,Y)$ 的联合密度函数为

$$p(x,y)=\begin{cases}8xy, & 0<x<y<1\\0, & 其他\end{cases},$$

求 $p_{X|Y}(x|y)$ 和 $p_{Y|X}(y|x)$.

**解** 如图 3-21 所示,

当 $0<x<1$ 时,$p_X(x)=\displaystyle\int_{-\infty}^{+\infty}p(x,y)\mathrm{d}y=\int_x^1 8xy\mathrm{d}y=4x(1-x^2)$,所以

$$p_X(x)=\begin{cases}4x(1-x^2), & 0<x<1\\0, & 其他\end{cases};$$

当 $0<y<1$ 时,$p_Y(y)=\displaystyle\int_{-\infty}^{+\infty}p(x,y)\mathrm{d}x=\int_0^y 8xy\mathrm{d}x=4y^3$,

所以

$$p_Y(y)=\begin{cases}4y^3, & 0<y<1\\0, & 其他\end{cases}.$$

图 3-21

当 $0<y<1$ 时,$p_{X|Y}(x|y)=\dfrac{p(x,y)}{p_Y(y)}=\begin{cases}\dfrac{2x}{y^2}, & 0<x<y\\[2mm]0, & 其他\end{cases};$

当 $0<x<1$ 时,$p_{Y|X}(y|x)=\dfrac{p(x,y)}{p_X(x)}=\begin{cases}\dfrac{2y}{1-x^2}, & x<y<1\\[2mm]0, & 其他\end{cases}.$

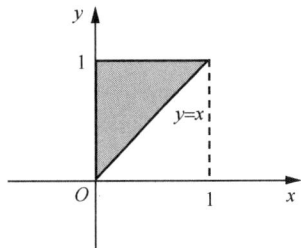

3. 设 $X\sim N(0,1)$,在给定 $X=x$ 的条件下,$Y$ 的分布为 $N(x,1)$,试求 $Y$ 的分布.

**解** $p(x,y)=p_X(x)p_{Y|X}(y|x)=\dfrac{1}{\sqrt{2\pi}}\mathrm{e}^{-\frac{x^2}{2}}\cdot\dfrac{1}{\sqrt{2\pi}}\mathrm{e}^{-\frac{(y-x)^2}{2}}=\dfrac{1}{2\pi}\mathrm{e}^{-\frac{1}{2}(2x^2-2xy+y^2)}$,

$$p_Y(y)=\int_{-\infty}^{+\infty}p(x,y)\mathrm{d}x=\int_{-\infty}^{+\infty}\dfrac{1}{2\pi}\mathrm{e}^{-(x-\frac{y}{2})^2-\frac{y^2}{4}}\mathrm{d}x$$

$$=\dfrac{1}{\sqrt{2\pi}\sqrt2}\mathrm{e}^{-\frac{y^2}{4}}\int_{-\infty}^{+\infty}\dfrac{1}{\sqrt{2\pi}\frac{1}{\sqrt2}}\mathrm{e}^{-\frac{\left(x-\frac{y}{2}\right)^2}{2\times\frac12}}\mathrm{d}x=\dfrac{1}{\sqrt{2\pi}\sqrt2}\mathrm{e}^{-\frac{y^2}{4}},$$

即 $Y\sim N(0,2)$.

### 总复习题三

1. 设口袋中有 5 个球,分别标有号码 1,2,3,4,5,现从这个口袋中任取 3 个球,$X,Y$ 分

别表示取出的球的最大标号和最小标号. 求二维随机向量 $(X,Y)$ 的联合概率分布及边际概率分布.

**解** $X$ 的可能取值为 $3,4,5$,$Y$ 的可能取值为 $1,2,3$,

$P(X=3,Y=1)=\dfrac{1}{C_5^3}=\dfrac{1}{10}$,$P(X=3,Y=2)=P(X=3,Y=3)=0$,

$P(X=4,Y=1)=\dfrac{2}{C_5^3}=\dfrac{2}{10}$,$P(X=4,Y=2)=\dfrac{1}{C_5^3}=\dfrac{1}{10}$,

$P(X=4,Y=3)=0$,$P(X=5,Y=1)=\dfrac{3}{C_5^3}=\dfrac{3}{10}$,

$P(X=5,Y=2)=\dfrac{2}{C_5^3}=\dfrac{2}{10}$,$P(X=5,Y=3)=\dfrac{1}{C_5^3}=\dfrac{1}{10}$,

所以,联合概率分布及边际概率分布为

| X \ Y | 1 | 2 | 3 | $p_{i\cdot}$ |
|---|---|---|---|---|
| 3 | $\frac{1}{10}$ | 0 | 0 | $\frac{1}{10}$ |
| 4 | $\frac{2}{10}$ | $\frac{1}{10}$ | 0 | $\frac{3}{10}$ |
| 5 | $\frac{3}{10}$ | $\frac{2}{10}$ | $\frac{1}{10}$ | $\frac{6}{10}$ |
| $p_{\cdot j}$ | $\frac{6}{10}$ | $\frac{3}{10}$ | $\frac{1}{10}$ | 1 |

2. 设随机变量 $X$ 与 $Y$ 同分布,且有

| X | -1 | 0 | 1 |
|---|---|---|---|
| P | $\frac{1}{4}$ | $\frac{1}{2}$ | $\frac{1}{4}$ |

又 $P(XY=0)=1$,试求 $P(X=Y)$.

**解**

| X \ Y | -1 | 0 | 1 | $p_{i\cdot}$ |
|---|---|---|---|---|
| -1 | | | | $\frac{1}{4}$ |
| 0 | | | | $\frac{1}{2}$ |
| 1 | | | | $\frac{1}{4}$ |
| $p_{\cdot j}$ | $\frac{1}{4}$ | $\frac{1}{2}$ | $\frac{1}{4}$ | 1 |

由 $P(XY=0)=1$ 得 $P(XY\neq0)=0$,

| X\Y | −1 | 0 | 1 | $p_{i\cdot}$ |
|---|---|---|---|---|
| −1 | 0 | | 0 | $\dfrac{1}{4}$ |
| 0 | | | | $\dfrac{1}{2}$ |
| 1 | 0 | | 0 | $\dfrac{1}{4}$ |
| $p_{\cdot j}$ | $\dfrac{1}{4}$ | $\dfrac{1}{2}$ | $\dfrac{1}{4}$ | 1 |

| X\Y | −1 | 0 | 1 | $p_{i\cdot}$ |
|---|---|---|---|---|
| −1 | 0 | $\dfrac{1}{4}$ | 0 | $\dfrac{1}{4}$ |
| 0 | $\dfrac{1}{4}$ | 0 | $\dfrac{1}{4}$ | $\dfrac{1}{2}$ |
| 1 | 0 | $\dfrac{1}{4}$ | 0 | $\dfrac{1}{4}$ |
| $p_{\cdot j}$ | $\dfrac{1}{4}$ | $\dfrac{1}{2}$ | $\dfrac{1}{4}$ | 1 |

则 $P(X = Y) = P(X = -1, Y = -1) + P(X = 0, Y = 0) + P(X = 1, Y = 1) = 0$.

3. 设二维随机向量 $(X, Y)$ 的联合密度函数为

$$p(x, y) = \begin{cases} \dfrac{1}{\pi} e^{-\frac{1}{2}(x^2 + y^2)}, & x > 0, y \leqslant 0 \text{或} x \leqslant 0, y > 0, \\ 0, & \text{其他} \end{cases},$$

求 $(X, Y)$ 的边际密度函数.

**解** 如图 3-22 所示,

图 3-22

$$p_X(x) = \int_{-\infty}^{+\infty} p(x, y)\mathrm{d}y = \begin{cases} \displaystyle\int_{-\infty}^{0} \dfrac{1}{\pi} e^{-\frac{x^2 + y^2}{2}} \mathrm{d}y, & x > 0 \\ \displaystyle\int_{0}^{+\infty} \dfrac{1}{\pi} e^{-\frac{x^2 + y^2}{2}} \mathrm{d}y, & x \leqslant 0 \end{cases},$$

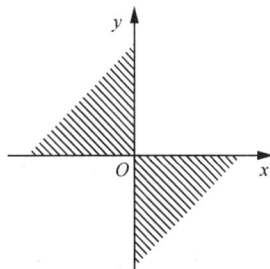

其中 $\displaystyle\int_{0}^{+\infty} \dfrac{1}{\pi} e^{-\frac{x^2 + y^2}{2}} \mathrm{d}y = \dfrac{\sqrt{2\pi}}{\pi} e^{-\frac{x^2}{2}} \int_{0}^{+\infty} \dfrac{1}{\sqrt{2\pi}} e^{-\frac{y^2}{2}} \mathrm{d}y = \dfrac{1}{\sqrt{2\pi}} e^{-\frac{x^2}{2}}$,类似可得 $\displaystyle\int_{-\infty}^{0} \dfrac{1}{\pi} e^{-\frac{x^2 + y^2}{2}} \mathrm{d}y = \dfrac{1}{\sqrt{2\pi}} e^{-\frac{x^2}{2}}$,

所以

$$p_X(x) = \begin{cases} \dfrac{1}{\sqrt{2\pi}} e^{-\frac{x^2}{2}}, & x > 0 \\ \dfrac{1}{\sqrt{2\pi}} e^{-\frac{x^2}{2}}, & x \leqslant 0 \end{cases}, \quad p_X(x) = \dfrac{1}{\sqrt{2\pi}} e^{-\frac{x^2}{2}}, \quad -\infty < x < +\infty.$$

同理可得

$$p_Y(y) = \int_{-\infty}^{+\infty} p(x,y)\mathrm{d}x = \begin{cases} \displaystyle\int_{-\infty}^{0} \frac{1}{\pi}\mathrm{e}^{-\frac{x^2+y^2}{2}}\mathrm{d}x, & y > 0 \\ \displaystyle\int_{0}^{+\infty} \frac{1}{\pi}\mathrm{e}^{-\frac{x^2+y^2}{2}}\mathrm{d}x, & y \leqslant 0 \end{cases}, \quad p_Y(y) = \frac{1}{\sqrt{2\pi}}\mathrm{e}^{-\frac{y^2}{2}}, \ -\infty < y < +\infty.$$

4. 已知二维正态随机向量 $(X,Y)$ 的联合密度函数为

$$p(x,y) = A\mathrm{e}^{-\left[(x+5)^2 + 8(x+5)(y-3) + 25(y-3)^2\right]},$$

求：(1) 系数 $A$；(2) $\mu_1, \mu_2, \sigma_1^2, \sigma_2^2, \rho$；(3) $X$ 和 $Y$ 的分布.

**解**　(1) $-\dfrac{1}{2(1-\rho^2)\sigma_1^2} = -1$，$\dfrac{2\rho}{2(1-\rho^2)\sigma_1\sigma_2} = -8$，$-\dfrac{1}{2(1-\rho^2)\sigma_2^2} = -25$.

由第一式除以第三式得 $\dfrac{\sigma_2}{\sigma_1} = \dfrac{1}{5}$，由第一式除以第二式得 $\rho = -\dfrac{4}{5}$，进而 $\sigma_1^2 = \dfrac{25}{18}$，$\sigma_2^2 = \dfrac{1}{18}$. 所以

$$\mu_1 = -5, \mu_2 = 3, A = \frac{1}{2\pi\sigma_1\sigma_2\sqrt{1-\rho^2}} = \frac{1}{2\pi \dfrac{5}{\sqrt{18}} \cdot \dfrac{1}{\sqrt{18}} \cdot \dfrac{3}{5}} = \frac{3}{\pi}.$$

(2) $\mu_1 = -5, \mu_2 = 3, \sigma_1^2 = \dfrac{25}{18}, \sigma_2^2 = \dfrac{1}{18}, \rho = -\dfrac{4}{5}$.

(3) $X \sim N\left(-5, \dfrac{25}{18}\right)$，$Y \sim N\left(3, \dfrac{1}{18}\right)$.

5. 一口袋中有 4 个球，它们分别标有数字 1, 2, 2, 3. 从这个口袋中任取一球后，不放回口袋中，再从口袋中任取一球，以 $X, Y$ 分别表示第一、二次取得的球上标有的数字. 求：

(1) $(X,Y)$ 的联合概率分布；(2) $(X,Y)$ 的边际概率分布；

(3) $X$ 与 $Y$ 是否独立；(4) $P(X = Y)$.

**解**　(1) 和 (2)

$X$ 的可能取值为 1, 2, 3，$Y$ 的可能取值为 1, 2, 3，

$P(X = 1, Y = 1) = 0$，$P(X = 1, Y = 2) = P(X = 1)P(Y = 2 \mid X = 1) = \dfrac{1}{4} \times \dfrac{2}{3} = \dfrac{1}{6}$，

$P(X = 1, Y = 3) = P(X = 1)P(Y = 3 \mid X = 1) = \dfrac{1}{4} \times \dfrac{1}{3} = \dfrac{1}{12}$，

$P(X = 2, Y = 1) = P(X = 2)P(Y = 1 \mid X = 2) = \dfrac{2}{4} \times \dfrac{1}{3} = \dfrac{1}{6}$，

$P(X = 2, Y = 2) = P(X = 2)P(Y = 2 \mid X = 2) = \dfrac{2}{4} \times \dfrac{1}{3} = \dfrac{1}{6}$，

$P(X = 2, Y = 3) = P(X = 2)P(Y = 3 \mid X = 2) = \dfrac{2}{4} \times \dfrac{1}{3} = \dfrac{1}{6}$，

$P(X = 3, Y = 1) = P(X = 3)P(Y = 1 \mid X = 3) = \dfrac{1}{4} \times \dfrac{1}{3} = \dfrac{1}{12}$，

$P(X = 3, Y = 2) = P(X = 3)P(Y = 2 \mid X = 3) = \dfrac{1}{4} \times \dfrac{2}{3} = \dfrac{1}{6}$，$P(X = 3, Y = 3) = 0$，

| X \ Y | 1 | 2 | 3 | $p_{i\cdot}$ |
|---|---|---|---|---|
| 1 | 0 | $\dfrac{1}{6}$ | $\dfrac{1}{12}$ | $\dfrac{1}{4}$ |
| 2 | $\dfrac{1}{6}$ | $\dfrac{1}{6}$ | $\dfrac{1}{6}$ | $\dfrac{1}{2}$ |
| 3 | $\dfrac{1}{12}$ | $\dfrac{1}{6}$ | 0 | $\dfrac{1}{4}$ |
| $p_{\cdot j}$ | $\dfrac{1}{4}$ | $\dfrac{1}{2}$ | $\dfrac{1}{4}$ | 1 |

(3) 因为 $0 = P(X = 1, Y = 1) \neq P(X = 1)P(Y = 1) = \dfrac{1}{16}$,所以 $X, Y$ 不独立.

(4) $P(X = Y) = P(X = 1, Y = 1) + P(X = 2, Y = 2) + P(X = 3, Y = 3) = \dfrac{1}{6}$.

6. 设 $(X, Y)$ 的联合分布函数为

$$F(x, y) = \begin{cases} 1 - \mathrm{e}^{-2x} - \mathrm{e}^{-2y} + \mathrm{e}^{-2(x+y)}, & x > 0, y > 0 \\ 0, & 其他 \end{cases},$$

求:(1) 联合密度函数 $p(x, y)$;

(2) 边际分布函数和边际密度函数;

(3) $X$ 与 $Y$ 是否独立;

(4) $(X, Y)$ 落在区域 $D$ 内的概率,其中区域 $D$ 由 $x = 0, y = 0, x + y = 1$ 所围成.

**解** (1) 当 $x > 0, y > 0$ 时,$p(x, y) = \dfrac{\partial^2 F(x, y)}{\partial x \partial y} = 4\mathrm{e}^{-2(x+y)}$,所以

$$p(x, y) = \begin{cases} 4\mathrm{e}^{-2(x+y)}, & x > 0, y > 0 \\ 0, & 其他 \end{cases}.$$

(2) $F_X(x) = F(x, +\infty) = \begin{cases} 1 - \mathrm{e}^{-2x}, & x > 0 \\ 0, & x \leqslant 0 \end{cases}$, $F_Y(y) = F(+\infty, y) = \begin{cases} 1 - \mathrm{e}^{-2y}, & y > 0 \\ 0, & y \leqslant 0 \end{cases}$,

$p_X(x) = F'_X(x) = \begin{cases} 2\mathrm{e}^{-2x}, & x > 0 \\ 0, & x \leqslant 0 \end{cases}$,同理可得 $p_Y(y) = \begin{cases} 2\mathrm{e}^{-2y}, & y > 0 \\ 0, & y \leqslant 0 \end{cases}$.

(3) 因为 $\forall (x, y) \in \mathbf{R}^2, F(x, y) = F_X(x)F_Y(y)$,所以 $X, Y$ 独立.

(4) $P((X, Y) \in D) = \iint\limits_D 4\mathrm{e}^{-2(x+y)}\mathrm{d}x\mathrm{d}y = \int_0^1 \mathrm{d}x \int_0^{1-x} 4\mathrm{e}^{-2(x+y)}\mathrm{d}y$

$$= \int_0^1 2\mathrm{e}^{-2x}\left(\int_0^{1-x} 2\mathrm{e}^{-2y}\mathrm{d}y\right)\mathrm{d}x = \int_0^1 2\mathrm{e}^{-2x}(1 - \mathrm{e}^{-2+2x})\mathrm{d}x$$

$$= \int_0^1 (2\mathrm{e}^{-2x} - 2\mathrm{e}^{-2})\mathrm{d}x = -\mathrm{e}^{-2x}\Big|_0^1 - 2\mathrm{e}^{-2} = 1 - 3\mathrm{e}^{-2}.$$

7. 设 $(X, Y)$ 的联合密度函数为

$$p(x, y) = \begin{cases} 8xy, & 0 < x < y < 1 \\ 0, & 其他 \end{cases},$$

求:(1) $(X, Y)$ 的边际密度函数;(2) $X$ 与 $Y$ 是否独立;(3) $P(X + Y \leqslant 1)$.

**解**　（1）如图 3-23 所示，

当 $0 < x < 1$ 时，$p_X(x) = \int_{-\infty}^{+\infty} p(x,y)\mathrm{d}y = \int_x^1 8xy\mathrm{d}y = 4x(1-x^2)$，所以

$$p_X(x) = \begin{cases} 4x(1-x^2), & 0 < x < 1 \\ 0, & 其他 \end{cases};$$

当 $0 < y < 1$ 时，$p_Y(y) = \int_{-\infty}^{+\infty} p(x,y)\mathrm{d}x = \int_0^y 8xy\mathrm{d}y = 4y^3$，所以

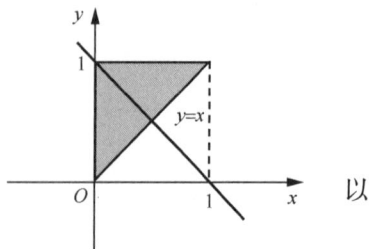

$$p_Y(y) = \begin{cases} 4y^3, & 0 < y < 1 \\ 0, & 其他 \end{cases}.$$

（2）当 $0 < x < y < 1$ 时，$p(x,y) \neq p_X(x)p_Y(y)$，所以 $X, Y$ 不独立.

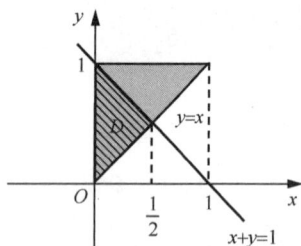

（3）如图 3-24 所示，

$$P(X + Y \leqslant 1) = P((X,Y) \in D)$$
$$= \int_0^{\frac{1}{2}}\mathrm{d}x\int_x^{1-x}8xy\mathrm{d}y = \int_0^{\frac{1}{2}}4x(1-2x)\mathrm{d}y = \frac{1}{6}.$$

图 3-23

图 3-24

8．设 $X$ 和 $Y$ 是两个相互独立的随机变量，且 $X \sim U[0,1], Y \sim Exp(0.5)$.

（1）求 $(X,Y)$ 的联合密度函数；

（2）设含有 $a$ 的二次方程 $a^2 + 2Xa + Y = 0$，试求 $a$ 有实根的概率.

**解**　（1）$p(x,y) = p_X(x)p_Y(y) = \begin{cases} \dfrac{1}{2}\mathrm{e}^{-\frac{y}{2}}, & 0 \leqslant x \leqslant 1, y \geqslant 0 \\ 0, & 其他 \end{cases}.$

（2）若方程有实根，则 $\Delta = 4X^2 - 4Y \geqslant 0$（见图 3-25），

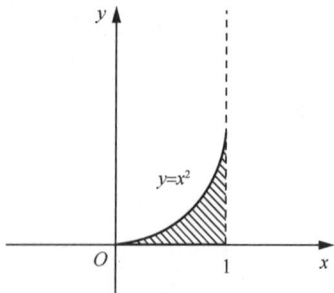

$$P(\Delta \geqslant 0) = P(Y \leqslant X^2) = \int_0^1\mathrm{d}x\int_0^{x^2}\frac{1}{2}\mathrm{e}^{-\frac{y}{2}}\mathrm{d}y$$
$$= \int_0^1\left(1 - \mathrm{e}^{-\frac{x^2}{2}}\right)\mathrm{d}x = 1 - \int_0^1\mathrm{e}^{-\frac{x^2}{2}}\mathrm{d}x,$$

其中，$\int_0^1\mathrm{e}^{-\frac{x^2}{2}}\mathrm{d}x = \sqrt{2\pi}\int_0^1\frac{1}{\sqrt{2\pi}}\mathrm{e}^{-\frac{x^2}{2}}\mathrm{d}x = \sqrt{2\pi}\ [\varPhi(1) - \varPhi(0)] \approx$

$0.8548$，所以 $P(\Delta \geqslant 0) \approx 0.1452$.

图 3-25

9．设 $X$ 和 $Y$ 为两个随机变量，且 $P(X \geqslant 0, Y \geqslant 0) = \dfrac{3}{7}, P(X \geqslant 0) = P(Y \geqslant 0) = \dfrac{4}{7}$，求 $P(\max\{X,Y\} \geqslant 0)$.

**解**　$P(\max\{X,Y\} \geqslant 0) = P(\{X \geqslant 0\}\bigcup\{Y \geqslant 0\}) = P(X \geqslant 0) + P(Y \geqslant 0) - P(X \geqslant 0, Y \geqslant 0) = \dfrac{5}{7}.$

10．设随机变量 $X$ 和 $Y$ 相互独立，且

$$p_X(x) = \begin{cases} 1, & 0 \leqslant x \leqslant 1 \\ 0, & 其他 \end{cases}, p_Y(y) = \begin{cases} 2y, & 0 \leqslant y \leqslant 1 \\ 0, & 其他 \end{cases},$$

求 $Z = X + Y$ 的密度函数 $p_Z(z)$.

**解** $X$ 和 $Y$ 相互独立,$0 < z < 2$,$p_Z(z) = \int_{-\infty}^{+\infty} p_X(x) p_Y(z-x)\mathrm{d}x$,

$0 < x < 1$,$0 < z - x < 1$,即 $0 < x < 1$,$z - 1 < x < z$,取交集:

① $0 < z < 1$时,$0 < x < z$,此时

$$p_Z(z) = \int_{-\infty}^{+\infty} p_X(x) p_Y(z-x)\mathrm{d}x = \int_0^z 1 \cdot 2(z-x)\mathrm{d}x = z^2;$$

② $1 \leqslant z < 2$时,$z - 1 < x < 1$,此时

$$p_Z(z) = \int_{-\infty}^{+\infty} p_X(x) p_Y(z-x)\mathrm{d}x = \int_{z-1}^1 1 \cdot 2(z-x)\mathrm{d}x = 2z - z^2.$$

综上所述,$p_Z(z) = \begin{cases} z^2, & 0 < z < 1 \\ 2z - z^2, & 1 \leqslant z < 2. \\ 0, & 其他 \end{cases}$

11. 假设一设备由两台串联的机器组成,两台机器开机后无故障工作的时间(单位:h)都服从参数为 0.2 的指数分布,且两台机器有无故障互不影响. 设备定时开机,出现故障时自动关机,而在无故障情况下工作 2h 便关机. 试求该设备每次开机后无故障工作时间的分布函数.

**解** 设 $X, Y$ 分别为两台仪器的无故障工作时间,则 $X, Y \sim Exp(0.2)$ 且 $X, Y$ 相互独立.

$$x \geqslant 0时,P(X > x) = 1 - F_X(x) = \mathrm{e}^{-0.2x}.$$

该设备的无故障工作时间为 $Z = \min\{X, Y\}$,则

$$F_Z(z) = P(Z \leqslant z) = P(\min\{X, Y\} \leqslant z).$$

当 $z < 0$ 时,$F_Z(z) = 0$;

当 $0 \leqslant z < 2$ 时,$F_Z(z) = P(\min\{X, Y\} \leqslant z) = 1 - P(\min\{X, Y\} > z)$

$$= 1 - P(X > z, Y > z) = 1 - P(X > z)P(Y > z) = 1 - \mathrm{e}^{-0.4z};$$

当 $z \geqslant 2$ 时,$F_Z(z) = 1$.

综上所述,

$$F_Z(z) = \begin{cases} 0, & z < 0 \\ 1 - \mathrm{e}^{-0.4z}, & 0 \leqslant z < 2. \\ 1, & z \geqslant 2 \end{cases}$$

12. 设 $X \sim P(\lambda_1)$,$Y \sim P(\lambda_2)$,且 $X$ 与 $Y$ 相互独立,求 $P(X = k | X + Y = n)$.

**解** $X \sim P(\lambda_1)$,$Y \sim P(\lambda_2)$,$X, Y$ 相互独立,由泊松分布的可加性知,$X + Y \sim P(\lambda_1 + \lambda_2)$.

$$P(X = k | X + Y = n) = \frac{P(X = k, X + Y = n)}{P(X + Y = n)}$$

$$= \frac{P(X = k)P(Y = n - k)}{P(X + Y = n)} = \frac{\frac{\lambda_1^k}{k!}\mathrm{e}^{-\lambda_1} \cdot \frac{\lambda_2^{n-k}}{(n-k)!}\mathrm{e}^{-\lambda_2}}{\frac{(\lambda_1 + \lambda_2)^n}{n!}\mathrm{e}^{-(\lambda_1 + \lambda_2)}}$$

$$= C_n^k \left(\frac{\lambda_1}{\lambda_1 + \lambda_2}\right)^k \left(\frac{\lambda_2}{\lambda_1 + \lambda_2}\right)^{n-k}.$$

13. 在 $n$ 重伯努利试验中,事件 $A$ 发生的概率为 $p(0 < p < 1)$,令

$$X_k = \begin{cases} 1, & \text{第}k\text{次试验}A\text{发生} \\ 0, & \text{第}k\text{次试验}A\text{不发生} \end{cases}, k = 1, 2, \cdots, n,$$

求在 $\sum\limits_{k=1}^{n} X_k = r (0 \leqslant r \leqslant n)$ 的条件下，$X_i (1 \leqslant i \leqslant n)$ 的条件概率分布.

**解**　$\sum\limits_{k=1}^{n} X_k \sim B(n, p)$，

$$P\left( X_i = 0 \,\middle|\, \sum_{k=1}^{n} X_k = r \right) = \frac{P\left( X_i = 0, \sum\limits_{k=1}^{n} X_k = r \right)}{P\left( \sum\limits_{k=1}^{n} X_k = r \right)}$$

$$= \frac{P(X_i = 0)P(X_1 + \cdots + X_{i-1} + X_{i+1} + \cdots + X_n = r)}{P\left( \sum\limits_{k=1}^{n} X_k = r \right)}$$

$$= \frac{q C_{n-1}^r p^r q^{n-1-r}}{C_n^r p^r q^{n-r}} = 1 - \frac{r}{n},$$

$$P\left( X_i = 1 \,\middle|\, \sum_{k=1}^{n} X_k = r \right) = \frac{P\left( X_i = 1, \sum\limits_{k=1}^{n} X_k = r \right)}{P\left( \sum\limits_{k=1}^{n} X_k = r \right)}$$

$$= \frac{P(X_i = 1)P(X_1 + \cdots + X_{i-1} + X_{i+1} + \cdots + X_n = r - 1)}{P\left( \sum\limits_{k=1}^{n} X_k = r \right)}$$

$$= \frac{p C_{n-1}^{r-1} p^{r-1} q^{n-1-(r-1)}}{C_n^r p^r q^{n-r}} = \frac{r}{n},$$

即 $P\left( X_i = j \,\middle|\, \sum\limits_{k=1}^{n} X_k = r \right) = \begin{cases} 1 - \dfrac{r}{n}, & j = 0 \\[2mm] \dfrac{r}{n}, & j = 1 \end{cases}.$

14. 设 $p_Y(y) = \begin{cases} 5y^4, & 0 < y < 1 \\ 0, & \text{其他} \end{cases}$，$p_{X|Y}(x|y) = \begin{cases} \dfrac{3x^2}{y^3}, & 0 < x < y \\[2mm] 0, & \text{其他} \end{cases}$，试求 $P\left( X > \dfrac{1}{2} \right)$.

**解**　如图 3-26 所示，$p(x, y) = p_Y(y) p_{X|Y}(x|y) = \begin{cases} 15x^2 y, & 0 < x < y, 0 < y < 1 \\ 0, & \text{其他} \end{cases};$

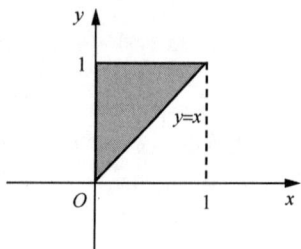

**图 3-26**

当 $0 < x < 1$ 时，$p_X(x) = \int_{-\infty}^{+\infty} p(x, y) \mathrm{d}y = \int_x^1 15x^2 y \mathrm{d}y = \dfrac{15}{2} x^2 (1 - x^2).$

$$P\left( X \leqslant \frac{1}{2} \right) = \frac{15}{2} \int_0^{\frac{1}{2}} x^2 (1 - x^2) \mathrm{d}x = \frac{15}{2} \left( \frac{1}{24} - \frac{1}{160} \right) = \frac{17}{64},$$

$$P\left( X > \frac{1}{2} \right) = 1 - \frac{17}{64} = \frac{47}{64}.$$

# 第四章　随机变量的数字特征

## 一、知识结构图示

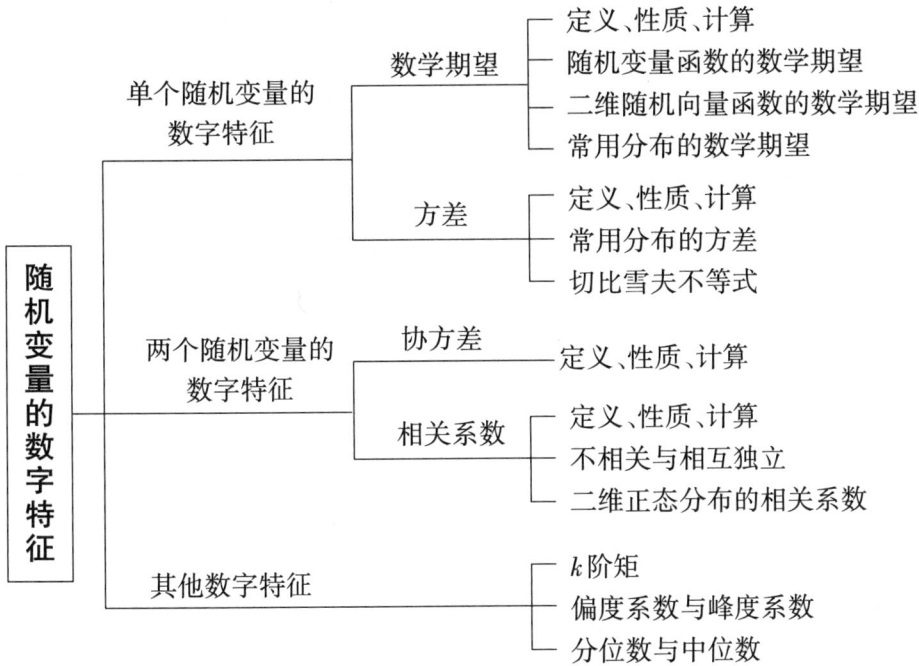

## 二、内容归纳总结

### （一）数学期望

**1. 数学期望的定义**

（1）设离散型随机变量 $X$ 的概率分布为

$$P(X = x_k) = p_k, \ k = 1, \ 2, \ \cdots.$$

若级数 $\sum\limits_{k=1}^{\infty} x_k p_k$ 绝对收敛, 则称 $\sum\limits_{k=1}^{\infty} x_k p_k$ 为随机变量 $X$ 的**数学期望**, 简称**期望**或**均值**, 记为

$E(X) = \sum\limits_{k=1}^{\infty} x_k p_k$. 若级数 $\sum\limits_{k=1}^{\infty} x_k p_k$ 不是绝对收敛, 则称随机变量 $X$ 的数学期望不存在.

（2）设连续型随机变量 $X$ 的密度函数为 $p(x)$, 若积分 $\displaystyle\int_{-\infty}^{+\infty} x p(x) \mathrm{d}x$ 绝对收敛, 则称

$\displaystyle\int_{-\infty}^{+\infty} x p(x) \mathrm{d}x$ 为随机变量 $X$ 的**数学期望**（或**均值**）, 记为 $E(X) = \displaystyle\int_{-\infty}^{+\infty} x p(x) \mathrm{d}x$. 若积分

$\int_{-\infty}^{+\infty} xp(x)\,\mathrm{d}x$ 不是绝对收敛,则称随机变量 $X$ 的数学期望不存在.

**2. 数学期望的性质**

(1) 设 $c$ 为常数,则 $E(c) = c$.

(2) 设 $X$ 是随机变量,$c$ 为常数,则 $E(cX) = cE(X)$.

(3) 设 $X,Y$ 为两个随机变量,则 $E(X + Y) = E(X) + E(Y)$.

**推广** 设 $X_1,\cdots,X_n$ 为 $n$ 个随机变量,$a_1,\cdots,a_n,c$ 为常数,则
$$E(a_1X_1 + a_2X_2 + \cdots + a_nX_n + c) = a_1E(X_1) + a_2E(X_2) + \cdots + a_nE(X_n) + c.$$

(4) 设 $X,Y$ 是相互独立的随机变量,则 $E(XY) = E(X)E(Y)$.

**推广** 设 $X_1,\cdots,X_n$ 为 $n$ 个相互独立的随机变量,则
$$E(X_1X_2\cdots X_n) = E(X_1)E(X_2)\cdots E(X_n).$$

(5) 柯西-施瓦茨不等式:$\left[E(XY)\right]^2 \leqslant E(X^2)E(Y^2)$.

**3. 随机变量函数的数学期望**

设 $Y$ 是随机变量 $X$ 的函数,即 $Y = f(X)$,有以下两种情况.

(1) $X$ 是离散型随机变量,其概率分布为
$$P\left(X = x_k\right) = p_k,\ k = 1,\ 2,\ \cdots,$$
若 $f(X)$ 的数学期望存在,则
$$E(Y) = E\left[f(X)\right] = \sum_{k=1}^{\infty} f(x_k)p_k.$$

(2) $X$ 是连续型随机变量,其密度函数为 $p(x)$,若 $f(X)$ 的数学期望存在,则
$$E(Y) = E\left[f(X)\right] = \int_{-\infty}^{+\infty} f(x)p(x)\mathrm{d}x.$$

**4. 二维随机向量函数的数学期望**

设 $Z$ 是随机向量 $(X,Y)$ 的函数,即 $Z = f(X,Y)$,有以下两种情况.

(1) $(X,Y)$ 是二维离散型随机向量,其联合概率分布为
$$P(X = x_i, Y = y_j) = p_{ij}, i,j = 1,\ 2,\ \cdots,$$
若 $f(X,Y)$ 的数学期望存在,则
$$E(Z) = E\left[f(X,Y)\right] = \sum_i \sum_j f(x_i,y_j)p_{ij}.$$

(2) $(X,Y)$ 是二维连续型随机向量,其联合密度函数为 $p(x,y)$,若 $f(X,Y)$ 的数学期望存在,则
$$E(Z) = E\left[f(X,Y)\right] = \int_{-\infty}^{+\infty}\int_{-\infty}^{+\infty} f(x,y)p(x,y)\mathrm{d}x\mathrm{d}y.$$

**5. 常用分布的数学期望**

(1) 0-1 分布. 设随机变量 $X$ 服从参数为 $p$ 的 0-1 分布,则 $E(X) = p$.

(2) 二项分布. 设 $X \sim B(n,p)$,则 $E(X) = np$.

(3) 泊松分布. 设 $X \sim P(\lambda)$,则 $E(X) = \lambda$.

(4) 几何分布. 设 $X \sim G(p)$, 则 $E(X) = \dfrac{1}{p}$.

(5) 均匀分布. 设 $X \sim U[a, b]$, 则 $E(X) = \dfrac{a+b}{2}$.

(6) 指数分布. 设 $X \sim Exp(\lambda)$, 则 $E(X) = \dfrac{1}{\lambda}$.

(7) 正态分布. 设 $X \sim N(\mu, \sigma^2)$, 则 $E(X) = \mu$.

## (二) 方差

### 1. 方差的定义

设 $X$ 是一个随机变量, 若 $E\big[X - E(X)\big]^2$ 存在, 则称其为 $X$ 的**方差**, 记为 $D(X)$, 即

$$D(X) = E\big[X - E(X)\big]^2.$$

方差的计算方法如下.

(1) 按定义: $D(X) = \sum_k \big[x_k - E(X)\big]^2 p_k$ （$X$ 为离散型随机变量）；

$$D(X) = \int_{-\infty}^{+\infty} \big[x - E(X)\big]^2 p(x)\mathrm{d}x \quad (X\,为连续型随机变量).$$

(2) 简化公式: $D(X) = E(X^2) - \big[E(X)\big]^2$.

我们称随机变量 $Y = \dfrac{X - E(X)}{\sqrt{D(X)}}$ 为 $X$ 的**标准化随机变量**. 方差的平方根 $\sqrt{D(X)}$ 称为

**标准差**或**均方差**.

### 2. 方差的性质

(1) 设 $c$ 为常数, 则 $D(c) = 0$.

(2) 设 $X$ 是随机变量, $c$ 为常数, 则 $D(cX) = c^2 D(X)$.

(3) 设 $X$ 是随机变量, $b$ 为常数, 则 $D(X + b) = D(X)$.

(4) 若 $X, Y$ 相互独立, 则 $D(X \pm Y) = D(X) + D(Y)$.

**推广** 设 $X_1, \cdots, X_n$ 为 $n$ 个相互独立的随机变量, $c_1, \cdots, c_n$ 为 $n$ 个常数, 则

$$D\Big(\sum_{i=1}^{n} c_i X_i\Big) = \sum_{i=1}^{n} c_i^2 D(X_i).$$

(5) 方差 $D(X) = 0$ 的充分必要条件是 $X$ 取某个常数的概率为 1, 即 $P(X = c) = 1$, 其中 $c = E(X)$.

(6) 切比雪夫不等式: 设随机变量 $X$ 的数学期望 $E(X) = \mu$ 及方差 $D(X) = \sigma^2$ 存在, 则对任意的 $\varepsilon > 0$, 有

$$P\big(\,|X - \mu| \geqslant \varepsilon\,\big) \leqslant \frac{\sigma^2}{\varepsilon^2}.$$

### 3. 常用分布的方差

(1) 0-1 分布. 设随机变量 $X$ 服从参数为 $p$ 的 0-1 分布, 则 $D(X) = p(1 - p)$.

(2) 二项分布. 设 $X \sim B(n, p)$, 则 $D(X) = np(1 - p)$.

（3）泊松分布. 设 $X \sim P(\lambda)$，则 $D(X) = \lambda$.

（4）几何分布. 设 $X \sim G(p)$，则 $D(X) = \dfrac{1-p}{p^2}$.

（5）均匀分布. 设 $X \sim U[a, b]$，则 $D(X) = \dfrac{(b-a)^2}{12}$.

（6）指数分布. 设 $X \sim Exp(\lambda)$，则 $D(X) = \dfrac{1}{\lambda^2}$.

（7）正态分布. 设 $X \sim N(\mu, \sigma^2)$，则 $D(X) = \sigma^2$.

## （三）协方差和相关系数

### 1. 协方差

设 $(X, Y)$ 为二维随机向量，如果 $E\{[X - E(X)][Y - E(Y)]\}$ 存在，则称

$$\mathrm{Cov}(X, Y) = E\{[X - E(X)][Y - E(Y)]\}$$

为随机变量 $X$ 与 $Y$ 的**协方差**.

协方差也可按下列简化公式计算：

$$\mathrm{Cov}(X, Y) = E(XY) - E(X)E(Y).$$

协方差的性质如下.

（1）$\mathrm{Cov}(X, Y) = \mathrm{Cov}(Y, X)$.

（2）$\mathrm{Cov}(aX, bY) = ab\mathrm{Cov}(X, Y)$，其中 $a, b$ 为常数.

（3）$\mathrm{Cov}(X + Y, Z) = \mathrm{Cov}(X, Z) + \mathrm{Cov}(Y, Z)$.

（4）$\mathrm{Cov}(X, X) = D(X)$.

（5）$\mathrm{Cov}(X, c) = 0$，其中 $c$ 为常数.

（6）$D(X \pm Y) = D(X) + D(Y) \pm 2\mathrm{Cov}(X, Y)$.

$$D\left(\sum_{i=1}^{n} X_i\right) = \sum_{i=1}^{n} DX_i + 2\sum_{1 \leqslant i < j \leqslant n} \mathrm{Cov}(X_i, Y_j).$$

（7）若 $X$ 与 $Y$ 相互独立，则 $\mathrm{Cov}(X, Y) = 0$.

### 2. 相关系数

设 $(X, Y)$ 为二维随机向量，如果 $\mathrm{Cov}(X, Y)$ 存在，且 $D(X) > 0, D(Y) > 0$，则称

$$\rho_{XY} = \frac{\mathrm{Cov}(X, Y)}{\sqrt{D(X)} \cdot \sqrt{D(Y)}}$$

为随机变量 $X$ 与 $Y$ 的**相关系数**.

相关系数 $\rho_{XY}$ 是描述随机变量 $X$ 与 $Y$ 之间线性关系强弱的一个数字特征，具有以下性质.

（1）$\left|\rho_{XY}\right| \leqslant 1$.

（2）$\left|\rho_{XY}\right| = 1$ 的充分必要条件为存在常数 $a, b$，使得 $P(Y = aX + b) = 1$.

$|\rho_{XY}| = 1$ 当且仅当随机变量 $X$ 与 $Y$ 的取值 $(x, y)$ 在直线 $y = ax + b$ 上的概率为 $1$,此时称 $X$ 与 $Y$ **完全线性相关**. 当 $\rho_{XY} = 1$ 时,称 $X$ 与 $Y$ **完全正线性相关**;当 $\rho_{XY} = -1$ 时,称 $X$ 与 $Y$ **完全负线性相关**.

当 $\rho_{XY} > 0$ 时,称 $X$ 与 $Y$ **正线性相关**;当 $\rho_{XY} < 0$ 时,称 $X$ 与 $Y$ **负线性相关**.

若 $\rho_{XY} = 0$,则称 $X$ 与 $Y$ **不相关**. 若 $X$ 与 $Y$ 相互独立,则 $X$ 与 $Y$ 不相关,反之不真.

**3. 下列 5 个命题是等价的**

(1) $\rho_{XY} = 0$; (2) $\mathrm{Cov}(X, Y) = 0$; (3) $E(XY) - E(X)E(Y) = 0$;

(4) $D(X + Y) = D(X) + D(Y)$; (5) $D(X - Y) = D(X) + D(Y)$.

**4. 二维正态分布的性质**

(1) 设 $(X, Y) \sim N(\mu_1, \mu_2, \sigma_1^2, \sigma_2^2, \rho)$,则 $\rho_{XY} = \rho$.

(2) 若 $(X, Y) \sim N(\mu_1, \mu_2, \sigma_1^2, \sigma_2^2, \rho)$,则 $X$ 与 $Y$ 相互独立的充分必要条件是 $X$ 与 $Y$ 不相关.

## (四) 其他数字特征

**1. $k$ 阶矩**

设 $X, Y$ 为随机变量,$k, l$ 是正整数,如果以下数学期望都存在,则称 $\alpha_k = E(X^k)$ 为 $X$ 的 $k$ **阶原点矩**;称 $\mu_k = E[X - E(X)]^k$ 为 $X$ 的 $k$ **阶中心矩**;称 $\alpha_{kl} = E(X^k Y^l)$ 为 $X$ 和 $Y$ 的 $k + l$ **阶混合原点矩**;称 $\mu_{kl} = E\{[X - E(X)]^k [Y - E(Y)]^l\}$ 为 $X$ 和 $Y$ 的 $k + l$ **阶混合中心矩**.

数学期望 $E(X)$ 是一阶原点矩,方差 $D(X)$ 是二阶中心矩,协方差 $\mathrm{Cov}(X, Y)$ 是 $X$ 和 $Y$ 的二阶混合中心矩. 一阶中心矩 $\mu_1$ 恒等于 $0$,且不难证明,原点矩与中心矩之间有如下关系:

$$\mu_2 = \alpha_2 - \alpha_1^2,$$
$$\mu_3 = \alpha_3 - 3\alpha_2\alpha_1 + 2\alpha_1^3,$$
$$\mu_4 = \alpha_4 - 4\alpha_3\alpha_1 + 6\alpha_2\alpha_1^2 - 3\alpha_1^4.$$

**2. 偏度系数与峰度系数**

**偏度系数**是衡量随机变量 $X$ 分布的偏斜程度的数字特征,简称为偏度,记为 $\beta_1$,其计算公式为

$$\beta_1 = \frac{E[X - E(X)]^3}{\{E[X - E(X)]^2\}^{\frac{3}{2}}} = \frac{\mu_3}{(\mu_2)^{\frac{3}{2}}}.$$

**峰度系数**是衡量随机变量 $X$ 分布的陡峭程度(厚尾程度)的数字特征,简称为峰度,记为 $\beta_2$,其计算公式为

$$\beta_2 = \frac{E[X - E(X)]^4}{\{E[X - E(X)]^2\}^2} - 3 = \frac{\mu_4}{(\mu_2)^2} - 3.$$

**3. 分位数与中位数**

设连续型随机变量 $X$ 的分布函数为 $F(x)$,对给定的 $\alpha(0 < \alpha < 1)$,若存在 $x_\alpha$,使 $P(X > x_\alpha) = \alpha$,则称 $x_\alpha$ 为此分布的**上侧 $\alpha$ 分位数**. 特别地,当 $\alpha = 0.5$ 时,称 $x_{0.5}$ 为中位数.

若存在 $x_\alpha$，使 $P(X \leqslant x_\alpha) = \alpha$，则称 $x_\alpha$ 为此分布的 $\alpha$ **分位数**或**下侧 $\alpha$ 分位数**；若存在 $\lambda_1, \lambda_2$，使 $P(X \leqslant \lambda_1) = P(X \geqslant \lambda_2) = \dfrac{\alpha}{2}$，则称 $\lambda_1, \lambda_2$ 为此分布的**双侧 $\alpha$ 分位数**．

## 三、典型例题解析

**【例 1】**　有 3 个球，4 个盒子，盒子的编号为 1,2,3,4．将球逐个独立、随机地放入 4 个盒子中．设 $X$ 为其中至少有一个球的盒子的最小号码（例如，$X = 3$ 表示 1 号、2 号两个盒子是空的，3 号盒子至少有一个球），求 $E(X)$．

**解**　$X$ 的概率分布为

$$P(X = 1) = 1 - \left(\frac{3}{4}\right)^3 = \frac{37}{64}, P(X = 2) = \frac{3^3 - 2^3}{4^3} = \frac{19}{64},$$

$$P(X = 3) = \frac{2^3 - 1}{4^3} = \frac{7}{64}, P(X = 4) = \frac{1}{4^3} = \frac{1}{64},$$

$$E(X) = 1 \times \frac{37}{64} + 2 \times \frac{19}{64} + 3 \times \frac{7}{64} + 4 \times \frac{1}{64} = \frac{25}{16}.$$

**【例 2】**　游客乘电梯从底层到电视塔顶层观光，电梯于每个整点的第 5min、25min 和 55min 从底层起行．假设一游客在早上 8 点的第 $X$min 到达底层候梯处，且 $X$ 在 $[0,60]$ 上服从均匀分布，求该游客等候时间的数学期望．

**解**　设候梯时间为 $T$，则

$$T = g(X) = \begin{cases} 5 - X, & 0 < X \leqslant 5 \\ 25 - X, & 5 < X \leqslant 25 \\ 55 - X, & 25 < X \leqslant 55 \\ 60 - X + 5, & 55 < X \leqslant 60 \end{cases}.$$

$$E(T) = E[g(X)] = \int_{-\infty}^{+\infty} g(x)p(x)\mathrm{d}x = \int_0^{60} g(x) \cdot \frac{1}{60}\mathrm{d}x$$

$$= \frac{1}{60}\left[\int_0^5 (5-x)\mathrm{d}x + \int_5^{25}(25-x)\mathrm{d}x + \int_{25}^{55}(55-x)\mathrm{d}x + \int_{55}^{60}(65-x)\mathrm{d}x\right]$$

$$= \frac{1}{60}(12.5 + 200 + 450 + 37.5) \approx 11.67.$$

**【例 3】**　设某种产品每周的需求量 $X$ 等可能地取 $1, 2, \cdots, 5$，生产每件产品的成本是 3 元，每件产品售价为 9 元，没有售出的产品以 1 元的费用存入仓库，问：生产者每周生产多少件产品才能使所获利润的期望最大？

**解**　设每周生产量为 $n$，显然 $1 \leqslant n \leqslant 5$．每周利润为

$$Y = f(X) = \begin{cases} 9X - 3n - (n - X) \cdot 1, & X \leqslant n \\ 9n - 3n, & X > n \end{cases} = \begin{cases} 10X - 4n, X \leqslant n \\ 6n, & X > n \end{cases}.$$

利润的期望值为

例 3

$$E(Y) = E[f(X)] = \sum_{k=1}^{5} f(k) P(X = k)$$

$$= \sum_{k=1}^{5} f(k) \cdot \frac{1}{5} = \sum_{k=1}^{n} (10k - 4n) \cdot \frac{1}{5} + \sum_{k=n+1}^{5} 6n \cdot \frac{1}{5}$$

$$= \frac{1}{5} \left[ 10 \cdot \frac{n(n+1)}{2} - 4n \cdot n \right] + \frac{6n}{5} \cdot (5 - n)$$

$$= 7n - n^2 = -\left( n - \frac{7}{2} \right)^2 + \frac{49}{4}.$$

显然当 $n = \dfrac{7}{2}$ 时,期望利润达到最大. 但由于需求量和生产量的单位是件,故应取正整数,注意到当 $n = 3$ 时,$E(Y) = 12$,当 $n = 4$ 时,$E(Y) = 12$,故取 $n = 3$ 或 $n = 4$,即生产 3 件或 4 件产品时,期望利润达到最大,为 12 元.

**【例 4】** 有两台同样的自动记录仪,每台无故障工作的时间 $T_i(i = 1, 2)$ 均服从参数为 5 的指数分布. 首先启动其中一台,当其发生故障时停止工作而另一台自动开启. 试求两台自动记录仪无故障工作的总时间 $T = T_1 + T_2$ 的密度函数 $p_T(t)$、数学期望 $E(T)$ 及方差 $D(T)$.

**解** 由题意知 $T_i$ 的密度函数为

$$p_i(t) = \begin{cases} 5e^{-5t}, & t \geq 0 \\ 0, & t < 0 \end{cases}, i = 1, 2.$$

显然 $T_1, T_2$ 相互独立,所以 $p_T(t) = p_1(t) p_2(t)$. 当 $t<0$ 时,$p_T(t) = 0$;当 $t \geq 0$ 时,利用卷积公式得

$$p_T(t) = \int_{-\infty}^{+\infty} p_1(x) p_2(t - x) \mathrm{d}x = \int_0^t 5e^{-5x} \cdot 5e^{-5(t-x)} \mathrm{d}x = 25te^{-5t}.$$

故得

$$p_T(t) = \begin{cases} 25te^{-5t}, & t \geq 0 \\ 0, & t < 0 \end{cases}.$$

由于 $T_i \sim Exp(5)$,故可知 $E(T_i) = \dfrac{1}{5}, D(T_i) = \dfrac{1}{25}$. 因此,有 $E(T) = E(T_1 + T_2) = \dfrac{2}{5}$. 又因为 $T_1, T_2$ 独立,所以 $D(T) = D(T_1 + T_2) = \dfrac{2}{25}$.

**【例 5】**(考研真题 2002 年数学四) 设随机向量 $(X, Y)$ 的联合概率分布为

| X \ Y | −1 | 0 | 1 |
|---|---|---|---|
| 0 | 0.07 | 0.18 | 0.15 |
| 1 | 0.08 | 0.32 | 0.20 |

求 $X^2$ 和 $Y^2$ 的协方差 $\mathrm{Cov}(X^2, Y^2)$.

**解** 由题设得,

$P(X^2 = 0, Y^2 = 0) = P(X = 0, Y = 0) = 0.18, P(X^2 = 0, Y^2 = 1) = 0.07 + 0.15 = 0.22,$

$P(X^2 = 1, Y^2 = 0) = 0.32, P(X^2 = 1, Y^2 = 1) = 0.08 + 0.20 = 0.28,$

$P(X^2 = 0) = 0.07 + 0.18 + 0.15 = 0.4, P(X^2 = 1) = 0.08 + 0.32 + 0.20 = 0.6,$

$P(Y^2 = 0) = 0.18 + 0.32 = 0.5, P(Y^2 = 1) = 0.07 + 0.15 + 0.08 + 0.20 = 0.5.$

故 $(X^2, Y^2)$ 的联合概率分布为

| $X^2$ \\ $Y^2$ | 0 | 1 |
|---|---|---|
| 0 | 0.18 | 0.22 |
| 1 | 0.32 | 0.28 |

$$E(X^2) = 0.6, E(Y^2) = 0.5, E(X^2Y^2) = 0.28,$$

$$\text{Cov}(X^2, Y^2) = E(X^2Y^2) - E(X^2)E(Y^2) = 0.28 - 0.6 \times 0.5 = -0.02.$$

**【例 6】** 设 $\xi, \eta$ 是相互独立且服从同一分布的两个随机变量,已知 $\xi$ 的概率分布为 $P(\xi = i) = \dfrac{1}{3}, i = 1, 2, 3.$ 又设 $X = \max(\xi, \eta), Y = \min(\xi, \eta).$ 求:

(1) 二维随机向量 $(X, Y)$ 的概率分布;(2) 随机变量 $X$ 的数学期望 $E(X)$;

(3) $X$ 与 $Y$ 的相关系数 $\rho_{XY}$.

**解** (1) 显然 $X$ 与 $Y$ 的可能取值均为 $1, 2, 3$,且 $Y$ 的取值不可能超过 $X$ 的取值,故:

当 $i < j$ 时,$P(X = i, Y = j) = 0$;

当 $i = j$ 时,$P(X = i, Y = j) = P(\xi = i, \eta = j) = P(\xi = i)P(\eta = j) = \dfrac{1}{3} \times \dfrac{1}{3} = \dfrac{1}{9}$;

当 $i > j$ 时,$P(X = i, Y = j) = P(\xi = i, \eta = j) + P(\xi = j, \eta = i) = \dfrac{1}{3} \times \dfrac{1}{3} + \dfrac{1}{3} \times \dfrac{1}{3} = \dfrac{2}{9}$.

于是,$X$ 与 $Y$ 的联合概率分布与边际概率分布为

| $X$ \\ $Y$ | 1 | 2 | 3 | $P(X = i)$ |
|---|---|---|---|---|
| 1 | $\dfrac{1}{9}$ | 0 | 0 | $\dfrac{1}{9}$ |
| 2 | $\dfrac{2}{9}$ | $\dfrac{1}{9}$ | 0 | $\dfrac{3}{9}$ |
| 3 | $\dfrac{2}{9}$ | $\dfrac{2}{9}$ | $\dfrac{1}{9}$ | $\dfrac{5}{9}$ |
| $P(Y = j)$ | $\dfrac{5}{9}$ | $\dfrac{3}{9}$ | $\dfrac{1}{9}$ | 1 |

(2) $E(X) = 1 \times \dfrac{1}{9} + 2 \times \dfrac{3}{9} + 3 \times \dfrac{5}{9} = \dfrac{22}{9}$.

(3) 由于 $E(X) = \dfrac{22}{9}, E(Y) = 1 \times \dfrac{5}{9} + 2 \times \dfrac{3}{9} + 3 \times \dfrac{1}{9} = \dfrac{14}{9}$,

$E(X^2) = 1^2 \times \dfrac{1}{9} + 2^2 \times \dfrac{3}{9} + 3^2 \times \dfrac{5}{9} = \dfrac{58}{9}$, $E(Y^2) = 1^2 \times \dfrac{5}{9} + 2^2 \times \dfrac{3}{9} + 3^2 \times \dfrac{1}{9} = \dfrac{26}{9}$,

从而

$$D(X) = E(X^2) - [E(X)]^2 = \dfrac{58}{9} - \left(\dfrac{22}{9}\right)^2 = \dfrac{38}{81}, D(Y) = E(Y^2) - [E(Y)]^2 = \dfrac{26}{9} - \left(\dfrac{14}{9}\right)^2 = \dfrac{38}{81}.$$

又

$$E(XY) = \sum_i \sum_j x_i y_j p_{ij}$$

$$= 1 \times 1 \times \frac{1}{9} + 2 \times 1 \times \frac{2}{9} + 2 \times 2 \times \frac{1}{9} + 3 \times 1 \times \frac{2}{9} + 3 \times 2 \times \frac{2}{9} + 3 \times 3 \times \frac{1}{9} = 4.$$

故 $\mathrm{Cov}(X,Y) = E(XY) - E(X)E(Y) = 4 - \dfrac{22}{9} \times \dfrac{14}{9} = \dfrac{16}{81}$. 于是

$$\rho_{XY} = \frac{\mathrm{Cov}(X,Y)}{\sqrt{D(X)} \cdot \sqrt{D(Y)}} = \frac{\dfrac{16}{81}}{\dfrac{38}{81}} = \frac{8}{19}.$$

**【例 7】** 设二维随机向量 $(X,Y)$ 的密度函数为

$$p(x,y) = \frac{1}{2}\big[\varphi_1(x,y) + \varphi_2(x,y)\big],$$

其中 $\varphi_1(x,y)$ 和 $\varphi_2(x,y)$ 都是二维正态密度函数,且它们对应的二维随机向量的相关系数分别为 $\dfrac{1}{3}$ 和 $-\dfrac{1}{3}$,它们的边际密度函数对应的随机变量的数学期望均为 0,方差均为 1.

(1) 求随机变量 $X$ 和 $Y$ 的密度函数 $p_1(x)$ 和 $p_2(y)$,及 $X$ 和 $Y$ 的相关系数 $\rho$(可以直接利用二维正态密度函数的性质).

(2) $X$ 和 $Y$ 是否独立?为什么?

**解** (1) 由于二维正态密度函数的两个边际密度函数都是正态密度函数,因此 $\varphi_1(x,y)$ 和 $\varphi_2(x,y)$ 的两个边际密度函数为标准正态密度函数. 故

$$p_1(x) = \int_{-\infty}^{+\infty} p(x,y)\,\mathrm{d}y = \frac{1}{2}\left[\int_{-\infty}^{+\infty}\varphi_1(x,y)\,\mathrm{d}y + \int_{-\infty}^{+\infty}\varphi_2(x,y)\,\mathrm{d}y\right]$$

$$= \frac{1}{2}\left(\frac{1}{\sqrt{2\pi}}\mathrm{e}^{-\frac{x^2}{2}} + \frac{1}{\sqrt{2\pi}}\mathrm{e}^{-\frac{x^2}{2}}\right) = \frac{1}{\sqrt{2\pi}}\mathrm{e}^{-\frac{x^2}{2}},$$

同理,$p_2(y) = \dfrac{1}{\sqrt{2\pi}}\mathrm{e}^{-\frac{y^2}{2}}$.

由于 $X \sim N(0,1)$,$Y \sim N(0,1)$,可知 $E(X) = E(Y) = 0$,$D(X) = D(Y) = 1$,故 $X$ 与 $Y$ 的相关系数为

$$\rho = \frac{\mathrm{Cov}(X,Y)}{\sqrt{D(X)} \cdot \sqrt{D(Y)}} = E(XY) = \int_{-\infty}^{+\infty}\int_{-\infty}^{+\infty} xy\,p(x,y)\,\mathrm{d}x\mathrm{d}y$$

$$= \frac{1}{2}\left[\int_{-\infty}^{+\infty}\int_{-\infty}^{+\infty} xy\varphi_1(x,y)\,\mathrm{d}x\mathrm{d}y + \int_{-\infty}^{+\infty}\int_{-\infty}^{+\infty} xy\varphi_2(x,y)\,\mathrm{d}x\mathrm{d}y\right] = \frac{1}{2}\left(\frac{1}{3} - \frac{1}{3}\right) = 0.$$

(2) 由题设得

$$p(x,y) = \frac{1}{2}\big[\varphi_1(x,y) + \varphi_2(x,y)\big]$$

$$= \frac{3}{8\pi\sqrt{2}}\left[\mathrm{e}^{-\frac{9}{16}\left(x^2 - \frac{2}{3}xy + y^2\right)} + \mathrm{e}^{-\frac{9}{16}\left(x^2 + \frac{2}{3}xy + y^2\right)}\right],$$

而 $p_1(x)p_2(y) = \dfrac{1}{2\pi}\mathrm{e}^{-\frac{x^2+y^2}{2}}$，$p(x,y) \neq p_1(x)p_2(y)$，所以 $X$ 与 $Y$ 不独立.

**【例 8】** 设随机变量 $\xi$ 在区间 $(a,b)$ 上服从均匀分布，试求 $\xi$ 的 $k$ 阶原点矩和三阶中心矩.

**解** 根据定义有

$$E(\xi^k) = \int_a^b x^k \frac{1}{b-a}\,\mathrm{d}x = \frac{1}{b-a} \cdot \frac{1}{k+1} \cdot (b^{k+1}-a^{k+1}) = \frac{1}{k+1}(b^k+b^{k-1}a+\cdots+ba^{k-1}+a^k).$$

又因为 $E(\xi) = \dfrac{a+b}{2}$，所以

$$E\left[\xi-E(\xi)\right]^3 = \int_a^b\left(x-\frac{a+b}{2}\right)^3 \cdot \frac{1}{b-a}\,\mathrm{d}x \stackrel{t=x-\frac{a+b}{2}}{=} \frac{1}{b-a}\int_{-\frac{b-a}{2}}^{\frac{b-a}{2}}t^3\,\mathrm{d}t = 0.$$

# 四、自测练习试卷

## 试卷 1

**(一) 填空题(共 7 题，每题 3 分，共 21 分)**

1. 若随机变量 $X_i(i=1,2,3)$ 相互独立，且服从相同的 0-1 分布，记 $X = X_1+X_2+X_3$，

| $X_i$ | 0 | 1 |
|-------|-----|-----|
| $P$ | 0.7 | 0.3 |

则 $E(X)=$ _____，$D(X)=$ _____.

2. 已知 $\xi \sim B(n,p)$，且 $E(\xi)=1.2, D(\xi)=0.72$，则 $n=$ _____，$p=$ _____.

3. 设随机变量 $X$ 的密度函数为 $p(x) = \begin{cases} ax+b, & 0<x<1 \\ 0, & \text{其他} \end{cases}$，且 $E(X) = \dfrac{1}{3}$，则 $a=$ _____，

$b=$ _____.

4. 设随机变量 $X \sim U[-1,2]$，随机变量 $Y = \begin{cases} 1, & X>0 \\ 0, & X=0 \\ -1, & X<0 \end{cases}$，则方差 $D(Y) =$ _____.

5. 设随机变量 $X$ 的密度函数为 $p(x) = \begin{cases} \mathrm{e}^{-x}, & x>0 \\ 0, & x\leqslant 0 \end{cases}$，则 $E(X^2+\mathrm{e}^{-2X}) =$ _____.

6. 设 $E(X)=1, E(Y)=2, D(X)=D(Y)=2$，且 $X$ 和 $Y$ 相互独立，则 $E[(X+Y)^2] =$ _____.

7. 设随机变量 $X$ 和 $Y$ 的联合概率分布为

| X \ Y | 0 | 1 |
|-------|-----|-----|
| 0 | $1-p$ | 0 |
| 1 | 0 | $p$ |

其中 $0<p<1$，则 $X$ 和 $Y$ 的相关系数 $\rho_{XY} =$ _____.

**(二) 选择题(共 6 题，每题 3 分，共 18 分)**

1. 设离散型随机变量 $X$ 的所有可能取值为 $1,2,3$，且 $E(X)=2.3, D(X)=0.61$，则 $X$ 取

这三个值对应的概率为(　　).

A. $p_1 = 0.1$,　$p_2 = 0.2$,　$p_3 = 0.7$　　　　B. $p_1 = 0.2$,　$p_2 = 0.3$,　$p_3 = 0.5$

C. $p_1 = 0.3$,　$p_2 = 0.5$,　$p_3 = 0.2$　　　　D. $p_1 = 0.2$,　$p_2 = 0.5$,　$p_3 = 0.3$

2. 罐中有 6 个红球、4 个白球,任意摸出一球,记住颜色后再放入罐中,一共进行 4 次. 设 $X$ 为红球出现的次数,则 $E(X)$=(　　).

A. $\dfrac{16}{10}$　　　　B. $\dfrac{4}{10}$　　　　C. $\dfrac{24}{10}$　　　　D. $\dfrac{4^2 \times 6}{10}$

3. 已知 $E(X) = -1$,$D(X) = 3$,则 $E[3(X^2 - 2)]$=(　　).

A. 9　　　　B. 6　　　　C. 30　　　　D. 36

4. 设 $(X, Y)$ 的联合概率分布为

| $X$ \ $Y$ | 0 | 1 | 2 |
|---|---|---|---|
| 0 | 0.1 | 0.05 | 0.25 |
| 1 | 0 | 0.1 | 0.2 |
| 2 | 0.2 | 0.1 | 0 |

则(　　).

A. $X$ 与 $Y$ 不独立　　B. $X$ 与 $Y$ 独立　　C. $X$ 与 $Y$ 不相关　　D. $X$ 与 $Y$ 独立且相关

5. 随机变量 $X$ 和 $Y$ 独立同分布,记 $U = X - Y$,$V = X + Y$,则必然有随机变量 $U$ 与 $V$ (　　).

A. 相关系数为 0　　　　　　　　B. 相关系数不为 0

C. 独立　　　　　　　　　　　　D. 不独立

6. 设有两个随机变量 $X$ 和 $Y$,若 $E(XY) = E(X)E(Y)$,则(　　).

A. $X, Y$ 相互独立　　　　　　　B. $X, Y$ 不独立

C. $D(X + Y) = D(X) + D(Y)$　　D. $D(XY) = D(X)D(Y)$

(三) 分析判断题(共 1 题,共 4 分)

1. $D(X \pm Y) = D(X) + D(Y)$ 成立的充分必要条件为 $X$ 与 $Y$ 相互独立.

(四) 简答题(共 1 题,共 5 分)

1. 叙述相关系数的定义,并且说明其含义.

(五) 计算题(共 5 题,第 1、4 题每题 10 分,第 2、5 题每题 12 分,第 3 题 8 分,共 52 分)

1. 某箱中装有 100 件产品,其中一等品、二等品和三等品分别为 80 件、10 件和 10 件,现从中随机地抽取 1 件,记 $X_i = \begin{cases} 1, & 抽到 i 等品 \\ 0, & 其他 \end{cases}$,　$i = 1, 2, 3$. 试求:

(1) $X_1$ 与 $X_2$ 的联合概率分布;(2) $X_1$ 与 $X_2$ 的相关系数.

2. 设随机变量 $X$ 的分布函数为

$$F(x) = \begin{cases} 0, & x < 0 \\ kx + b, & 0 \leqslant x < \pi \\ 1, & x \geqslant \pi \end{cases}$$

(1) 试确定常数 $k, b$ 的值;(2) 求 $E(X)$,$D(X)$;(3) 若 $Y = \sin X$,求 $E(Y)$.

3. 一商店销售某种商品,每售出 1kg 可获利 $a$ 元,如果未售完,则余下商品每千克净亏损 $\frac{2}{3}a$ 元. 假设该种商品的需求量 $X$ 服从区间 $[0,100]$ 上的均匀分布. 为使商店获得最大的期望利润,商店应储备该商品多少千克?

4. 设随机变量 $U$ 在区间 $[-2,2]$ 上服从均匀分布,随机变量

$$X = \begin{cases} -1, & U \leqslant -1 \\ 1, & U > -1 \end{cases}, \qquad Y = \begin{cases} -1, & U \leqslant 1 \\ 1, & U > 1 \end{cases},$$

试求:$(1)$ $(X,Y)$ 的联合概率分布;$(2)$ $D(X+Y)$.

5. 设随机变量 $X$ 的密度函数为 $p(x) = \frac{1}{2}\mathrm{e}^{-|x|}$, $-\infty < x < +\infty$.

$(1)$ 求 $E(X)$ 和 $D(X)$.

$(2)$ 求 $\mathrm{Cov}(X,|X|)$,并判断 $X$ 与 $|X|$ 是否不相关.

$(3)$ 问:$X$ 与 $|X|$ 是否相互独立? 为什么?

## 试卷 2

(一) 填空题(共 7 题,每题 3 分,共 21 分)

1. 设随机变量 $X$ 的概率分布为

| $X$ | 0 | 1 | 2 |
|---|---|---|---|
| $P$ | $1 - \dfrac{2p}{3}$ | $\dfrac{p}{3}$ | $\dfrac{p}{3}$ |

其中 $0 < p < 1$,则当 $p = $ _____时,$D(X)$ 达到最大,且此时 $D(X) = $ _____.

2. 设 $X_1, X_2, X_3$ 独立同分布,且 $X_1 \sim P(\lambda)$,则 $X = \sum_{i=1}^{3} X_i$ 服从_____分布,且 $E(X) = $ _____,$D(X) = $ _____.

3. 设随机变量 $X \sim P(\lambda)$,且已知 $E[(X-1)(X-2)] = 1$,则 $\lambda = $ _____.

4. 已知随机变量 $\xi$ 的密度函数为 $p(x) = \frac{1}{\sqrt{\pi}}\mathrm{e}^{-x^2+2x-1}$,则 $E(\xi) = $ _____,$E(\xi^2) = $ _____.

5. 设随机变量 $X$ 和 $Y$ 同分布,它们的密度函数为 $p(x) = \begin{cases} 2x\theta^2, & 0 < x < \dfrac{1}{\theta} \\ 0, & \text{其他} \end{cases}$,若 $E(cX + 2Y) = \dfrac{1}{\theta}$,则 $c = $ _____.

6. 设 $E(X) = 1, E(Y) = 2, D(X) = 1, D(Y) = 4, \rho_{XY} = 0.6$,则 $E[(2X - Y + 1)^2] = $ _____.

7. 设 $(X,Y) \sim N(1, -2, 2, 3, \rho)$,当 $\rho = $ _____时,$X$ 和 $Y$ 不相关,此时 $X + Y$ 服从_____,$D(X - Y) = $ _____.

(二) 选择题(共 6 题,每题 3 分,共 18 分)

1. 设 $X$ 是一个随机变量,$E(X) = \mu, D(X) = \sigma^2 (\mu, \sigma$ 为常数且 $\sigma > 0)$,则对任意常数 $c$,必有(　　).

A. $E[(X-c)^2] = E(X^2) - c^2$ 　　　　 B. $E[(X-c)^2] = E[(X-\mu)^2]$

C. $E[(X-c)^2] < E[(X-\mu)^2]$ \qquad D. $E[(X-c)^2] \geqslant E[(X-\mu)^2]$

2. 设随机变量 $X$ 的密度函数为 $p(x) = \dfrac{1}{2\sqrt{\pi}} e^{-\frac{(x+3)^2}{4}}$, $-\infty < x < +\infty$, 若 $Y{\sim}N(0,1)$, 则 $Y = (\qquad)$.

A. $\dfrac{X+3}{2}$ \qquad B. $\dfrac{X+3}{\sqrt{2}}$ \qquad C. $\dfrac{X-3}{2}$ \qquad D. $\dfrac{X-3}{\sqrt{2}}$

3. 设随机变量 $X$ 和 $Y$ 相互独立, 均服从正态分布 $N(1,4)$, 且 $P(aX - bY \leqslant 1) = \dfrac{1}{2}$, 则 ($\qquad$).

A. $a = 2, b = 1$ \qquad B. $a = 1, b = 2$ \qquad C. $a = -2, b = 1$ \qquad D. $a = 1, b = -2$

4. 设 $X$ 的密度函数为 $p(x) = \begin{cases} 2x, & 0 < x < 1 \\ 0, & 其他 \end{cases}$, 则 $P\left(\left|X - E(X)\right| \geqslant 2\sqrt{D(X)}\right) = (\qquad)$.

A. $\dfrac{9 - 8\sqrt{2}}{9}$ \qquad B. $\dfrac{6 + 4\sqrt{2}}{9}$ \qquad C. $\dfrac{6 - 4\sqrt{2}}{9}$ \qquad D. $\dfrac{9 + 8\sqrt{2}}{9}$

5. 如果存在常数 $a, b(a \neq 0)$, 使 $Y = aX + b$, 且 $D(X) > 0$, 则 $\rho_{XY} = (\qquad)$.

A. $1$ \qquad B. $-1$ \qquad C. $\left|\rho_{XY}\right| < 1$ \qquad D. $\dfrac{a}{|a|}$

6. 如果随机变量 $X$ 和 $Y$ 满足 $D(X+Y) = D(X-Y)$, 则下列结论正确的是($\qquad$).

A. $D(Y) = 0$ \qquad\qquad\qquad B. $D(X) \cdot D(Y) = 0$

C. $X, Y$ 相互独立 \qquad\qquad\qquad D. $X, Y$ 不相关

(三) 分析判断题(共 1 题, 共 4 分)

1. 设 $X$ 的概率分布为 $P\left[X = (-1)^k \dfrac{2^k}{k}\right] = \dfrac{1}{2^k}$, $k = 1, 2, \cdots$, 因为

$$\sum_{k=1}^{\infty} x_k p_k = \sum_{k=1}^{\infty} (-1)^k \dfrac{2^k}{k} \cdot \dfrac{1}{2^k} = \sum_{k=1}^{\infty} (-1)^k \dfrac{1}{k} \text{ 收敛, 所以 } X \text{ 的数学期望 } E(X) \text{ 存在.}$$

(四) 简答题(共 1 题, 共 5 分)

1. 叙述两个随机变量相互独立和不相关的关系.

(五) 计算题(共 5 题, 第 1 题 8 分, 第 2~4 题每题 10 分, 第 5 题 14 分, 共 52 分)

1. 从一个装有 $m$ 个白球和 $n$ 个黑球的袋子中取球, 直到出现白球时为止, 如果每次取出的球仍放回袋中, 求取出的黑球数的数学期望和方差.

2. 设随机向量 $(X, Y)$ 服从 $G = \left\{(x, y) | y \geqslant 0, x^2 + y^2 \leqslant 1\right\}$ 上的均匀分布. 定义随机变量

$$U = \begin{cases} 0, & X < 0 \\ 1, & 0 \leqslant X < Y, \\ 2, & X \geqslant Y \end{cases} \quad V = \begin{cases} 0, & X \geqslant \sqrt{3}\,Y \\ 1, & X < \sqrt{3}\,Y \end{cases}.$$

求: (1) $(U, V)$ 的联合概率分布; (2) $P(UV = 0)$; (3) $\rho_{UV}$.

3. 假设由自动线加工的某种零件的内径 $X$(单位: mm)服从正态分布 $N(\mu, 1)$, 内径小于 10 或大于 12 的为不合格品, 其余为合格品. 销售每件合格品获利, 销售每件不合格品亏损. 已知销售利润 $T$(单位: 元)与销售零件的内径 $X$ 有如下关系:

$$T = \begin{cases} -1\,, & X < 10 \\ 20, & 10 \leqslant X \leqslant 12 \\ -5\,, & X > 12 \end{cases}.$$

问：平均内径 $\mu$ 取何值时，销售一个零件的平均利润最大？

4. 设随机变量 $X, Y$ 相互独立，且都服从 $N\left(0, \dfrac{1}{2}\right)$，求随机变量 $|X - Y|$ 的方差.

5. 设随机变量 $X, Y$ 独立同分布，且

| $X$ | 0 | 1 |
|-----|-----|-----|
| $P$ | $1 - p$ | $p$ |

其中 $0 < p < 1$. 令 $Z = \begin{cases} 1, & X + Y\text{为非奇数} \\ 0, & X + Y\text{为奇数} \end{cases}.$

（1）求 $Z$ 的概率分布；（2）求 $(X, Z)$ 的联合概率分布；

（3）求 $\mathrm{Cov}(X, Z)$；（4）$p$ 取何值时，$X, Z$ 相互独立.

# 五、习题、总复习题及详解

## 习题 4-1　数学期望

1. 按规定，某车站每天 8:00～9:00, 9:00～10:00 都恰有一辆客车到站，但到站的时间是随机的，且两者到站的时间相互独立. 其规律为

| 到站时间 | 8:10<br>9:10 | 8:30<br>9:30 | 8:50<br>9:50 |
|----------|-----|-----|-----|
| 概率 | $\dfrac{1}{6}$ | $\dfrac{3}{6}$ | $\dfrac{2}{6}$ |

（1）一旅客 8:00 到站，求他候车时间的数学期望；

（2）一旅客 8:20 到站，求他候车时间的数学期望.

**解**　设旅客的候车时间为 $X$（单位：min）.

（1）$X$ 的概率分布为

| $X$ | 10 | 30 | 50 |
|-----|-----|-----|-----|
| $P$ | $\dfrac{1}{6}$ | $\dfrac{3}{6}$ | $\dfrac{2}{6}$ |

于是候车时间的数学期望为

$$E(X) = 10 \times \frac{1}{6} + 30 \times \frac{3}{6} + 50 \times \frac{2}{6} \approx 33.33 (\mathrm{min}).$$

（2）$X$ 的概率分布为

| $X$ | 10 | 30 | 50 | 70 | 90 |
|-----|-----|-----|-----|-----|-----|
| $P$ | $\dfrac{3}{6}$ | $\dfrac{2}{6}$ | $\dfrac{1}{6} \times \dfrac{1}{6}$ | $\dfrac{3}{6} \times \dfrac{1}{6}$ | $\dfrac{2}{6} \times \dfrac{1}{6}$ |

其中

$$P(X = 50) = P(AB) = P(A)P(B) = \frac{1}{6} \times \frac{1}{6},$$

事件 $A$ 为"第一班车在 8:10 到站"，事件 $B$ 为"第二班车在 9:10 到站". 于是候车时间的数学期望为

$$E(X) = 10 \times \frac{3}{6} + 30 \times \frac{2}{6} + 50 \times \frac{1}{36} + 70 \times \frac{3}{36} + 90 \times \frac{2}{36} \approx 27.22(\text{min}).$$

2．设随机变量 $X$ 分别具有下列密度函数，求其数学期望．

（1）$p(x) = \dfrac{1}{2}\mathrm{e}^{-|x|}$；

（2）$p(x) = \begin{cases} 1 - |x|, & |x| \leqslant 1 \\ 0, & |x| > 1 \end{cases}$；

（3）$p(x) = \begin{cases} \dfrac{15}{16}x^2(x-2)^2, & 0 \leqslant x \leqslant 2 \\ 0, & \text{其他} \end{cases}$；

（4）$p(x) = \begin{cases} x, & 0 \leqslant x < 1 \\ 2-x, & 1 \leqslant x \leqslant 2. \\ 0, & \text{其他} \end{cases}$

**解** 根据数学期望的定义得，

（1）$E(X) = \displaystyle\int_{-\infty}^{+\infty} x \cdot \frac{1}{2}\mathrm{e}^{-|x|}\mathrm{d}x = 0$（因为被积函数为奇函数）；

（2）$E(X) = \displaystyle\int_{-1}^{1} x(1-|x|)\mathrm{d}x = 0$（因为被积函数为奇函数）；

（3）$E(X) = \displaystyle\int_{0}^{2} \frac{15}{16}x^3(x-2)^2\mathrm{d}x = \frac{15}{16}\int_{0}^{2}(x^5 - 4x^4 + 4x^3)\mathrm{d}x$

$\qquad = \dfrac{15}{16}\left(\dfrac{x^6}{6} - \dfrac{4}{5}x^5 + x^4\right)\Bigg|_{0}^{2} = \dfrac{15}{16} \times \dfrac{16}{15} = 1$；

（4）$E(X) = \displaystyle\int_{0}^{1} x^2\mathrm{d}x + \int_{1}^{2}(2x - x^2)\mathrm{d}x = \frac{1}{3} + x^2\bigg|_{1}^{2} - \frac{x^3}{3}\bigg|_{1}^{2} = 1.$

3．一个有 $n$ 把钥匙的人要开他的门，他随机且独立地试开，若其中只有一把钥匙能开门．

（1）把试开不成功的钥匙立即除去，求试开次数的数学期望；

（2）不除去试开不成功的钥匙，求试开次数的数学期望．

**解** （1）设 $X$ 表示试开次数，可取值为 $1, 2, \cdots, n$，则

$$P(X = i) = \frac{n-1}{n} \times \frac{n-2}{n-1} \times \cdots \times \frac{n-i+1}{n-i+2} \times \frac{1}{n-i+1} = \frac{1}{n},$$

$$E(X) = \sum_{i=1}^{n} i \times \frac{1}{n} = \frac{1}{n} \times \frac{n(n+1)}{2} = \frac{n+1}{2}.$$

（2）设 $Y$ 表示试开次数，可取值为 $1, 2, \cdots, n, \cdots$，则

$$P(Y = i) = \left(\frac{n-1}{n}\right)^{i-1} \cdot \frac{1}{n},$$

显然 $Y \sim G\left(\dfrac{1}{n}\right)$，参数 $p = \dfrac{1}{n}$，于是 $E(Y) = \dfrac{1}{p} = n$.

4. 设随机变量 $X$ 的概率分布为

| $X$ | $-1$ | $0$ | $2$ |
|---|---|---|---|
| $P$ | 0.2 | 0.5 | 0.3 |

求 $E(X), E(X^2), E(3X^3 - 2)$.

**解**　根据数学期望的定义和性质，得

$$E(X) = -1 \times 0.2 + 0 \times 0.5 + 2 \times 0.3 = 0.4,$$

$$E\left(X^2\right) = (-1)^2 \times 0.2 + 0^2 \times 0.5 + 2^2 \times 0.3 = 1.4,$$

$$E\left(X^3\right) = (-1)^3 \times 0.2 + 0^3 \times 0.5 + 2^3 \times 0.3 = 2.2,$$

$$E\left(3X^3 - 2\right) = 3E\left(X^3\right) - 2 = 4.6.$$

5. 设随机变量 $X$ 的密度函数为

$$p(x) = \begin{cases} 2\mathrm{e}^{-2x}, & x \geqslant 0 \\ 0, & x < 0 \end{cases},$$

求：$(1) E(X^2); (2) Z = \mathrm{e}^{-\frac{x^2}{2} + 2X}$ 的数学期望.

**解**　$(1)$ 由已知得 $X \sim Exp(2)$，因此 $E(X) = \dfrac{1}{2}, D(X) = \dfrac{1}{4}$，于是

$$E\left(X^2\right) = D(X) + \left[E(X)\right]^2 = \dfrac{1}{4} + \left(\dfrac{1}{2}\right)^2 = \dfrac{1}{2}.$$

$(2)$ 根据随机变量函数的数学期望的定义可知，

$$E(Z) = \int_{-\infty}^{+\infty} \mathrm{e}^{-\frac{x^2}{2} + 2x} \cdot p(x)\mathrm{d}x = \int_{0}^{+\infty} \mathrm{e}^{-\frac{x^2}{2} + 2x} \cdot 2\mathrm{e}^{-2x}\mathrm{d}x$$

$$= 2 \int_{0}^{+\infty} \mathrm{e}^{-\frac{x^2}{2}}\mathrm{d}x = 2\sqrt{2\pi} \int_{0}^{+\infty} \dfrac{1}{\sqrt{2\pi}} \mathrm{e}^{-\frac{x^2}{2}}\mathrm{d}x$$

$$= 2\sqrt{2\pi} \times \dfrac{1}{2} = \sqrt{2\pi}.$$

6. 设 $(X, Y)$ 服从区域 $D$ 上的二维均匀分布，其中区域 $D$ 为 $x$ 轴、$y$ 轴及直线 $x + \dfrac{y}{2} = 1$ 所围成的三角形区域，求 $E(XY)$.

**解**　由已知得区域 $D$ 的面积为 $1$，所以 $(X, Y)$ 的联合密度函数为

$$p(x, y) = \begin{cases} 1, & (x, y) \in D \\ 0, & \text{其他} \end{cases},$$

于是

$$E(XY) = \int_{-\infty}^{+\infty} \int_{-\infty}^{+\infty} xyp(x, y)\mathrm{d}x\mathrm{d}y = \int_{0}^{1} x\mathrm{d}x \int_{0}^{2-2x} y\mathrm{d}y = \int_{0}^{1} x \cdot 2(1 - x)^2\mathrm{d}x = \dfrac{1}{6}.$$

7. 将 $n$ 个球（编号为 $1 \sim n$）随机地放入 $n$ 个盒子（编号为 $1 \sim n$）中，一个盒子装一个球. 若一个球装入与球同号的盒子中，称为一个配对. 记 $X$ 为总的配对数，求 $E(X)$.

**解** 设

$$X_i = \begin{cases} 1, & \text{第} i \text{个球配对} \\ 0, & \text{第} i \text{个球不配对} \end{cases},$$

则

$$X = X_1 + X_2 + \cdots + X_n.$$

因为将 $n$ 个球随机放入 $n$ 个盒子,可看作对 $n$ 个球进行全排列,为 $n!$ ,第 $i$ 个球放入第 $i$ 个盒子,对剩余的 $n-1$ 个球进行全排列,为 $(n-1)!$ ,故 $X_i$ 的概率分布为

| $X_i$ | 0 | 1 |
|---|---|---|
| $P$ | $1 - \dfrac{1}{n}$ | $\dfrac{(n-1)!}{n!} = \dfrac{1}{n}$ |

于是 $E(X_i) = \dfrac{1}{n}$ , $E(X) = E(X_1) + E(X_2) + \cdots + E(X_n) = n \cdot \dfrac{1}{n} = 1$ .

### 习题 4-2 方差

1. 设随机变量 $X$ 的分布函数为

$$F(x) = \begin{cases} 0, & x < -1 \\ 0.2, & -1 \leqslant x < 0 \\ 0.5, & 0 \leqslant x < 1 \\ 0.8, & 1 \leqslant x < 2 \\ 1, & x \geqslant 2 \end{cases},$$

试求 $E(X)$ 和 $D(X)$ .

**解** 由已知得 $X$ 的概率分布为

| $X$ | $-1$ | 0 | 1 | 2 |
|---|---|---|---|---|
| $P$ | 0.2 | 0.3 | 0.3 | 0.2 |

于是

$$E(X) = (-1) \times 0.2 + 1 \times 0.3 + 2 \times 0.2 = 0.5,$$
$$E(X^2) = (-1)^2 \times 0.2 + 1^2 \times 0.3 + 2^2 \times 0.2 = 1.3,$$
$$D(X) = E(X^2) - \left[ E(X) \right]^2 = 1.05.$$

2. 设随机变量 $X$ 的分布函数为

$$F(x) = \begin{cases} 0, & x < -1 \\ \dfrac{1}{2} + \dfrac{1}{\pi} \arcsin x, & -1 \leqslant x < 1, \\ 1, & x \geqslant 1 \end{cases}$$

试求 $E(X)$ 和 $D(X)$ .

**解** 随机变量 $X$ 的密度函数为

$$p(x) = F'(x) = \begin{cases} \dfrac{1}{\pi \sqrt{1-x^2}}, & -1 < x < 1 \\ 0, & \text{其他} \end{cases},$$

于是

$$E(X) = \int_{-\infty}^{+\infty} xp(x)\mathrm{d}x = \int_{-1}^{1} x \cdot \frac{1}{\pi\sqrt{1-x^2}}\mathrm{d}x = 0(奇函数性质),$$

$$D(X) = E(X^2) = \int_{-\infty}^{+\infty} x^2 p(x)\mathrm{d}x = \int_{-1}^{1} x^2 \cdot \frac{1}{\pi\sqrt{1-x^2}}\mathrm{d}x \xlongequal{x=\sin t} \frac{2}{\pi}\int_0^{\frac{\pi}{2}} \frac{\sin^2 t}{\cos t}\cdot \cos t \mathrm{d}t$$

$$= \frac{2}{\pi}\int_0^{\frac{\pi}{2}} \frac{1-\cos 2t}{2}\mathrm{d}t = \frac{1}{\pi}\left(t - \frac{1}{2}\sin 2t\right)\Big|_0^{\frac{\pi}{2}} = \frac{1}{2}.$$

3. 袋中有 $n$ 张卡片,编号为 $1, 2, \cdots, n$,从中有放回地每次抽一张,共抽 $r$ 次,求所得号码之和 $X$ 的数学期望及方差.

**解** 设 $X$ 表示所抽取卡片号码之和,$X_i(i = 1, 2, \cdots, r)$ 表示第 $i$ 次所抽取卡片的号码. 于是 $X = X_1 + \cdots + X_r$. 又

| $X_i$ | 1 | 2 | $\cdots$ | $n$ |
|-------|---|---|----------|-----|
| $P$ | $\frac{1}{n}$ | $\frac{1}{n}$ | $\cdots$ | $\frac{1}{n}$ |

所以

$$E(X_i) = 1\cdot\frac{1}{n} + 2\cdot\frac{1}{n} + \cdots + n\cdot\frac{1}{n} = \frac{1}{n}(1 + 2 + \cdots + n) = \frac{1}{n}\cdot\frac{n(n+1)}{2} = \frac{n+1}{2},$$

$$E(X_i^2) = 1^2\cdot\frac{1}{n} + 2^2\cdot\frac{1}{n} + \cdots + n^2\cdot\frac{1}{n} = \frac{1}{n}(1^2 + 2^2 + \cdots + n^2) = \frac{(n+1)(2n+1)}{6},$$

从而 $D(X_i) = E(X_i^2) - \left[E(X_i)\right]^2 = \frac{n^2-1}{12}$. 由于 $X_1, X_2, \cdots, X_r$ 独立同分布,所以

$$E(X) = \sum_{i=1}^{r} E(X_i) = r\cdot\frac{n+1}{2}, D(X) = \sum_{i=1}^{r} D(X_i) = r\cdot\frac{n^2-1}{12}.$$

4. 设 $X$ 是一个随机变量,其数学期望和方差都等于 10,那么对概率 $P(0 < X < 20)$ 有什么结论?

**解** 由切比雪夫不等式得,

$$P(0 < X < 20) = 1 - P(|X - 10| \geq 10) \geq 1 - \frac{1}{100}D(X) = 0.9.$$

5. 假设某种电子元件的寿命服从指数分布,且该种电子元件的平均寿命为 1000h. 又已知制造一个这种电子元件的成本为 2 元,售价为 6 元,而且规定若这种电子元件的使用寿命不超过 900h 则可以退款. 问:每制造一个这种电子元件的平均利润是多少?

**解** 设 $X$ 表示该电子元件的寿命,则 $X \sim Exp(\lambda)$. 由已知 $E(X) = 1000 = \frac{1}{\lambda}$,得 $\lambda = 0.001$,即 $X \sim Exp(0.001)$,其密度函数为

$$p(x) = \begin{cases} 0.001\mathrm{e}^{-0.001x}, & x \geq 0 \\ 0, & x < 0 \end{cases},$$

进而

$$P(X > 900) = \int_{900}^{+\infty} 0.001\mathrm{e}^{-0.001x}\mathrm{d}x = \mathrm{e}^{-0.9} \approx 0.407,$$

$$P(X \leq 900) = 1 - \mathrm{e}^{-0.9} \approx 0.593.$$

设 $Y$ 表示制造一个这种电子元件的利润, $Y$ 的取值为 $4, -2$, 且满足

$$P(Y = 4) = P(X > 900) = 0.407,$$

$$P(Y = -2) = P(X \leqslant 900) = 0.593.$$

于是制造一个这种电子元件的平均利润为

$$E(Y) = 4 \times 0.407 + (-2) \times 0.593 \approx 0.44.$$

6. 设国际市场每年对我国某种出口商品的需求量是随机变量 $X$(单位:t),它在 $[2000, 4000]$ 上服从均匀分布. 又设每售出这种商品 1t,可为企业挣得外汇 3 万元,但假如销售不出而囤积于仓库,则企业需为每吨这种商品支付保养费 1 万元. 问:需要组织多少货源,才能使企业收益最大?

**解** 设需要组织的货源为 $at$,则 $a \in [2000, 4000]$. 用随机变量 $Y$ 表示企业的收益(单位:万元),则由题设可得

$$Y = f(X) = \begin{cases} 3a, & X \geqslant a \\ 3X - (a - X), & X < a \end{cases} = \begin{cases} 3a, & X \geqslant a \\ 4X - a, & X < a \end{cases}.$$

由于 $X$ 在 $[2000, 4000]$ 上服从均匀分布, $X$ 的密度函数为

$$p(x) = \begin{cases} \dfrac{1}{2000}, & 2000 \leqslant x \leqslant 4000, \\ 0, & \text{其他} \end{cases},$$

因此, $Y$ 的数学期望为

$$E(Y) = \int_{-\infty}^{+\infty} f(x)p(x)\mathrm{d}x = \int_{2000}^{a} (4x - a) \cdot \frac{1}{2000}\mathrm{d}x + \int_{a}^{4000} 3a \cdot \frac{1}{2000}\mathrm{d}x$$

$$= -\frac{1}{1000}\left(a^2 - 7000a + 4 \times 10^6\right).$$

对 $E(Y)$ 求导,得

$$\left[E(Y)\right]' = -\frac{1}{1000}(2a - 7000) = 0,$$

解得 $a = 3500$. 故当 $a = 3500$ 时, $E(Y)$ 达到最大值 8250. 因此组织 3500t 此种商品是最佳的决策.

## 习题 4-3 协方差与相关系数

1. 设随机变量 $X$ 和 $Y$ 的联合概率分布为

| X \ Y | −1 | 0 | 1 |
|---|---|---|---|
| 0 | 0.07 | 0.18 | 0.15 |
| 1 | 0.08 | 0.32 | 0.20 |

试求 $X$ 和 $Y$ 的相关系数 $\rho_{XY}$.

**解** 由已知得 $E(X) = 0.6$, $E(Y) = 0.2$,而 $XY$ 的联合概率分布为

| XY | −1 | 0 | 1 |
|---|---|---|---|
| P | 0.08 | 0.72 | 0.2 |

所以 $E(XY) = -0.08 + 0.2 = 0.12$,

$$\mathrm{Cov}(X, Y) = E(XY) - E(X)E(Y) = 0.12 - 0.6 \times 0.2 = 0,$$

从而 $\rho_{XY} = 0$.

2. 设随机向量 $(X, Y)$ 服从区域 $D$ 上的二维均匀分布,其中区域 $D$ 为以点 $(0, 1), (1, 0),$ $(1, 1)$ 为顶点的三角形区域,试求:(1) $\rho_{XY}$;(2) $D(X - Y + 2)$.

**解** (1) $S_D = \dfrac{1}{2}$,故 $(X, Y)$ 的联合密度函数为

$$p(x, y) = \begin{cases} 2, & (x, y) \in D \\ 0, & \text{其他} \end{cases},$$

两个边际密度函数分别为

$$p_X(x) = \begin{cases} 2x, & 0 \leqslant x \leqslant 1 \\ 0, & \text{其他} \end{cases}, p_Y(y) = \begin{cases} 2y, & 0 \leqslant y \leqslant 1 \\ 0, & \text{其他} \end{cases}.$$

于是

$$E(X) = \int_{-\infty}^{+\infty} x\, p_X(x)\mathrm{d}x = \int_0^1 x \cdot 2x\mathrm{d}x = \frac{2}{3},$$

$$E(X^2) = \int_{-\infty}^{+\infty} x^2\, p_X(x)\mathrm{d}x = \int_0^1 x^2 \cdot 2x\mathrm{d}x = \frac{1}{2},$$

从而 $D(X) = E(X^2) - \left[ E(X) \right]^2 = \dfrac{1}{2} - \left( \dfrac{2}{3} \right)^2 = \dfrac{1}{18}$. 同理 $E(Y) = \dfrac{2}{3}, D(Y) = \dfrac{1}{18}$.

而

$$E(XY) = \iint\limits_D xyp(x, y)\mathrm{d}x\mathrm{d}y = \iint\limits_D 2xy\mathrm{d}x\mathrm{d}y = \int_0^1 \mathrm{d}x \int_{1-x}^1 2xy\mathrm{d}y = \frac{5}{12}.$$

所以

$$\mathrm{Cov}(X, Y) = E(XY) - E(X)E(Y) = \frac{5}{12} - \frac{2}{3} \times \frac{2}{3} = -\frac{1}{36},$$

从而

$$\rho_{XY} = \frac{\mathrm{Cov}(X, Y)}{\sqrt{D(X)} \cdot \sqrt{D(Y)}} = \frac{-\dfrac{1}{36}}{\sqrt{\dfrac{1}{18}} \times \sqrt{\dfrac{1}{18}}} = -\frac{1}{2}.$$

(2) $D(X - Y + 2) = D(X) + D(Y) - 2\mathrm{Cov}(X, Y) = \dfrac{1}{18} + \dfrac{1}{18} - 2\left( -\dfrac{1}{36} \right) = \dfrac{1}{6}$.

3. 已知随机变量 $X$ 与 $Y$ 分别服从正态分布 $N(1, 3^2)$ 和 $N(0, 4^2)$,且 $X$ 与 $Y$ 的相关系数 $\rho_{XY} = -\dfrac{1}{2}$,设 $Z = \dfrac{X}{3} + \dfrac{Y}{2}$,求:(1) $Z$ 的数学期望 $E(Z)$ 和方差 $D(Z)$;(2) $X$ 与 $Z$ 的相关系数 $\rho_{XZ}$.

**解** (1) 由已知得

$$E(X) = 1, E(Y) = 0, D(X) = 9, D(Y) = 16, \rho_{XY} = -\frac{1}{2},$$

所以

$$E(Z) = \frac{1}{3}E(X) + \frac{1}{2}E(Y) = \frac{1}{3},$$

$$\begin{aligned}
D(Z) &= D\left(\frac{1}{3}X\right) + D\left(\frac{1}{2}Y\right) + 2\text{Cov}\left(\frac{1}{3}X, \frac{1}{2}Y\right) \\
&= \frac{1}{9}D(X) + \frac{1}{4}D(Y) + 2 \times \frac{1}{3} \times \frac{1}{2}\text{Cov}(X, Y) \\
&= \frac{1}{9} \times 9 + \frac{1}{4} \times 16 + \frac{1}{3} \times 3 \times 4 \times \left(-\frac{1}{2}\right) = 3.
\end{aligned}$$

（2）$X, Z$ 的协方差为

$$\text{Cov}(X, Z) = \frac{1}{3}\text{Cov}(X, X) + \frac{1}{2}\text{Cov}(X, Y) = \frac{1}{3} \times 9 + \frac{1}{2} \times 3 \times 4 \times \left(-\frac{1}{2}\right) = 0,$$

所以

$$\rho_{XZ} = \frac{\text{Cov}(X, Z)}{\sqrt{D(X)} \cdot \sqrt{D(Z)}} = 0.$$

4. 设随机变量 $X$ 与 $Y$ 独立同分布，其中 $D(X) > 0$，令 $Z = (\sin\alpha)X + (\cos\alpha)Y$，$W = (\cos\beta)X + (\sin\beta)Y$，问：（1）在什么情况下，$Z, W$ 不相关；（2）在什么情况下，$Z, W$ 完全线性相关.

**解** （1）因为 $X$ 与 $Y$ 独立同分布，所以 $\text{Cov}(X, Y) = 0$，$D(X) = D(Y)$，于是

$$\begin{aligned}
\text{Cov}(Z, W) &= \text{Cov}\left[(\sin\alpha)X + (\cos\alpha)Y, (\cos\beta)X + (\sin\beta)Y\right] \\
&= (\sin\alpha\cos\beta)D(X) + (\cos\alpha\sin\beta)D(Y) \\
&= \sin(\alpha + \beta)D(X).
\end{aligned}$$

当 $Z, W$ 不相关时，有 $\rho_{ZW} = 0$，于是 $\text{Cov}(Z, W) = 0$，进而

$$\sin(\alpha + \beta) = 0, \alpha + \beta = k\pi, k = 0, \pm 1, \pm 2, \cdots.$$

（2）当 $Z, W$ 完全线性相关时，有 $\rho_{ZW} = \pm 1$，此时

$$\begin{aligned}
D(Z) &= D\left[(\sin\alpha)X + (\cos\alpha)Y\right] = \sin^2\alpha D(X) + \cos^2\alpha D(Y) \\
&= \sin^2\alpha D(X) + \cos^2\alpha D(X) = D(X),
\end{aligned}$$

同理 $D(W) = D(X)$. 于是

$$\rho_{ZW} = \pm 1 = \frac{\text{Cov}(Z, W)}{\sqrt{D(Z)} \cdot \sqrt{D(W)}} = \frac{\sin(\alpha + \beta)D(X)}{\sqrt{D(X)} \cdot \sqrt{D(X)}} = \sin(\alpha + \beta),$$

进而 $\sin(\alpha + \beta) = \pm 1, \alpha + \beta = k\pi + \frac{\pi}{2}, k = 0, \pm 1, \pm 2, \cdots.$

5. 掷一枚质地均匀的骰子两次，设 $X$ 表示出现的点数之和，$Y$ 表示第一次出现的点数减去第二次出现的点数. 求 $D(X), D(Y)$ 及 $\rho_{XY}$，并判断 $X$ 与 $Y$ 是否独立.

**解** 设 $X_i(i = 1, 2)$ 表示第 $i$ 次掷骰子出现的点数. 显然 $X_1, X_2$ 相互独立，且服从相同的分布：

| $X_i$ | 1 | 2 | 3 | 4 | 5 | 6 |
|---|---|---|---|---|---|---|
| $P$ | $\frac{1}{6}$ | $\frac{1}{6}$ | $\frac{1}{6}$ | $\frac{1}{6}$ | $\frac{1}{6}$ | $\frac{1}{6}$ |

所以 $E(X_i) = \dfrac{7}{2}, D(X_i) = \dfrac{35}{12}$. 因为 $X = X_1 + X_2, Y = X_1 - X_2$,所以

$$D(X) = D(X_1 + X_2) = D(X_1) + D(X_2) = \frac{35}{6},$$

$$D(Y) = D(X_1 - X_2) = D(X_1) + D(X_2) = \frac{35}{6},$$

$$\mathrm{Cov}(X, Y) = \mathrm{Cov}(X_1 + X_2, X_1 - X_2) = D(X_1) - D(X_2) = 0,$$

于是 $\rho_{XY} = 0$,可见 $X, Y$ 不相关. 但因为

$$P(X = 2, Y = -5) = 0,$$

$$P(X = 2)P(Y = -5) = \frac{1}{36} \times \frac{1}{36} \neq 0,$$

所以 $X$ 与 $Y$ 不独立.

## 习题4-4　其他数字特征

1. 设 $X \sim N(0, 1)$,试证明:

$$E(X^k) = \begin{cases} (k - 1)(k - 3)\cdots 1, & k\text{为偶数} \\ 0, & k\text{为奇数} \end{cases}.$$

**证明**　由于

$$E(X^k) = \frac{1}{\sqrt{2\pi}} \int_{-\infty}^{+\infty} x^k \mathrm{e}^{-\frac{x^2}{2}} \mathrm{d}x,$$

当 $k$ 为奇数时,利用对称性知,$E(X^k) = 0$;

当 $k$ 为偶数时,利用分部积分方法得:

$$E(X^k) = \frac{1}{\sqrt{2\pi}} \int_{-\infty}^{+\infty} (-x^{k-1}) \mathrm{d}\left(\mathrm{e}^{-\frac{x^2}{2}}\right) = (k - 1) \cdot \frac{1}{\sqrt{2\pi}} \int_{-\infty}^{+\infty} x^{k-2} \mathrm{e}^{-\frac{x^2}{2}} \mathrm{d}x$$

$$= (k - 1)E(X^{k-2}) = (k - 1)(k - 3)\cdots E(X^2),$$

而 $E(X^2) = D(X) + [E(X)]^2 = 1 + 0 = 1$,所以此时 $E(X^k) = (k - 1)(k - 3)\cdots 1$.

2. 设随机变量 $X$ 的密度函数为

$$p(x) = \begin{cases} \dfrac{1}{2}x, & 0 \leqslant x \leqslant 2 \\ 0, & \text{其他} \end{cases},$$

求随机变量 $X$ 的一到四阶原点矩和中心矩.

**解**　由

$$\alpha_k = E(X^k) = \int_{-\infty}^{+\infty} x^k p(x) \mathrm{d}x = \int_0^2 x^k \cdot \frac{1}{2} x \mathrm{d}x,$$

得 $X$ 的一到四阶原点矩为

$$\alpha_1 = \int_0^2 x \cdot \frac{1}{2} x \mathrm{d}x = \frac{1}{2} \int_0^2 x^2 \mathrm{d}x = \frac{4}{3},$$

$$\alpha_2 = \int_0^2 x^2 \cdot \frac{1}{2} x \mathrm{d}x = \frac{1}{2} \int_0^2 x^3 \mathrm{d}x = 2,$$

$$\alpha_3 = \int_0^2 x^3 \cdot \frac{1}{2} x \mathrm{d}x = \frac{1}{2} \int_0^2 x^4 \mathrm{d}x = \frac{16}{5},$$

$$\alpha_4 = \int_0^2 x^4 \cdot \frac{1}{2} x \mathrm{d}x = \frac{1}{2} \int_0^2 x^5 \mathrm{d}x = \frac{16}{3}.$$

由中心矩与原点矩的关系可得 $X$ 的一到四阶中心矩为

$$\mu_1 = 0,$$

$$\mu_2 = \alpha_2 - \alpha_1^2 = 2 - \left(\frac{4}{3}\right)^2 = \frac{2}{9},$$

$$\mu_3 = \alpha_3 - 3\alpha_1\alpha_2 + 2\alpha_1^3 = \frac{16}{5} - 3 \times 2 \times \frac{4}{3} + 2\left(\frac{4}{3}\right)^3 = -\frac{8}{135},$$

$$\mu_4 = \alpha_4 - 4\alpha_1\alpha_3 + 6\alpha_1^2\alpha_2 - 3\alpha_1^4 = \frac{16}{135}.$$

## 总复习题四

1. 设随机变量 $X$ 的密度函数为

$$p(x) = \begin{cases} Ax^\alpha, & 0 < x < 1 \\ 0, & \text{其他} \end{cases},$$

其中 $A, \alpha$ 为待定常数,且 $\alpha > 0$,又已知 $E(X) = 0.75$,试求 $A$ 与 $\alpha$.

**解** 由密度函数的性质,得

$$1 = \int_{-\infty}^{+\infty} p(x)\mathrm{d}x = \int_0^1 Ax^\alpha \mathrm{d}x = \frac{A}{\alpha + 1},$$

再由已知 $E(X) = 0.75$,得

$$0.75 = \int_{-\infty}^{+\infty} xp(x)\mathrm{d}x = \int_0^1 x \cdot Ax^\alpha \mathrm{d}x = \frac{A}{\alpha + 2}.$$

解上面两个方程,求得

$$A = 3, \quad \alpha = 2.$$

2. 射击比赛中,每人射击 4 次(每次一发),约定全部不命中得 0 分,只命中一次得 15 分,命中两次得 30 分,命中 3 次得 55 分,命中 4 次得 100 分. 某人每次射击的命中率为 $\frac{3}{5}$,求其得分的数学期望.

**解** 设 $X$ 表示此人命中目标的次数,则 $X \sim B\left(4, \frac{3}{5}\right)$. 设 $Y$ 表示此人的得分,$Y$ 的取值为 $0, 15, 30, 55, 100$,且满足

$$P(Y = 0) = P(X = 0) = \left(\frac{2}{5}\right)^4 = \frac{16}{625},$$

$$P(Y = 15) = P(X = 1) = C_4^1 \cdot \frac{3}{5} \cdot \left(\frac{2}{5}\right)^3 = \frac{96}{625},$$

$$P(Y = 30) = P(X = 2) = C_4^2 \cdot \left(\frac{3}{5}\right)^2 \cdot \left(\frac{2}{5}\right)^2 = \frac{216}{625},$$

$$P(Y = 55) = P(X = 3) = C_4^3 \cdot \left(\frac{3}{5}\right)^3 \cdot \frac{2}{5} = \frac{216}{625},$$

$$P(Y = 100) = P(X = 4) = \left(\frac{3}{5}\right)^4 = \frac{81}{625}.$$

此人得分的数学期望为

$$E(Y) = 15 \times \frac{96}{625} + 30 \times \frac{216}{625} + 55 \times \frac{216}{625} + 100 \times \frac{81}{625} = 44.64.$$

3. 设随机变量 $X$ 的密度函数为 $p(x) = \dfrac{1}{\pi(1 + x^2)}, -\infty < x < +\infty$, 求 $E\big[\min(|X|, 1)\big]$.

**解** 因为

$$\min(|x|, 1) = \begin{cases} |x|, & |x| < 1 \\ 1, & |x| \geqslant 1 \end{cases},$$

于是

$$
\begin{aligned}
E\big[\min(|X|, 1)\big] &= \int_{-\infty}^{+\infty} \min(|x|, 1) \cdot p(x)\mathrm{d}x = \int_{|x|<1} |x| \cdot p(x)\mathrm{d}x + \int_{|x|\geqslant 1} p(x)\mathrm{d}x \\
&= 2\int_0^1 x \cdot \frac{1}{\pi(1 + x^2)}\mathrm{d}x + 2\int_1^{+\infty} \frac{1}{\pi(1 + x^2)}\mathrm{d}x \\
&= \frac{1}{\pi}\ln(1 + x^2)\big|_0^1 + \frac{2}{\pi}\arctan x\big|_1^{+\infty} = \frac{\ln 2}{\pi} + \frac{1}{2}.
\end{aligned}
$$

4. 某商店按照合同每月可从某工厂得到数量为 $X$ 的商品. 由于各种因素的随机影响, $X$ 服从 $[10, 20]$ 上的均匀分布, 而该商店每月实际卖出的商品数量 $Y$ 服从 $[10, 15]$ 上的均匀分布. 若该商店能从这个工厂得到足够的商品, 则每卖出一单位商品可获利 2000 元; 若商店不能从这个工厂得到足够的商品, 则要通过其他途径进货时, 每卖出一单位商品只能获利 1000 元. 求该商店每月的平均利润.

**解** 设该商店每月的利润为 $Z$, 由题设知

$$Z = \begin{cases} 2Y, & Y \leqslant X \\ 2X + (Y - X), & Y > X \end{cases} = \begin{cases} 2Y, & Y \leqslant X \\ X + Y, & Y > X \end{cases}.$$

显然 $Z$ 是 $X$ 和 $Y$ 的函数, 记为 $Z = f(X, Y)$. 我们可以认为 $X$ 和 $Y$ 相互独立, 则 $(X, Y)$ 的联合密度函数为

$$p(x, y) = p_X(x)p_Y(y) = \begin{cases} \dfrac{1}{50}, & 10 \leqslant x \leqslant 20, 10 \leqslant y \leqslant 15 \\ 0, & 其他 \end{cases}.$$

期望利润为

$$
\begin{aligned}
E(Z) &= \int_{-\infty}^{+\infty}\int_{-\infty}^{+\infty} f(x, y)p(x, y)\mathrm{d}x\mathrm{d}y \\
&= \iint_{D_1} (x + y) \cdot \frac{1}{50}\mathrm{d}x\mathrm{d}y + \iint_{D_2} 2y \cdot \frac{1}{50}\mathrm{d}x\mathrm{d}y + \iint_{D_3} 2y \cdot \frac{1}{50}\mathrm{d}x\mathrm{d}y \\
&= \frac{1}{50}\int_{10}^{15}\mathrm{d}x\int_x^{15}(x + y)\mathrm{d}y + \frac{1}{50}\int_{10}^{15}\mathrm{d}x\int_{10}^x 2y\mathrm{d}y + \frac{1}{50}\int_{15}^{20}\mathrm{d}x\int_{10}^{15} 2y\mathrm{d}y \\
&= \frac{1}{50}(312.5 + 291.667 + 625) \approx 24.58(千元)(见图 4\text{-}1).
\end{aligned}
$$

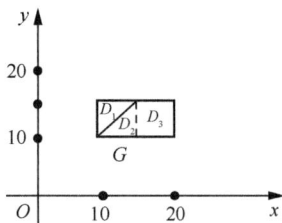

图 4-1

5. 从 $1,2,\cdots,N$ 中依次(不重复)取两个数,分别记为 $X$ 和 $Y$,求 $E(X+Y)$.

**解** $(X,Y)$ 的联合概率分布为

| X\Y | 1 | 2 | $\cdots$ | N |
|---|---|---|---|---|
| 1 | 0 | $\dfrac{1}{N(N-1)}$ | $\cdots$ | $\dfrac{1}{N(N-1)}$ |
| 2 | $\dfrac{1}{N(N-1)}$ | 0 | $\cdots$ | $\dfrac{1}{N(N-1)}$ |
| $\vdots$ | $\vdots$ | $\vdots$ | | $\vdots$ |
| N | $\dfrac{1}{N(N-1)}$ | $\dfrac{1}{N(N-1)}$ | $\cdots$ | 0 |

所以,$X$ 的边际概率分布为

| X | 1 | 2 | $\cdots$ | N |
|---|---|---|---|---|
| P | $\dfrac{1}{N}$ | $\dfrac{1}{N}$ | $\cdots$ | $\dfrac{1}{N}$ |

故

$$E(X)=1\cdot\frac{1}{N}+2\cdot\frac{1}{N}+\cdots+N\cdot\frac{1}{N}=\frac{1+N}{2}.$$

$Y$ 的边际概率分布为

| Y | 1 | 2 | $\cdots$ | N |
|---|---|---|---|---|
| P | $\dfrac{1}{N}$ | $\dfrac{1}{N}$ | $\cdots$ | $\dfrac{1}{N}$ |

故

$$E(Y)=E(X)=\frac{1+N}{2}.$$

显然,$X$ 和 $Y$ 同分布但不独立. 所求的数学期望为

$$E(X+Y)=E(X)+E(Y)=2\cdot\frac{1+N}{2}=1+N.$$

6. 设随机变量 $X$ 和 $Y$ 独立同分布,且 $X\sim U[0,\theta]$,求 $E[\min(X,Y)]$.

**解** 由已知得

$$p_X(x)=\begin{cases}\dfrac{1}{\theta}, & 0\le x\le\theta \\ 0, & 其他\end{cases},\quad p_Y(y)=\begin{cases}\dfrac{1}{\theta}, & 0\le y\le\theta \\ 0, & 其他\end{cases}.$$

又因为两个随机变量相互独立, 所以 $(X, Y)$ 的联合密度函数为

$$p(x, y) = \begin{cases} \dfrac{1}{\theta^2}, & 0 \leqslant x \leqslant \theta, 0 \leqslant y \leqslant \theta \\ 0, & \text{其他} \end{cases}.$$

于是

$$E\left[\min(X, Y)\right] = \int_{-\infty}^{+\infty} \int_{-\infty}^{+\infty} \min(x, y) p(x, y) \mathrm{d}x\mathrm{d}y = \int_0^\theta \int_0^\theta \min(x, y) \frac{1}{\theta^2} \mathrm{d}x\mathrm{d}y$$

$$= \frac{1}{\theta^2} \int_0^\theta \mathrm{d}x \int_x^\theta x\mathrm{d}y + \frac{1}{\theta^2} \int_0^\theta \mathrm{d}x \int_0^x y\mathrm{d}y = \frac{1}{\theta^2} \int_0^\theta x \cdot (\theta - x)\mathrm{d}x + \frac{1}{\theta^2} \int_0^\theta \frac{x^2}{2} \mathrm{d}x$$

$$= \frac{\theta}{3}.$$

7. 一民航班车载有 20 名旅客自机场开出, 沿途有 10 个车站, 若到达一个车站没有旅客下车就不停车. 设每名旅客在各个车站是否下车是等可能的, 且各旅客是否下车相互独立. 求停车次数的数学期望.

**解** 引入随机变量

$$X_i = \begin{cases} 0, & \text{在第} i \text{站无人下车} \\ 1, & \text{在第} i \text{站有人下车} \end{cases}, \qquad i = 1, 2, \cdots, 10,$$

易知 $X = X_1 + X_2 + \cdots + X_{10}$.

由题意知, 任一旅客在第 $i$ 站不下车的概率是 $\dfrac{9}{10}$, 因此 20 位旅客都不在第 $i$ 站下车的概率为 $\left(\dfrac{9}{10}\right)^{20}$, 从而在第 $i$ 站有人下车的概率为 $1 - \left(\dfrac{9}{10}\right)^{20}$, 也就是说, $X_i$ 的概率分布为

| $X_i$ | 0 | 1 |
|-------|---|---|
| $P$ | $\left(\dfrac{9}{10}\right)^{20}$ | $1 - \left(\dfrac{9}{10}\right)^{20}$ |

于是

$$E(X_i) = 1 - \left(\frac{9}{10}\right)^{20},$$

进而有

$$E(X) = E\left(\sum_{i=1}^{10} X_i\right) = \sum_{i=1}^{10} E(X_i) = 10\left[1 - \left(\frac{9}{10}\right)^{20}\right] \approx 8.784.$$

也就是说, 平均停约 8.784 次.

8. 设随机变量 $X$ 的密度函数为

$$p(x) = \begin{cases} \dfrac{1}{2}\cos\dfrac{x}{2}, & 0 \leqslant x \leqslant \pi \\ 0, & \text{其他} \end{cases},$$

对 $X$ 独立地重复观察 4 次, 用 $Y$ 表示观察值大于 $\dfrac{\pi}{3}$ 的次数, 求 $Y^2$ 的数学期望.

**解** 显然

$$P\left(X > \frac{\pi}{3}\right) = \int_{\frac{\pi}{3}}^{\pi} \frac{1}{2} \cos \frac{x}{2} dx = \frac{1}{2},$$

故 $Y \sim B\left(4, \frac{1}{2}\right)$，于是 $E(Y) = 4 \times \frac{1}{2} = 2, D(Y) = 4 \times \frac{1}{2} \times \frac{1}{2} = 1, E(Y^2) = D(Y) + [E(Y)]^2 = 5.$

9. 设随机变量 $X$ 的密度函数为

$$p(x) = \begin{cases} \frac{2}{\pi} \cos^2 x, & |x| \leqslant \frac{\pi}{2}, \\ 0, & \text{其他} \end{cases}$$

求 $E(X)$ 和 $D(X)$.

**解** $E(X) = \int_{-\infty}^{+\infty} xp(x)dx = \int_{-\frac{\pi}{2}}^{\frac{\pi}{2}} x \cdot \frac{2}{\pi} \cos^2 x dx = 0$(奇函数性质)，

$$D(X) = E(X^2) - [E(X)]^2 = E(X^2) = \int_{-\infty}^{+\infty} x^2 p(x) dx = \int_{-\frac{\pi}{2}}^{\frac{\pi}{2}} x^2 \cdot \frac{2}{\pi} \cos^2 x dx$$

$$= 2 \cdot \frac{2}{\pi} \int_0^{\frac{\pi}{2}} x^2 \cos^2 x dx = \frac{4}{\pi} \int_0^{\frac{\pi}{2}} x^2 \cdot \frac{1 + \cos 2x}{2} dx$$

$$= \frac{2}{\pi} \int_0^{\frac{\pi}{2}} x^2 \cdot (1 + \cos 2x) dx = \frac{2}{\pi} \left(\frac{\pi^3}{24} - \frac{\pi}{4}\right) = \frac{\pi^2}{12} - \frac{1}{2}.$$

10. 已知随机变量 $X$ 的密度函数为

$$p(x) = \begin{cases} 1 - |1 - x|, & 0 < x < 2 \\ 0, & \text{其他} \end{cases},$$

设 $Y$ 为 $X$ 的标准化随机变量，求 $Y$ 的密度函数.

**解** 因为

$$E(X) = \int_0^2 x(1 - |1 - x|) dx = \int_0^1 x^2 dx + \int_1^2 x(2 - x) dx = 1,$$

$$E(X^2) = \int_0^2 x^2(1 - |1 - x|) dx = \int_0^1 x^3 dx + \int_1^2 x^2(2 - x) dx = \frac{7}{6},$$

$$D(X) = E(X^2) - [E(X)]^2 = \frac{7}{6} - 1 = \frac{1}{6},$$

所以

$$Y = \frac{X - E(X)}{\sqrt{D(X)}} = \frac{X - 1}{\sqrt{\frac{1}{6}}} = \sqrt{6} (X - 1).$$

为了求得 $Y$ 的密度函数，我们可以直接利用第二章介绍的公式法. 因为 $y = \sqrt{6} (x - 1)$ 在 $0 < x < 2$ 上单调递增，所以

$$-\sqrt{6} < y < \sqrt{6} \text{ 且 } x = h(y) = \frac{y}{\sqrt{6}} + 1,$$

于是 $Y$ 的密度函数为

$$p_Y(y) = \begin{cases} \left[ 1 - \left| 1 - \left( \dfrac{y}{\sqrt{6}} + 1 \right) \right| \right] \cdot \dfrac{1}{\sqrt{6}}, & -\sqrt{6} < y < \sqrt{6} \\ 0, & \text{其他} \end{cases},$$

即

$$p_Y(y) = \begin{cases} \dfrac{1}{\sqrt{6}} - \dfrac{1}{6} | y |, & -\sqrt{6} < y < \sqrt{6} \\ 0, & \text{其他} \end{cases}.$$

11．随机地掷 6 枚骰子,利用切比雪夫不等式估计 6 枚骰子出现的点数之和在 15 点到 27 点之间的概率.

**解**　设 $X_i (i = 1, 2, \cdots, 6)$ 表示第 $i$ 枚骰子出现的点数,且 $X_i$ 相互独立,则 6 枚骰子出现的点数之和 $X = \sum_{i=1}^{6} X_i$,所以

$$E(X_i) = 1 \times \frac{1}{6} + 2 \times \frac{1}{6} + \cdots + 6 \times \frac{1}{6} = \frac{7}{2},$$

$$E(X_i^2) = 1^2 \times \frac{1}{6} + 2^2 \times \frac{1}{6} + \cdots + 6^2 \times \frac{1}{6} = \frac{91}{6},$$

$$D(X_i) = E(X_i^2) - \left( E(X_i) \right)^2 = \frac{91}{6} - \left( \frac{7}{2} \right)^2 = \frac{35}{12},$$

从而

$$E(X) = 21, D(X) = \frac{35}{2}.$$

由切比雪夫不等式得

$$P(15 < X < 27) = P(| X - 21 | < 6) \geqslant 1 - \frac{\dfrac{35}{2}}{6^2} = \frac{37}{72}.$$

12．设 $X_1, X_2, \cdots, X_{n+m} (n > m)$ 是独立同分布且方差 $\sigma^2 > 0$ 的随机变量,又令 $Y = X_1 + X_2 + \cdots + X_n, Z = X_{m+1} + X_{m+2} + \cdots + X_{m+n}$,求 $\rho_{YZ}$.

**解**　根据协方差的性质,有

$$\begin{aligned} \text{Cov}(Y, Z) &= \text{Cov}(X_1 + \cdots + X_m + X_{m+1} + \cdots + X_n, X_{m+1} + X_{m+2} + \cdots + X_{m+n}) \\ &= \text{Cov}(X_{m+1}, X_{m+1}) + \cdots + \text{Cov}(X_{m+n}, X_{m+n}) \\ &= D(X_{m+1}) + \cdots + D(X_{m+n}) = (n - m)\sigma^2. \end{aligned}$$

$D(Y) = D(X_1 + X_2 + \cdots + X_n) = n\sigma^2$,同理 $D(Z) = n\sigma^2$,于是

$$\rho_{YZ} = \frac{\text{Cov}(Y, Z)}{\sqrt{D(Y)} \cdot \sqrt{D(Z)}} = \frac{(n - m)\sigma^2}{\sqrt{n}\, \sigma \cdot \sqrt{n}\, \sigma} = \frac{n - m}{n}.$$

13．设 $A, B$ 是随机试验 $E$ 中的两个事件,定义随机变量 $X$ 与 $Y$ 如下:

$$X = \begin{cases} 1, & A \text{发生} \\ 0, & A \text{不发生} \end{cases}, Y = \begin{cases} 1, & B \text{发生} \\ 0, & B \text{不发生} \end{cases}.$$

证明:若 $\rho_{XY} = 0$,则 $X$ 与 $Y$ 必定相互独立.

**证明**  $X$ 与 $Y$ 的概率分布分别为

| $X$ | 0 | 1 |
|---|---|---|
| $P$ | $P(\overline{A})$ | $P(A)$ |

| $Y$ | 0 | 1 |
|---|---|---|
| $P$ | $P(\overline{B})$ | $P(B)$ |

于是 $XY$ 的概率分布为

| $XY$ | 0 | 1 |
|---|---|---|
| $P$ | $1 - P(AB)$ | $P(AB)$ |

显然, $E(X) = P(A)$, $E(Y) = P(B)$, $E(XY) = P(AB)$, 由 $\rho_{XY} = 0$ 知 $E(XY) - E(X)E(Y) = 0$, 即 $P(AB) = P(A)P(B)$, 说明事件 $A, B$ 相互独立, 进而 $A$ 和 $\overline{B}$, $\overline{A}$ 和 $B$, $\overline{A}$ 和 $\overline{B}$ 都独立. 于是

$$P(X = 1, Y = 1) = P(AB) = P(A)P(B) = P(X = 1)P(Y = 1),$$

$$P(X = 1, Y = 0) = P(A\overline{B}) = P(A)P(\overline{B}) = P(X = 1)P(Y = 0),$$

$$P(X = 0, Y = 1) = P(\overline{A}B) = P(\overline{A})P(B) = P(X = 0)P(Y = 1),$$

$$P(X = 0, Y = 0) = P(\overline{A}\,\overline{B}) = P(\overline{A})P(\overline{B}) = P(X = 0)P(Y = 0),$$

因此 $X$ 与 $Y$ 相互独立.

# 第五章　大数定律与中心极限定理

## 一、知识结构图示

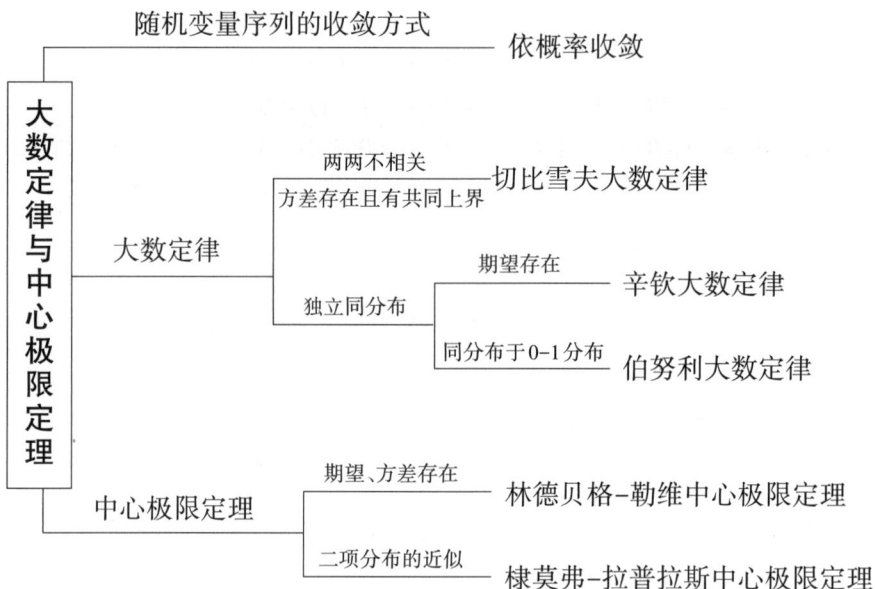

随机变量序列的收敛方式 ———— 依概率收敛

大数定律与中心极限定理

- 大数定律
  - 两两不相关 方差存在且有共同上界 ———— 切比雪夫大数定律
  - 独立同分布
    - 期望存在 ———— 辛钦大数定律
    - 同分布于0-1分布 ———— 伯努利大数定律
- 中心极限定理
  - 期望、方差存在 ———— 林德贝格-勒维中心极限定理
  - 二项分布的近似 ———— 棣莫弗-拉普拉斯中心极限定理

## 二、内容归纳总结

### （一）大数定律

#### 1. 依概率收敛

设有随机变量序列 $X_1, X_2, \cdots, X_n, \cdots$，若存在某常数 $c$，使得对任意 $\varepsilon > 0$，均有

$$\lim_{n \to \infty} P\left( \left| X_n - c \right| < \varepsilon \right) = 1,$$

则称序列 $\{X_n\}$ **依概率收敛**于 $c$，记为 $X_n \xrightarrow{P} c$.

#### 2. 切比雪夫大数定律

**定理 5.1**　设随机变量 $X_1, X_2, \cdots, X_n, \cdots$ 两两不相关，方差 $D(X_1), D(X_2), \cdots, D(X_n), \cdots$ 存在，且 $D(X_i) \leqslant c (i = 1, 2, \cdots)$，其中 $c$ 为与 $i$ 无关的常数，则对任意给定的 $\varepsilon > 0$，有

$$\lim_{n \to \infty} P\left( \left| \frac{1}{n} \sum_{i=1}^{n} X_i - \frac{1}{n} \sum_{i=1}^{n} E\left( X_i \right) \right| < \varepsilon \right) = 1.$$

此定理称为**切比雪夫大数定律**. 其中收敛方式是随机变量序列的依概率收敛. 以下推

论为切比雪夫大数定律的特殊形式.

**推论** 如果 $X_1, X_2, \cdots, X_n, \cdots$ 是相互独立的随机变量,且具有相同的数学期望和方差,即 $E(X_k) = \mu, D(X_k) = \sigma^2, k = 1, 2, \cdots$,则对任意给定的 $\varepsilon > 0$,有

$$\lim_{n \to \infty} P\left( \left| \frac{1}{n} \sum_{i=1}^{n} X_i - \mu \right| < \varepsilon \right) = 1.$$

此推论说明:算术平均值具有稳定性.

**3. 辛钦大数定律(独立同分布大数定律)**

**定理 5.2** 设随机变量序列 $X_1, X_2, \cdots, X_n, \cdots$ 独立同分布,若 $X_i$ 的数学期望存在且 $E(X_i) = \mu, i = 1, 2, \cdots$,则对任意 $\varepsilon > 0$,

$$\lim_{n \to \infty} P\left( \left| \frac{1}{n} \sum_{i=1}^{n} X_i - \mu \right| < \varepsilon \right) = 1.$$

此定理称为**辛钦大数定律**. 辛钦大数定律在比较弱的条件下,科学描述了随机变量序列的算术平均值具有一种稳定性,为我们提供了一种求随机变量数学期望的近似值的方法.

**4. 伯努利大数定律**

**定理 5.3** 设 $m$ 是 $n$ 次独立试验中事件 $A$ 发生的次数,$p$ 是事件 $A$ 在每次试验中发生的概率,则对任意给定的 $\varepsilon > 0$,有

$$\lim_{n \to \infty} P\left( \left| \frac{m}{n} - p \right| < \varepsilon \right) = 1.$$

此定理称为**伯努利大数定律**. 伯努利大数定律说明:频率具有稳定性.

## (二)中心极限定理

**1. 林德贝格-勒维中心极限定理**

**定理 5.4** 设 $X_1, X_2, \cdots, X_n, \cdots$ 是独立同分布的随机变量序列,并且 $E(X_i) = \mu, D(X_i) = \sigma^2 > 0, i = 1, 2, \cdots$,则对于任意实数 $x$,有

$$\lim_{n \to \infty} P\left( \frac{\sum_{i=1}^{n} X_i - n\mu}{\sqrt{n}\,\sigma} \leqslant x \right) = \frac{1}{\sqrt{2\pi}} \int_{-\infty}^{x} e^{-\frac{t^2}{2}} dt = \Phi(x),$$

其中 $\Phi(x)$ 为标准正态分布函数. 此定理称为**林德贝格-勒维中心极限定理**.

在实际应用中,当 $n(n \geqslant 100)$ 较大且 $X_1, X_2, \cdots, X_n$ 独立同分布时,有 $\dfrac{\sum_{i=1}^{n} X_i - n\mu}{\sqrt{n}\,\sigma}$ 近似

服从标准正态分布 $N(0, 1)$,或等价地,$\sum_{i=1}^{n} X_i$ 近似服从正态分布 $N(n\mu, n\sigma^2)$.

中心极限定理只要求 $X_1, X_2, \cdots, X_n, \cdots$ 是独立同分布的,而对 $X_1, X_2, \cdots, X_n, \cdots$ 是什么分布没有特别要求,既可以是离散的,也可以是连续的.

**2. 棣莫弗-拉普拉斯中心极限定理**

**定理 5.5** 设随机变量 $X$ 服从参数为 $n, p(0 < p < 1)$ 的二项分布,则对于任意实数

$x \in (-\infty, +\infty)$, 恒有

$$\lim_{n \to \infty} P\left(\frac{X - np}{\sqrt{np(1-p)}} \leqslant x\right) = \int_{-\infty}^{x} \frac{1}{\sqrt{2\pi}} e^{-\frac{t^2}{2}} dt = \Phi(x),$$

其中 $\Phi(x)$ 是标准正态分布函数. 此定理称为**棣莫弗-拉普拉斯中心极限定理**, 是林德贝格-勒维中心极限定理的特例.

定理 5.5 表明, 正态分布是二项分布的极限分布. 当 $n$ 很大时, 可以利用该定理将二项分布 $B(n,p)$ 近似为正态分布 $N(np, np(1-p))$, 从而计算二项分布的概率. 对于二项分布, 当 $n$ 很大时, 有时也可用泊松分布近似. 实际应用中当 $n$ 很大时, 如果 $p$ 很小, $np$ 大小适中, 二项分布用泊松分布近似比较精确.

## 三、典型例题解析

**【例 1】**（考研真题 2020 年数学一）　设 $X_1, X_2, \cdots, X_{100}$ 为来自总体 $X$ 的简单随机样本 ($X_1, X_2, \cdots, X_{100}$ 独立同分布), 其中 $P(X = 0) = P(X = 1) = \dfrac{1}{2}$, $\Phi(x)$ 为标准正态分布函数, 利用中心极限定理求 $P\left(\sum_{i=1}^{100} X_i \leqslant 55\right)$ 的近似值.

**解**　总体的分布为

| $X$ | 0 | 1 |
|---|---|---|
| $P$ | $\dfrac{1}{2}$ | $\dfrac{1}{2}$ |

$E(X) = \dfrac{1}{2}, D(X) = \dfrac{1}{4}, X_i (i = 1, 2, \cdots)$ 独立同分布, 方差存在. 根据中心极限定理, $\sum_{i=1}^{100} X_i$ 近似服从正态分布 $N\left(100 \times \dfrac{1}{2}, 100 \times \dfrac{1}{4}\right)$, 即 $N(50, 25)$, 所以

$$P\left(\sum_{i=1}^{100} X_i \leqslant 55\right) = P\left(\frac{\sum_{i=1}^{100} X_i - 50}{5} \leqslant \frac{55 - 50}{5}\right) \approx \Phi(1) \approx 0.8413.$$

**【例 2】**　报名听概率论课程的学生人数服从参数为 100 的泊松分布, 负责这门课程的教师决定, 如果报名人数不少于 120 人, 就分成两个班, 如果少于 120 人, 就集中在一个班上课. 问: 该教师教授两个班的概率是多少?

**解**　设 $X$ 为报名听课的学生人数, 由题意知 $X \sim P(100)$. 注意到泊松分布具有可加性, 所以 $X$ 可以表示为 $X = \sum_{i=1}^{100} X_i$, 其中 $X_1, \cdots, X_{100}$ 独立同分布, 且 $X_i \sim P(1), i = 1, 2, \cdots$. 由中心极限定理知, 所求概率为

$$P(X \geqslant 120) = P\left(\sum_{i=1}^{100} X_i \geqslant 120\right) \approx 1 - \Phi\left(\frac{120 - 100 \times 1}{\sqrt{100 \times 1}}\right) = 1 - \Phi(2) \approx 0.02275.$$

注意:如果直接计算 $P(X \geqslant 120) = \sum\limits_{k=120}^{\infty} \dfrac{100^k}{k!} e^{-100}$, 则比较困难.

【例3】 某人要测量甲、乙两地之间的距离,限于测量工具,他分成1200段进行测量,每段测量误差(单位:km)相互独立,且都服从均匀分布 $U[-0.5, 0.5]$. 试求总距离测量误差的绝对值不超过20km的概率.

**解** 设 $X_i(i=1, 2, \cdots, 1200)$ 表示第 $i$ 段的测量误差,则 $X_1, \cdots, X_{1200}$ 独立同分布,且 $X_i \sim U[-0.5, 0.5]$, $E(X_i) = 0$, $D(X_i) = \dfrac{1}{12}$. 显然,测量总误差为 $X = \sum\limits_{i=1}^{1200} X_i$, 由中心极限定理知,所求概率为

$$P(|X| \leqslant 20) = P\left(\left|\sum_{i=1}^{1200} X_i\right| \leqslant 20\right) = P\left(-20 \leqslant \sum_{i=1}^{1200} X_i \leqslant 20\right)$$

$$\approx \Phi\left(\frac{20 - 1200 \times 0}{\sqrt{1200 \times \dfrac{1}{12}}}\right) - \Phi\left(\frac{-20 - 1200 \times 0}{\sqrt{1200 \times \dfrac{1}{12}}}\right)$$

$$= 2\Phi(2) - 1 \approx 0.9545.$$

【例4】 某电视机厂每月生产10000台电视机,但是其显像管车间的合格品率为0.8. 若以99.7%的概率保证出厂的电视机都装上正品的显像管,则该车间每月至少应该生产多少个显像管?

**解** 设每月生产 $n$ 个显像管,又令 $X_i = \begin{cases} 1, & \text{第}i\text{个显像管为合格品} \\ 0, & \text{第}i\text{个显像管为次品} \end{cases}$, $i = 1, 2, \cdots, n$, 则 $X_1, \cdots, X_n$ 独立同分布,且均服从参数为0.8的 $0-1$ 分布. 又显然 $\sum\limits_{i=1}^{n} X_i$ 表示 $n$ 个显像管中合格品的数量,依题设条件, $n$ 应当满足

$$P\left(\sum_{i=1}^{n} X_i \geqslant 10000\right) \geqslant 0.997.$$

再由中心极限定理知,

$$P\left(\sum_{i=1}^{n} X_i \geqslant 10000\right) \approx 1 - \Phi\left(\frac{10000 - n \times 0.8}{\sqrt{n \times 0.8 \times (1-0.8)}}\right) = \Phi\left(\frac{0.8n - 10000}{0.4\sqrt{n}}\right) \geqslant 0.997.$$

查表得 $\dfrac{0.8n - 10000}{0.4\sqrt{n}} \geqslant 2.75$, 解得 $\sqrt{n} \geqslant 112.49$(负的舍去),即 $n \geqslant 12654.0001$. 故此车间每月至少应该生产12655个显像管,才能以99.7%的概率保证出厂的电视机都装上合格品的显像管.

【例5】 为调查某项措施是否能得到社会认同,要抽取多少人做社会调查(结果只能是:同意与不同意),才能使得到的频率 $p'$ 与实际概率 $p$ 相差小于0.03的概率不小于0.95?

**解** 设需要抽取 $n(n > 100)$ 个人,记

$$X_k = \begin{cases} 1, & 抽到第k个人同意 \\ 0, & 抽到第k个人不同意 \end{cases}, k = 1, 2, \cdots, n,$$

$X_1, X_2, \cdots, X_n$ 独立，$X_k \sim \begin{pmatrix} 0 & 1 \\ 1-p & p \end{pmatrix}$，由中心极限定理知，$\sum\limits_{k=1}^{n} X_k$ 近似服从 $N(np, np(1-p))$，频率记为 $p' = \dfrac{\sum\limits_{k=1}^{n} X_k}{n}$，则

$$P(|p'-p| < 0.03) = P\left(\left|\dfrac{\sum\limits_{k=1}^{n} X_k}{n} - p\right| < 0.03\right) = P\left((p-0.03)n < \sum\limits_{k=1}^{n} X_k < (p+0.03)n\right)$$

$$\approx \Phi\left[\dfrac{(p+0.03)n - np}{\sqrt{np(1-p)}}\right] - \Phi\left[\dfrac{(p-0.03)n - np}{\sqrt{np(1-p)}}\right]$$

$$\approx \Phi\left[\dfrac{0.03\sqrt{n}}{\sqrt{p(1-p)}}\right] - \Phi\left[-\dfrac{0.03\sqrt{n}}{\sqrt{p(1-p)}}\right]$$

$$= 2\Phi\left[\dfrac{0.03\sqrt{n}}{\sqrt{p(1-p)}}\right] - 1.$$

由于 $p$ 未知，只能增大抽检量 $n$，$p(1-p)$ 用最大值 $\dfrac{1}{4}$ 代替，则

$$P(|p'-p| < 0.03) = 2\Phi\left[\dfrac{0.03\sqrt{n}}{\sqrt{p(1-p)}}\right] - 1 = 2\Phi(0.06\sqrt{n}) - 1 \geqslant 0.95,$$

即 $\Phi(0.06\sqrt{n}) \geqslant 0.975$，$n \geqslant 1067.11$，故需要抽取 1068 个人.

## 四、自测练习试卷

填空题1

（一）填空题（共 6 题，每题 3 分，共 18 分）

1. 将一枚骰子重复掷 $n$ 次，则当 $n \to \infty$ 时，$n$ 次掷出点数的算术平均值依概率收敛于_____.

2. 一仪器同时收到 50 个信号 $U_i(i = 1, 2, \cdots, 50)$，设 $U_i$ 是相互独立的，且都服从 $(0, 10)$ 内的均匀分布，那么 $P\left(\sum\limits_{i=1}^{50} U_i > 300\right) \approx$_____.

3. 掷一枚骰子 100 次，记第 $i(i = 1, 2, \cdots, 100)$ 次的点数为 $X_i$，点数的平均值为 $\bar{X} = \dfrac{1}{100}\sum\limits_{i=1}^{100} X_i$，则 $P(3 \leqslant \bar{X} \leqslant 4) \approx$_____.

4. 设 $X_1, \cdots, X_n, \cdots$ 是相互独立的随机变量序列，且 $X_i(i = 1, 2, \cdots)$ 服从参数为 $\lambda$ 的泊

松分布. 若 $\overline{X} = \dfrac{1}{n} \sum\limits_{i=1}^{n} X_i$,则对于较大的 $n$ 和任意实数 $x$,有 $P(\overline{X} < x) \approx$ _____.

5. 设 $n_A$ 是 $n$ 次重复独立试验中事件 $A$ 发生的次数,$p$ 为 $A$ 在每次试验中发生的概率,$0 < p < 1, q = 1 - p$,则对任意区间 $[a, b]$,有 $\lim\limits_{n \to \infty} P\left( a \leqslant \dfrac{n_A - np}{\sqrt{npq}} \leqslant b \right) =$ _____.

6. 在重复独立试验中,当试验次数充分大时,某事件发生的频率 $\dfrac{m}{n}$ 与其概率 $p$ 之差的绝对值小于正数 $\varepsilon$ 的概率 $P\left( \left| \dfrac{m}{n} - p \right| < \varepsilon \right) \approx$ _____.

(二) 选择题(共 5 题,每题 3 分,共 15 分)

1. 设随机变量 $X_1, X_2, \cdots, X_n, \cdots$ 相互独立,则根据辛钦大数定律,当 $n$ 充分大时,$\dfrac{1}{n} \sum\limits_{i=1}^{n} X_i$ 依概率收敛于其共同的数学期望,只要 $X_1, X_2, \cdots, X_n, \cdots$ (    ).

    A. 有相同的数学期望          B. 服从同一离散型分布

    C. 服从同一泊松分布          D. 服从同一连续型分布

2. 在大数定律中有①切比雪夫大数定律、②伯努利大数定律、③辛钦大数定律,可以由 (    ).

    A. ①或②都能推出③          B. ①或③都能推出②

    C. ②或③都能推出①          D. 哪一个也不能推出另一个

3. 设随机变量 $X_1, X_2, \cdots, X_n$ 相互独立,则根据林德贝格–勒维中心极限定理,当 $n$ 充分大时,$S_n = X_1 + X_2 + \cdots + X_n$ 近似服从正态分布,只要 $X_1, X_2, \cdots, X_n$ (    ).

    A. 有相同的数学期望          B. 有相同的方差

    C. 服从同一指数分布          D. 服从同一离散型分布

4. 设 $X_1, X_2, \cdots, X_n, \cdots$ 为独立同分布的随机变量序列,且服从参数为 $\lambda(\lambda > 1)$ 的指数分布,记 $\varPhi(x)$ 为标准正态分布函数,则有(    ).

    A. $\lim\limits_{n \to \infty} P\left( \dfrac{\sum\limits_{i=1}^{n} X_i - n\lambda}{\sqrt{n}\,\lambda} \leqslant x \right) = \varPhi(x)$      B. $\lim\limits_{n \to \infty} P\left( \dfrac{\sum\limits_{i=1}^{n} X_i - n\lambda}{\sqrt{n\lambda}} \leqslant x \right) = \varPhi(x)$

    C. $\lim\limits_{n \to \infty} P\left( \dfrac{\lambda \sum\limits_{i=1}^{n} X_i - n}{\sqrt{n}} \leqslant x \right) = \varPhi(x)$      D. $\lim\limits_{n \to \infty} P\left( \dfrac{\sum\limits_{i=1}^{n} X_i - \lambda}{\sqrt{n}\,\lambda} \leqslant x \right) = \varPhi(x)$

5. 设 $X_1, X_2, \cdots, X_n$ 为独立同分布的随机变量,$E(X_i) = \mu, D(X_i) = \sigma^2, i = 1, 2, \cdots, n$,当 $n$ 充分大时,下列选项中不正确的是(    ).

    A. $\dfrac{1}{n} \sum\limits_{i=1}^{n} X_i \sim N\left( \dfrac{\mu}{n}, \dfrac{\sigma^2}{n} \right)$          B. $\dfrac{1}{n} \sum\limits_{i=1}^{n} X_i \sim N\left( \mu, \dfrac{\sigma^2}{n} \right)$

    C. $\sum\limits_{i=1}^{n} X_i \sim N(n\mu, n\sigma^2)$          D. $\lim\limits_{n \to \infty} P\left( \left| \dfrac{1}{n} \sum\limits_{i=1}^{n} X_i - \mu \right| < \varepsilon \right) = 1$

（三）分析判断题（共 2 题,每题 4 分,共 8 分）

1. 设 $\{X_n\}$ 为独立的随机变量序列,且 $P(X_n = 1) = p_n, P(X_n = 0) = 1 - p_n,$ $(n = 1, 2, \cdots)$ 则 $\{X_n\}$ 满足切比雪夫大数定律的条件.

2. 设 $X_1, \cdots, X_n$ 独立同分布,且 $X_i \sim N(\mu, \sigma^2), i = 1, 2, \cdots, n$,则对任意的实数 $x$,有

$$P\left(\frac{\sum\limits_{i=1}^{n} X_i - n\mu}{\sqrt{n}\sigma} \leqslant x\right) = \varPhi(x).$$

（四）简答题（共 1 题,共 6 分）

1. 叙述伯努利大数定律,并且说明其意义.

（五）计算题（共 5 题,第 1 题 9 分,第 2、4、5 题每题 10 分,第 3 题 14 分,共 53 分）

1. 某市一保险公司开办一年人身保险业务,被保险人每年需交付保险费 160 元,若一年内发生重大人身事故,其本人或家属可获 2 万元赔偿金. 已知该市市民一年内发生重大人身事故的概率为 0.005,现有 5000 人参加此项保险,问:该保险公司一年内从此项业务所得的总收益在 20 万到 40 万之间的概率是多少?

2. 抽样检查产品质量时,如果发现次品多于 10 个,则拒绝接收这批产品. 设此批产品的次品率为 10%,问:至少应抽取多少个产品检查才能保证拒绝接收该批产品的概率达到 0.9.

3. 计算器在进行加法运算时,将每个加数舍入最靠近它的整数. 假设所有舍入误差是独立的,并且误差服从区间 $(-0.5, 0.5)$ 上的均匀分布.

（1）若将 1500 个数相加,问:误差总和的绝对值超过 15 的概率是多少?

（2）最多有多少个数相加可使得误差总和的绝对值小于 10 的概率不小于 0.9?

4. 假设某种电子器件的使用寿命服从平均寿命为 10h 的指数分布,其使用情况是第一个损坏后第二个立即使用,第二个损坏后第三个立即使用,以此类推. 已知每个电子器件为 $a$ 元,那么在年计划中至少需要多少元才能有 95% 的概率保证该电子器件够用(假设一年有 306 个工作日,每个工作日的工作时间为 8h)?

5. 假设 $X_1, \cdots, X_n, \cdots$ 是独立同分布的随机变量序列,且已知 $E(X_i^k) = a_k, k = 1, 2, 3, 4,$ $i = 1, 2, \cdots$. 证明:当 $n$ 充分大时,随机变量 $Z_n = \dfrac{1}{n}\sum\limits_{i=1}^{n} X_i^2$ 近似服从正态分布,并指出此分布中的参数.

# 五、习题、总复习题及详解

## 习题 5-1　大数定律

1. 设随机变量序列 $X_1, X_2, \cdots, X_n, \cdots$ 独立同分布于 $Exp(\lambda)$（其中 $\lambda > 0$ 为参数）,求当 $n \to \infty$ 时,$\dfrac{1}{n}\sum\limits_{i=1}^{n} X_i^2$ 依概率收敛于何值?

**解** 由 $EX_i = \dfrac{1}{\lambda}, DX_i = \dfrac{1}{\lambda^2}$ 得 $EX_i^2 = DX_i + (EX_i)^2 = \dfrac{2}{\lambda^2}$，又 $X_1^2, X_2^2, \cdots, X_n^2, \cdots$ 独立同分布，故由辛钦大数定律，当 $n \to \infty$ 时，$\dfrac{1}{n}\sum\limits_{i=1}^{n}X_i^2$ 依概率收敛于 $\dfrac{2}{\lambda^2}$.

2. 设 $X_1, X_2, \cdots, X_n, \cdots$ 为独立同分布的随机变量序列，并且 $X_i$ 的概率分布为

| $X_i$ | $-i$ | $0$ | $i$ |
|---|---|---|---|
| $P$ | $\dfrac{1}{2i^2}$ | $1 - \dfrac{1}{i^2}$ | $\dfrac{1}{2i^2}$ |

试证：随机变量序列 $X_1^2, X_2^2, \cdots, X_n^2, \cdots$ 服从大数定律．

**证明** 由于 $EX_i = 0, EX_i^2 = 1$，又 $X_1^2, X_2^2, \cdots, X_n^2, \cdots$ 独立同分布，故 $X_1^2, X_2^2, \cdots, X_n^2, \cdots$ 满足辛钦大数定律，即 $\forall \varepsilon > 0$，有

$$\lim_{n \to \infty} P\left( \left| \frac{1}{n}\sum_{i=1}^{n}X_i^2 - 1 \right| < \varepsilon \right) = 1.$$

### 习题 5-2　中心极限定理

1. 设 $X_1, X_2, \cdots, X_{100}$ 是独立同分布的随机变量，其均服从均匀分布 $U(0,1)$，求概率 $P\left( 45 \leqslant X_1 + X_2 + \cdots + X_{100} \leqslant 55 \right)$.

**解** 由题意知 $X_i \sim U(0,1)$，故其数学期望和方差分别为

$$E(X_i) = \frac{1}{2}, \quad D(X_i) = \frac{1}{12}.$$

于是有

$$E\left( \sum_{i=1}^{100}X_i \right) = \sum_{i=1}^{100}E(X_i) = 100 \times \frac{1}{2} = 50,$$

$$D\left( \sum_{i=1}^{100}X_i \right) = \sum_{i=1}^{100}D(X_i) = 100 \times \frac{1}{12} = \frac{25}{3}.$$

由林德贝格–勒维中心极限定理知，$\sum\limits_{i=1}^{100}X_i$ 近似服从正态分布 $N\left( 50, \dfrac{25}{3} \right)$，于是所求的概率为

$$P\left( 45 \leqslant \sum_{i=1}^{100}X_i \leqslant 55 \right) = P\left( \frac{45-50}{\sqrt{\dfrac{25}{3}}} \leqslant \frac{\sum\limits_{i=1}^{100}X_i - 50}{\sqrt{\dfrac{25}{3}}} \leqslant \frac{55-50}{\sqrt{\dfrac{25}{3}}} \right)$$

$$\approx \Phi\left( \sqrt{3} \right) - \Phi\left( -\sqrt{3} \right) = 2\Phi\left( \sqrt{3} \right) - 1 \approx 0.9164.$$

2. 对敌人的防御地段进行 100 次射击，每次射击时命中目标的炮弹数是一个随机变量，其数学期望为 2，标准差为 1.5，求在 100 次射击中有 180 颗到 220 颗炮弹命中目标的概率．

**解** 设第 $i (i = 1, 2, \cdots, 100)$ 次射击时命中目标的炮弹数为 $X_i$，则 $\sum\limits_{i=1}^{100}X_i$ 为 100 次射击

时命中目标的炮弹总数,显然 $X_1, X_2, \cdots, X_{100}$ 独立同分布,且 $E(X_i) = 2, D(X_i) = 1.5^2$. 于是有

$$E\left(\sum_{i=1}^{100} X_i\right) = \sum_{i=1}^{100} E(X_i) = 100 \times 2 = 200,$$

$$D\left(\sum_{i=1}^{100} X_i\right) = \sum_{i=1}^{100} D(X_i) = 100 \times 1.5^2 = 225,$$

由林德贝格–勒维中心极限定理知,$\sum_{i=1}^{100} X_i$ 近似服从正态分布 $N(200, 225)$,于是所求的概率为

$$P\left(180 \leqslant \sum_{i=1}^{100} X_i \leqslant 220\right) = P\left(\frac{180 - 200}{\sqrt{225}} \leqslant \frac{\sum\limits_{i=1}^{100} X_i - 200}{\sqrt{225}} \leqslant \frac{220 - 200}{\sqrt{225}}\right)$$

$$\approx \Phi\left(\frac{4}{3}\right) - \Phi\left(-\frac{4}{3}\right) = 2\Phi\left(\frac{4}{3}\right) - 1 \approx 0.8165.$$

3. 某保险公司的老年人寿保险有 10000 人购买,每人每年交 200 元,若老人在该年内死亡,公司付给受益人 10000 元. 设老年人的死亡率为 0.017,试求保险公司在一年内这项保险业务亏本的概率.

**解**　设 $X$ 为一年中投保老年人的死亡数,则 $X \sim B(10000, 0.017)$. 由棣莫弗–拉普拉斯中心极限定理知,保险公司亏本的概率为

$$P(10000X > 10000 \times 200) = P(X > 200) \approx 1 - \Phi\left(\frac{200 - np}{\sqrt{np(1-p)}}\right)$$

$$= 1 - \Phi(2.321) \approx 0.0102.$$

4. 某校有 5000 人,有一个开水房,现有水龙头数量为 45 个,由于每天傍晚接开水的人较多,经常出现学生排长队的现象. 已知每个学生在傍晚一般有 1% 的时间要占用一个水龙头,请问:

(1) 未新装水龙头前,排队的概率是多少;

(2) 至少需要装多少个水龙头,才能以 95% 以上的概率保证不排队?

**解**　(1) 设 $X$ 表示 5000 个学生中占用水龙头的学生人数,则 $X \sim B(5000, 0.01)$. 根据棣莫弗–拉普拉斯中心极限定理知,$X$ 近似服从正态分布 $N(50, 49.5)$,所求的概率为

$$P(X > 45) \approx 1 - \Phi\left(\frac{45 - 50}{\sqrt{49.5}}\right) = \Phi\left(\frac{5}{7.05}\right) \approx 0.7611.$$

(2) 设 $m$ 表示水龙头数,由题意知,应有 $P(X \leqslant m) \geqslant 0.95$,而

$$P(X \leqslant m) \approx \Phi\left(\frac{m - 50}{\sqrt{49.5}}\right) \geqslant 0.95.$$

查标准正态分布表得 $\Phi(1.645) = 0.95$,并注意到分布函数 $\Phi(x)$ 是单调不减的函数,故有

$$\frac{m - 50}{\sqrt{49.5}} \geqslant 1.645,$$

即 $m \geqslant 61.6$,所以需要至少装 62 个水龙头才能以 95% 以上的概率保证不排队.

5. 一生产线生产的产品成箱包装,每箱的重量是随机的,假设每箱平均重 50kg,标准差为 5kg. 若用最大载重量为 5t 的汽车承运,试用中心极限定理说明每车最多装多少箱,才能保证不超载的概率大于 0.977.

**解** 设第 $i(i = 1, 2, \cdots, n)$ 箱的重量为 $X_i, n$ 是所求的箱数,则 $\sum_{i=1}^{n} X_i$ 为 $n$ 箱总的重量. 显然 $X_1, X_2, \cdots, X_n$ 独立同分布,且 $E(X_i) = 50, \quad D(X_i) = 25$. 于是有

$$E\left(\sum_{i=1}^{n} X_i\right) = \sum_{i=1}^{n} E(X_i) = 50n, \quad D\left(\sum_{i=1}^{n} X_i\right) = \sum_{i=1}^{n} D(X_i) = 25n.$$

由林德贝格-勒维中心极限定理知,$\sum_{i=1}^{n} X_i$ 近似服从正态分布 $N(50n, 25n)$,于是所求的概率为

$$P\left(\sum_{i=1}^{n} X_i \leqslant 5000\right) = P\left(\frac{\sum_{i=1}^{n} X_i - 50n}{\sqrt{25n}} \leqslant \frac{5000 - 50n}{\sqrt{25n}}\right)$$

$$\approx \Phi\left(\frac{5000 - 50n}{\sqrt{25n}}\right) > 0.977 \approx \Phi(2),$$

从而有

$$\frac{1000 - 10n}{\sqrt{n}} > 2 \Rightarrow n < 98.0199,$$

故最多装 98 箱,才能保证不超载的概率大于 0.977.

## 总复习题五

1. 设随机变量序列 $X_1, X_2, \cdots, X_n, \cdots$ 独立同分布于 $U(-2, 2)$,求当 $n \to \infty$ 时,$\frac{1}{n}\sum_{i=1}^{n} X_i$ 依概率收敛于何值? $\frac{1}{n}\sum_{i=1}^{n} X_i^2$ 依概率收敛于何值?

**解** 由 $EX_i = 0$,得 $EX_i^2 = DX_i + (EX_i)^2 = \frac{4}{3}$,又 $X_1, X_2, \cdots, X_n, \cdots$ 独立同分布,$X_1^2, X_2^2, \cdots, X_n^2, \cdots$ 独立同分布,故由辛钦大数定律,当 $n \to \infty$ 时,$\frac{1}{n}\sum_{i=1}^{n} X_i$ 依概率收敛于 0,$\frac{1}{n}\sum_{i=1}^{n} X_i^2$ 依概率收敛于 $\frac{4}{3}$.

2. 一食品厂有 3 种蛋糕出售,由于售出哪一种蛋糕是随机的,因而售出一个蛋糕的价格是随机变量,它取 $1, 1.2, 1.5$(元)各个值的概率分别是 $0.3, 0.2, 0.5$. 假设每天售出 300 个蛋糕,求这天的收入至少为 400 元的概率.

**解** 设 $X_i(i = 1, 2, \cdots, 300)$ 为售出第 $i$ 个蛋糕的价格,则 $X_i$ 的概率分布为

| $X_i$ | 1 | 1.2 | 1.5 |
|---|---|---|---|
| $P$ | 0.3 | 0.2 | 0.5 |

且随机变量 $X_1$，$X_2$，…，$X_{300}$ 独立同分布,再根据数学期望和方差的计算公式得

$$E(X_i) = 1.29, \ E(X_i^2) = 1.713, \ D(X_i) = 0.0489.$$

由林德贝格-勒维中心极限定理知,每天售出 300 个蛋糕的总价格 $\sum_{i=1}^{300} X_i$ 近似服从正态分布 $N(300 \times 1.29, 300 \times 0.0489)$,即 $N(387, 14.67)$,于是所求的概率为

$$P\left(\sum_{i=1}^{300} X_i \geqslant 400\right) \approx 1 - \varPhi\left(\frac{400 - 300 \times 1.29}{\sqrt{300 \times 0.0489}}\right)$$

$$= 1 - \varPhi\left(\frac{13}{3.83}\right) = 1 - \varPhi(3.39) \approx 0.0003.$$

3. 设某工厂有 100 台同类机器,各台机器发生故障的概率都是 0.05,各台机器工作是相互独立的,试求机器出故障的台数不小于 2 的概率. 请分别用下面 3 种方法计算:

(1) 用二项分布计算;(2) 用泊松分布近似计算;(3) 用正态分布近似计算.

**解** 设 $X$ 为机器出故障的台数,则 $X \sim B(100, 0.05)$.

(1) 用二项分布计算:

$P(X \geqslant 2) = 1 - P(X = 0) - P(X = 1) = 1 - 0.95^{100} - 100 \times 0.05 \times 0.95^{99} \approx 0.9629.$

(2) 用泊松分布近似计算:

$$\lambda = np = 100 \times 0.05 = 5,$$

查表得

$$P(X \geqslant 2) = 1 - P(X = 0) - P(X = 1) \approx 1 - e^{-5} - 5e^{-5} \approx 0.9596.$$

(3) 用正态分布近似计算:

$$np = 100 \times 0.05 = 5, \quad np(1 - p) = 100 \times 0.05 \times 0.95 = 4.75,$$

由棣莫弗-拉普拉斯中心极限定理知,$X$ 近似服从正态分布 $N(5, 4.75)$,所求的概率为

$$P(X \geqslant 2) = 1 - P(X \leqslant 1) \approx 1 - \varPhi\left(\frac{1 - 5}{\sqrt{4.75}}\right) \approx 0.9671.$$

4. 现有一大批种子,其中良种占 $\dfrac{1}{6}$. 现从中任取 6000 粒种子,试分别用切比雪夫不等式估计和用中心极限定理计算,这 6000 粒种子中良种所占的比例与 $\dfrac{1}{6}$ 之差的绝对值不超过 0.01 的概率.

**解** 设 $X$ 为 6000 粒种子中良种的个数,则 $X \sim B\left(6000, \dfrac{1}{6}\right)$,于是

$$E(X) = 6000 \times \frac{1}{6} = 1000, D(X) = 6000 \times \frac{1}{6} \times \frac{5}{6} = \frac{5000}{6}.$$

由切比雪夫不等式得

$$P\left(\left|\frac{X}{6000} - \frac{1}{6}\right| < 0.01\right) = P(|X - 1000| < 60) \geqslant 1 - \frac{\dfrac{5000}{6}}{60^2} = 0.769.$$

由棣莫弗-拉普拉斯中心极限定理知, $X$ 近似服从正态分布 $N\left(1000, \dfrac{5000}{6}\right)$, 于是所求的概率为

$$P\left(\left|\frac{X}{6000} - \frac{1}{6}\right| < 0.01\right) = P(|X - 1000| < 60) = P(940 < X < 1060)$$

$$\approx \varPhi\left(\frac{1060 - 1000}{\sqrt{\dfrac{5000}{6}}}\right) - \varPhi\left(\frac{940 - 1000}{\sqrt{\dfrac{5000}{6}}}\right)$$

$$= 2\varPhi\left(\frac{60}{\sqrt{\dfrac{5000}{6}}}\right) - 1 = 2\varPhi(2.0785) - 1 \approx 0.963.$$

5. 某系统由 100 个相互独立起作用的部件组成, 在整个运行期间每个部件损坏的概率为 0.1, 假设至少有 85 个部件正常工作时, 整个系统才能正常运行.

(1) 求整个系统正常运行的概率;

(2) 要使整个系统正常运行的概率达到 0.98, 问: 每个部件在运行中保持完好的概率应达到多少?

**解** (1) 设 $X$ 表示 100 个部件中正常工作的部件数, 显然 $X \sim B(100, 0.9)$. 根据棣莫弗-拉普拉斯中心极限定理知, 整个系统正常运行的概率为

$$P(X \geqslant 85) = 1 - P(X < 85) \approx 1 - \varPhi\left(\frac{85 - 100 \times 0.9}{\sqrt{100 \times 0.9 \times 0.1}}\right) = \varPhi\left(\frac{5}{3}\right) \approx 0.95.$$

(2) 设每个部件在运行中保持完好的概率为 $p$, 于是 $X \sim B(100, p)$, 由题意知,

$$P(X \geqslant 85) \geqslant 0.98, \ 1 - P(X < 85) \approx 1 - \varPhi\left[\frac{85 - 100p}{\sqrt{100p(1-p)}}\right] \geqslant 0.98.$$

由 $\varPhi\left[\dfrac{85 - 100p}{\sqrt{100p(1-p)}}\right] \leqslant 0.02$ 可知 $\dfrac{85 - 100p}{\sqrt{100p(1-p)}} < 0$, 于是

$$\varPhi\left(\frac{100p - 85}{\sqrt{100p(1-p)}}\right) \geqslant 0.98 = \varPhi(2.05), \frac{100p - 85}{\sqrt{100p(1-p)}} \geqslant 2.05,$$

解得 $p \geqslant 0.91$.

6. 在抽样检查一批产品的质量时, 如果发现次品多于 10 个, 则拒绝接收这批产品. 设某批产品的次品率为 15%, 问: 至少应检查多少个产品, 才能保证拒绝接收该产品的概率

达到 95%.

　　**解**　设至少检查 $n$ 个产品. 设 $X$ 表示 $n$ 个产品中的次品数,则 $X \sim B(n, 0.15)$,由题意知

$$P(10 < X \leqslant n) \geqslant 0.95.$$

由棣莫弗–拉普拉斯中心极限定理知,$X$ 近似服从正态分布 $N(0.15n,\ 0.15 \times 0.85n)$,即 $N(0.15n, 0.1275n)$. 于是

$$P(10 < X \leqslant n) \approx \Phi\left(\frac{n - 0.15n}{\sqrt{0.15 \times 0.85n}}\right) - \Phi\left(\frac{10 - 0.15n}{\sqrt{0.15 \times 0.85n}}\right) = \Phi\left(2.38\sqrt{n}\right) - \Phi\left(\frac{10 - 0.15n}{\sqrt{n} \cdot 0.357}\right).$$

由于 $n > 10$ 时,$\Phi\left(2.38 \times \sqrt{10}\right) = \Phi(7.53) \approx 1$,所以

$$1 - \Phi\left(\frac{10 - 0.15n}{\sqrt{n} \cdot 0.357}\right) \geqslant 0.95,$$

即

$$\Phi\left(\frac{0.15n - 10}{\sqrt{n} \cdot 0.357}\right) \geqslant 0.95 = \Phi(1.645), \qquad \frac{0.15n - 10}{\sqrt{n} \cdot 0.357} \geqslant 1.645,$$

得 $n \geqslant 108$,故至少应检查 108 个产品.

　　7. 有 200 台独立工作的机床,每台机床工作的概率为 0.7,且每台机床工作时需 15kW 电力. 问:共需多少电力,才可有 95% 的概率保证正常生产?

　　**解**　设工作的机床数为 $X$,则 $X \sim B(200, 0.7)$,假设所需电力为 $c$kW,则需要满足条件

$$P(15X < c) \geqslant 0.95.$$

由中心极限定理知,

$$P\left(\frac{X - 200 \times 0.7}{\sqrt{200 \times 0.7 \times 0.3}} < \frac{\dfrac{c}{15} - 200 \times 0.7}{\sqrt{200 \times 0.7 \times 0.3}}\right) \approx \Phi\left(\frac{\dfrac{c}{15} - 200 \times 0.7}{\sqrt{200 \times 0.7 \times 0.3}}\right).$$

查表得

$$\frac{\dfrac{c}{15} - 200 \times 0.7}{\sqrt{200 \times 0.7 \times 0.3}} \geqslant 1.645,$$

因此 $c \geqslant 15 \times 151 = 2265$.

# 第六章　统计量与抽样分布

## 一、知识结构图示

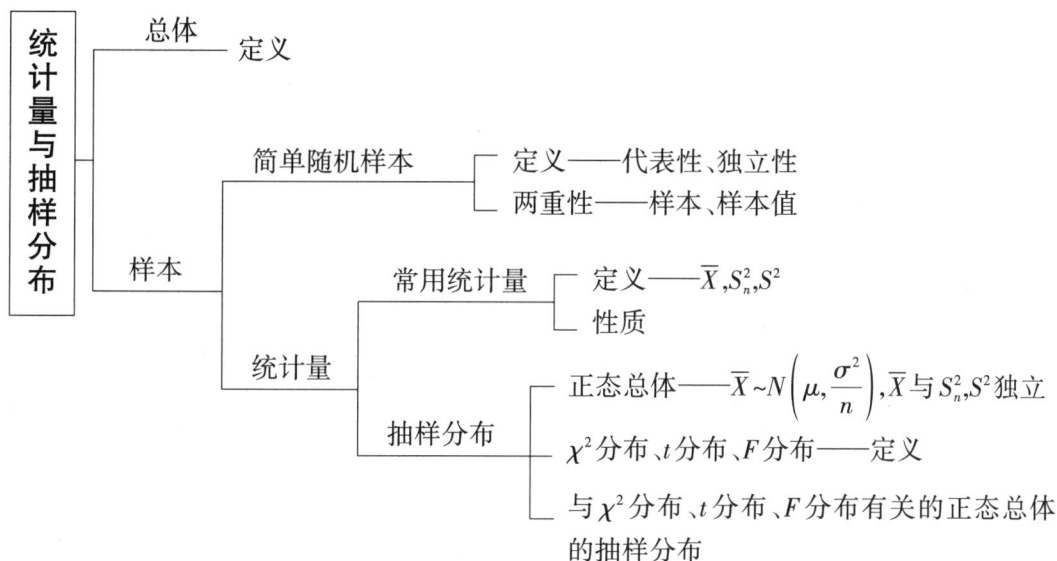

统计量与抽样分布
- 总体——定义
- 样本
  - 简单随机样本
    - 定义——代表性、独立性
    - 两重性——样本、样本值
  - 统计量
    - 常用统计量
      - 定义——$\overline{X}, S_n^2, S^2$
      - 性质
    - 抽样分布
      - 正态总体——$\overline{X} \sim N\left(\mu, \dfrac{\sigma^2}{n}\right)$, $\overline{X}$ 与 $S_n^2, S^2$ 独立
      - $\chi^2$分布、$t$分布、$F$分布——定义
      - 与 $\chi^2$分布、$t$分布、$F$分布有关的正态总体的抽样分布

## 二、内容归纳总结

### (一) 总体与样本

(1) 在统计学中,常把研究对象的全体称为**总体**,也称**母体**,而把组成总体的每个元素称为**个体**.

值得注意的是研究对象通常是指数值指标.

(2) 从总体 $X$ 中随机地抽得 $n$ 个个体,这 $n$ 个个体的指标分别为 $X_1, X_2, \cdots, X_n$,通常记为 $(X_1, X_2, \cdots, X_n)$,称 $(X_1, X_2, \cdots, X_n)$ 为总体 $X$ 的一个**样本**,或称**子样**,$n$ 称为**样本容量**,简称**容量**.

(3) 若总体 $X$ 的一个样本 $(X_1, X_2, \cdots, X_n)$ 具有如下性质:

① 代表性:每个 $X_i (i = 1, 2, \cdots, n)$ 与总体 $X$ 具有相同的分布.

② 独立性:$X_1, X_2, \cdots, X_n$ 相互独立.

则称 $(X_1, X_2, \cdots, X_n)$ 为总体 $X$ 的一个**简单随机样本**,或称 $(X_1, X_2, \cdots, X_n)$ 为来自总体 $X$ 的简单随机样本,简称**样本**.

(4) 若总体 $X$ 为离散型随机变量,且其概率分布为

$$P(X = a_k) = p_k, k = 1, 2, \cdots,$$

则 $(X_1, X_2, \cdots, X_n)$ 的联合概率分布为

$$P(X_1 = x_1, \cdots, X_n = x_n) = P(X_1 = x_1) \cdots P(X_n = x_n),$$

其中 $x_i(i = 1, 2, \cdots, n)$ 的取值为 $a_1, a_2, \cdots$.

若总体 $X$ 为连续型随机变量,且其密度函数为 $p(x)$,则 $(X_1, X_2, \cdots, X_n)$ 的联合密度函数为

$$p(x_1, \cdots, x_n) = p(x_1) \cdots p(x_n).$$

## (二) 统计量

设 $(X_1, X_2, \cdots, X_n)$ 是来自总体 $X$ 的一个容量为 $n$ 的样本,若样本函数 $T = T(X_1, \cdots, X_n)$ 中不含任何未知参数,则称 $T$ 为**统计量**.

常用的统计量如下.

总体 $X$ 的数学期望 $E(X)$ 记为 $\mu$,即 $E(X) = \mu$,总体 $X$ 的方差 $D(X)$ 记为 $\sigma^2$,即 $D(X) = \sigma^2$.

(1) 样本均值

设样本 $(X_1, X_2, \cdots, X_n)$ 来自总体 $X$,则称统计量 $\overline{X} = \dfrac{1}{n} \sum_{i=1}^{n} X_i$ 为**样本均值**.

**性质 1** 设总体 $X$ 的数学期望 $E(X) = \mu$ 及方差 $D(X) = \sigma^2$ 存在,样本 $(X_1, X_2, \cdots, X_n)$ 来自总体 $X$,则 $E(\overline{X}) = \mu, D(\overline{X}) = \dfrac{\sigma^2}{n}$.

样本均值 $\overline{X}$ 反映了总体 $X$ 的数学期望 $E(X) = \mu$ 的信息.

(2) 样本方差

设样本 $(X_1, X_2, \cdots, X_n)$ 来自总体 $X$,则称统计量 $S_n^2 = \dfrac{1}{n} \sum_{i=1}^{n} (X_i - \overline{X})^2$ 为**样本方差**,称 $S_n = \sqrt{S_n^2}$ 为**样本标准差**;称统计量 $S^2 = \dfrac{1}{n-1} \sum_{i=1}^{n} (X_i - \overline{X})^2$ 为**修正样本方差**,称 $S = \sqrt{S^2}$ 为**修正样本标准差**.

**性质 2** 设总体 $X$ 的数字期望 $E(X) = \mu$ 及方差 $D(X) = \sigma^2$ 存在,样本 $(X_1, X_2, \cdots, X_n)$ 来自总体 $X$,则 $E(S_n^2) = \dfrac{n-1}{n} \sigma^2, E(S^2) = \sigma^2$.

修正样本方差反映了总体 $X$ 的方差 $D(X) = \sigma^2$ 的信息.

(3) 样本矩

设样本 $(X_1, X_2, \cdots, X_n)$ 来自总体 $X$,则称统计量

$$A_k = \frac{1}{n} \sum_{i=1}^{n} X_i^k$$

为**样本 $k$ 阶原点矩**. 特别地,样本均值就是样本一阶原点矩. 称统计量

$$B_k = \frac{1}{n} \sum_{i=1}^{n} (X_i - \overline{X})^k$$

为**样本 $k$ 阶中心矩**. 特别地,样本方差就是样本二阶中心矩.

（4）次序统计量

设样本 $(X_1, X_2, \cdots, X_n)$ 来自总体 $X$，$X_{(i)}$ 称为该样本的第 $i$ 个**次序统计量**，$X_{(i)}$ 的取值是将样本观察值由小到大排列后得到的第 $i$ 个观察值，其中 $X_{(1)} = \min\{X_1, \cdots, X_n\}$ 称为该样本的最小次序统计量，$X_{(n)} = \max\{X_1, \cdots, X_n\}$ 称为该样本的最大次序统计量.

**定理 6.1** 设总体 $X$ 的密度函数为 $p(x)$，其分布函数为 $F(x)$，样本 $(X_1, X_2, \cdots, X_n)$ 来自总体 $X$，则最小次序统计量 $X_{(1)}$ 和最大次序统计量 $X_{(n)}$ 的密度函数分别为

$$p_{X_{(1)}}(x) = n\left[1 - F(x)\right]^{n-1} p(x),$$

$$p_{X_{(n)}}(x) = n\left[F(x)\right]^{n-1} p(x).$$

（5）样本相关系数

设 $(X_i, Y_i)(i = 1, 2, \cdots, n)$ 是来自二维总体 $(X, Y)$ 的一个样本，则称统计量

$$r = \frac{\sum_{i=1}^{n}(X_i - \overline{X})(Y_i - \overline{Y})}{\sqrt{\sum_{i=1}^{n}(X_i - \overline{X})^2 \sum_{i=1}^{n}(Y_i - \overline{Y})^2}}$$

为**样本相关系数**.

样本相关系数反映了二维总体 $(X, Y)$ 中 $X$ 与 $Y$ 的相关系数的信息.

## （三）抽样分布

称统计量的分布为**抽样分布**，统计中的常用分布如下.

（1）正态总体样本的线性函数的分布

**定理 6.2** 设 $(X_1, \cdots, X_n)$ 是来自正态总体 $N(\mu, \sigma^2)$ 的一个样本，统计量 $U$ 是样本的任一确定的线性函数，即 $U = \sum_{i=1}^{n} a_i X_i$，其中 $a_1, \cdots, a_n$ 至少有一个不为 0，则 $U$ 也是正态随机变量，且 $U \sim N\left(\mu \sum_{i=1}^{n} a_i, \sigma^2 \sum_{i=1}^{n} a_i^2\right)$.

**推论** 设 $(X_1, \cdots, X_n)$ 是来自正态总体 $N(\mu, \sigma^2)$ 的一个样本，则样本均值 $\overline{X}$ 也是正态随机变量，即 $\overline{X} \sim N\left(\mu, \frac{\sigma^2}{n}\right)$，$\frac{\overline{X} - \mu}{\sigma/\sqrt{n}} \sim N(0, 1)$.

（2）$\chi^2$ 分布

设 $X_1, \cdots, X_n$ 是相互独立且服从 $N(0, 1)$ 的随机变量，则称随机变量 $\chi^2 = \sum_{i=1}^{n} X_i^2$ 服从自由度为 $n$ 的 $\chi^2$ **分布**，记作 $\chi^2 \sim \chi^2(n)$.

**性质 3** 设 $X_i \sim \chi^2(n_i), i = 1, \cdots, m$，且它们相互独立，则 $\sum_{i=1}^{m} X_i \sim \chi^2\left(\sum_{i=1}^{m} n_i\right)$.

此性质说明 $\chi^2$ 分布具有可加性.

**性质 4**　设 $\chi^2 \sim \chi^2(n)$，则 $E(\chi^2) = n, D(\chi^2) = 2n$.

**定理 6.3**　设 $\left(X_1, \cdots, X_n\right)$ 是来自正态分布 $X \sim N(\mu, \sigma^2)$ 的一个样本，且 $\overline{X} = \frac{1}{n}\sum_{i=1}^{n}X_i, S_n^2 = \frac{1}{n}\sum_{i=1}^{n}\left(X_i - \overline{X}\right)^2, S^2 = \frac{1}{n-1}\sum_{i=1}^{n}(X_i - \overline{X})^2$，则① $\frac{nS_n^2}{\sigma^2} = \frac{(n-1)S^2}{\sigma^2} \sim \chi^2(n-1)$；② $\overline{X}$ 与 $S_n^2$（或 $S^2$）相互独立.

（3）$t$ 分布

设 $X \sim N(0,1), Y \sim \chi^2(n)$，且 $X$ 与 $Y$ 相互独立，则称随机变量 $T = \frac{X}{\sqrt{Y/n}}$ 服从自由度为 $n$ 的 $t$ **分布**，记作 $T \sim t(n)$.

**性质 5**　$t$ 分布的极限分布为标准正态分布 $N(0,1)$. 事实上，$t$ 分布 $t(n)$ 的密度函数 $t(x; n)$ 满足 $\lim_{n \to +\infty} t(x; n) = \frac{1}{\sqrt{2\pi}}e^{-\frac{x^2}{2}}$.

**定理 6.4**　设 $\left(X_1, \cdots, X_n\right)$ 是来自正态总体 $X \sim N(\mu, \sigma^2)$ 的一个样本，则 $\frac{\overline{X} - \mu}{\frac{S}{\sqrt{n}}} \sim t(n-1)$.

**定理 6.5**　设 $\left(X_1, \cdots, X_m\right)$ 和 $\left(Y_1, \cdots, Y_n\right)$ 是分别来自正态总体 $N\left(\mu_1, \sigma^2\right)$ 和 $N\left(\mu_2, \sigma^2\right)$ 的两个独立样本，记

$$\overline{X} = \frac{1}{m}\sum_{i=1}^{m}X_i, \ \overline{Y} = \frac{1}{n}\sum_{j=1}^{n}Y_j, S_1^2 = \frac{1}{m-1}\sum_{i=1}^{m}(X_i - \overline{X})^2, S_2^2 = \frac{1}{n-1}\sum_{j=1}^{n}(Y_j - \overline{Y})^2$$

则

$$T = \frac{(\overline{X} - \overline{Y}) - (\mu_1 - \mu_2)}{S_w\sqrt{\frac{1}{m} + \frac{1}{n}}} \sim t(m+n-2),$$

其中 $S_w^2 = \frac{(m-1)S_1^2 + (n-1)S_2^2}{m+n-2}$.

（4）$F$ 分布

设 $X \sim \chi^2(m), Y \sim \chi^2(n)$，且 $X$ 与 $Y$ 独立，则称随机变量 $F = \frac{X/m}{Y/n}$ 服从自由度为 $(m,n)$ 的 $F$ **分布**，其中 $m$ 称为第一自由度，$n$ 称为第二自由度，记作 $F \sim F(m,n)$.

**性质 6**　若 $F \sim F(m,n)$，则 $\frac{1}{F} \sim F(n,m)$.

**定理 6.6**　设 $\left(X_1, \cdots, X_m\right)$ 是来自正态总体 $N\left(\mu_1, \sigma_1^2\right)$ 的一个样本，$\left(Y_1, \cdots, Y_n\right)$ 是来自正态总体 $N\left(\mu_2, \sigma_2^2\right)$ 的一个样本，且 $\left(X_1, \cdots, X_m\right)$ 与 $\left(Y_1, \cdots, Y_n\right)$ 独立，则

$$F = \frac{\frac{S_1^2}{S_2^2}}{\frac{\sigma_1^2}{\sigma_2^2}} \sim F(m-1, n-1),$$

其中 $S_1^2, S_2^2$ 的定义同定理 6.5.

## 三、典型例题解析

**【例1】** 设总体 $X \sim N(\mu, 10^2)$，抽取容量为 $n$ 的样本，样本均值记为 $\overline{X}$，欲使

$$P(\mu - 5 < \overline{X} < \mu + 5) = 0.954,$$

试问：$n$ 取何值?

**解** 因为总体 $X \sim N(\mu, 10^2)$，所以 $\overline{X} \sim N\left(\mu, \dfrac{10^2}{n}\right)$。令 $U = \dfrac{\overline{X} - \mu}{10/\sqrt{n}} \sim N(0, 1)$，由

$P(\mu - 5 < \overline{X} < \mu + 5) = 0.954$ 可得

$$P\left(\frac{-5}{10/\sqrt{n}} < \frac{\overline{X} - \mu}{10/\sqrt{n}} < \frac{5}{10/\sqrt{n}}\right) = 0.954,$$

即 $P\left(-\dfrac{\sqrt{n}}{2} < U < \dfrac{\sqrt{n}}{2}\right) = 0.954$，从而 $\Phi\left(\dfrac{\sqrt{n}}{2}\right) - \Phi\left(-\dfrac{\sqrt{n}}{2}\right) = 0.954$，$\Phi\left(\dfrac{\sqrt{n}}{2}\right) = 0.975$，查标准

正态分布表得 $\dfrac{\sqrt{n}}{2} = 2$，所以 $n = 16$.

**【例2】** 设 $(X_1, \cdots, X_{100})$ 是来自正态总体 $X$ 的简单随机样本，且 $X \sim N(\mu, \sigma^2)$，

$$Y_1 = \frac{1}{10}\sum_{i=1}^{10} X_i, \quad Y_2 = \frac{1}{10}\sum_{i=11}^{20} X_i, \quad \cdots, \quad Y_{10} = \frac{1}{10}\sum_{i=91}^{100} X_i.$$

例2

令 $W = a\left[(Y_2 - Y_1)^2 + (Y_4 - Y_3)^2 + \cdots + (Y_{10} - Y_9)^2\right]$，试选取合适的 $a$，使得 $W$ 服从 $\chi^2$ 分布，并且指出所服从 $\chi^2$ 分布的自由度.

**解** 由于 $X_1, \cdots, X_{100}$ 相互独立，且均服从正态分布 $X \sim N(\mu, \sigma^2)$，因此，$Y_1, \cdots, Y_{10}$ 相互独立，且均服从正态分布 $N\left(\mu, \dfrac{\sigma^2}{10}\right)$，$Y_2 - Y_1, Y_4 - Y_3, \cdots, Y_{10} - Y_9$ 相互独立，且均服从正态分布 $N\left(0, \dfrac{\sigma^2}{5}\right)$. 因此，$\dfrac{\sqrt{5}}{\sigma}(Y_{2j} - Y_{2j-1}) \sim N(0, 1)$，$j = 1, \cdots, 5$. 由 $\chi^2$ 分布的定义知，

$$\sum_{j=1}^{5} \frac{5}{\sigma^2}(Y_{2j} - Y_{2j-1})^2 \sim \chi^2(5),$$

即当 $a = \dfrac{5}{\sigma^2}$ 时，$W \sim \chi^2(5)$，$W$ 服从自由度为5的 $\chi^2$ 分布.

**【例3】** 设 $(X_i, Y_i)(i = 1, 2, \cdots, n)$ 是来自二维正态分布 $N(\mu_1, \mu_2, \sigma_1^2, \sigma_2^2, \rho)$ 的样本. 又设

$$\overline{X} = \frac{1}{n}\sum_{i=1}^{n} X_i, \overline{Y} = \frac{1}{n}\sum_{i=1}^{n} Y_i, S_x^2 = \frac{1}{n}\sum_{i=1}^{n}(X_i - \overline{X})^2, S_y^2 = \frac{1}{n}\sum_{i=1}^{n}(Y_i - \overline{Y})^2,$$

$$r = \frac{\displaystyle\sum_{i=1}^{n}(X_i - \overline{X})(Y_i - \overline{Y})}{\sqrt{\displaystyle\sum_{i=1}^{n}(X_i - \overline{X})^2} \cdot \sqrt{\displaystyle\sum_{i=1}^{n}(Y_i - \overline{Y})^2}},$$

例3

求 $\dfrac{\overline{X} - \overline{Y} - (\mu_1 - \mu_2)}{\sqrt{S_x^2 + S_y^2 - 2rS_xS_y}} \sqrt{n-1}$ 的分布.

**解**　由于样本成对出现,可令 $Z_i = X_i - Y_i, i = 1, 2, \cdots, n$,于是 $(Z_1, Z_2, \cdots, Z_n)$ 便可视为来自正态总体 $X \sim N(\mu, \sigma^2)$ 的样本,其中

$$\mu = E(Z_i) = E(X_i - Y_i) = E(X_i) - E(Y_i) = \mu_1 - \mu_2,$$

$$\sigma^2 = D(Z_i) = D(X_i - Y_i) = D(X_i) + D(Y_i) - 2\text{Cov}(X_i, Y_i) = \sigma_1^2 + \sigma_2^2 - 2\rho\sigma_1\sigma_2.$$

又 $\dfrac{\overline{Z} - \mu}{\dfrac{\sigma}{\sqrt{n}}} \sim N(0, 1), \dfrac{nS_z^2}{\sigma^2} \sim \chi^2(n-1)$,其中 $\overline{Z} = \dfrac{1}{n}\sum\limits_{i=1}^{n} Z_i, S_z^2 = \dfrac{1}{n}\sum\limits_{i=1}^{n}(Z_i - \overline{Z})^2$,由 $t$ 分布的定义可知,

$$\dfrac{\dfrac{\overline{Z} - \mu}{\dfrac{\sigma}{\sqrt{n}}}}{\sqrt{\dfrac{\dfrac{nS_z^2}{\sigma^2}}{n-1}}} \sim t(n-1),$$

即 $\dfrac{\overline{Z} - \mu}{S_z} \sqrt{n-1} \sim t(n-1)$,其中 $\overline{Z} = \dfrac{1}{n}\sum\limits_{i=1}^{n} Z_i = \dfrac{1}{n}\sum\limits_{i=1}^{n}(X_i - Y_i) = \overline{X} - \overline{Y}$,

$$S_z^2 = \dfrac{1}{n}\sum_{i=1}^{n}(Z_i - \overline{Z})^2 = \dfrac{1}{n}\sum_{i=1}^{n}\left[(X_i - \overline{X}) - (Y_i - \overline{Y})\right]^2$$

$$= \dfrac{1}{n}\sum_{i=1}^{n}\left[(X_i - \overline{X})^2 + (Y_i - \overline{Y})^2 - 2(X_i - \overline{X})(Y_i - \overline{Y})\right]$$

$$= S_x^2 + S_y^2 - 2rS_xS_y.$$

所以,$\dfrac{\overline{X} - \overline{Y} - (\mu_1 - \mu_2)}{\sqrt{S_x^2 + S_y^2 - 2rS_xS_y}} \sqrt{n-1} \sim t(n-1)$.

**【例 4】**　设 $(X_1, \cdots, X_m)$ 是来自总体 $X$ 的一个样本,$(Y_1, \cdots, Y_n)$ 是来自总体 $Y$ 的一个样本,$X \sim N(\mu_1, \sigma^2), Y \sim N(\mu_2, \sigma^2)$,其中 $\mu_1, \mu_2$ 已知,$\sigma^2$ 未知,且两个样本相互独立. 令

$$S_1^2 = \dfrac{1}{m}\sum_{i=1}^{m}(X_i - \mu_1)^2, S_2^2 = \dfrac{1}{n}\sum_{j=1}^{n}(Y_j - \mu_2)^2,$$

求统计量 $V = \dfrac{S_1^2}{S_2^2}$ 的分布.

**解**　因为 $\dfrac{X_i - \mu_1}{\sigma} \sim N(0, 1), i = 1, 2, \cdots, m, \dfrac{Y_j - \mu_2}{\sigma} \sim N(0, 1), j = 1, 2, \cdots, n$,

所以由 $\chi^2$ 分布的定义知,$\chi_1^2 = \dfrac{1}{\sigma^2}\sum\limits_{i=1}^{m}(X_i - \mu_1)^2 \sim \chi^2(m), \chi_2^2 = \dfrac{1}{\sigma^2}\sum\limits_{j=1}^{m}(Y_j - \mu_2)^2 \sim \chi^2(n)$.

又 $\chi_1^2$ 与 $\chi_2^2$ 相互独立,所以由 $F$ 分布的定义知,$\dfrac{\chi_1^2/m}{\chi_2^2/n} \sim F(m, n)$,即

$$V = \frac{S_1^2}{S_2^2} = \frac{\chi_1^2/m}{\chi_2^2/n} \sim F(m, n).$$

## 四、自测练习试卷

(一) 填空题(共 6 题,每题 3 分,共 18 分)

1.(**考研真题** 2009 年数学三) 设 $(X_1, X_2, \cdots, X_n)$ 为来自二项分布总体 $B(n, p)$ 的样本,$\bar{X}$ 和 $S^2$ 分别为样本均值和修正样本方差,记统计量 $T = \bar{X} - S^2$,则 $E(T) =$ _____.

2.(**考研真题** 2010 年数学三) 设 $(X_1, X_2, \cdots, X_n)$ 为来自正态总体 $X \sim N(\mu, \sigma^2)$ 的样本,记统计量 $T = \frac{1}{n}\sum_{i=1}^{n}X_i^2$,则 $E(T) =$ _____.

3. 设 $(X_1, X_2, X_3, X_4)$ 是来自总体 $X$ 的一个样本,$X \sim N(0, 4)$,令 $Y = a(X_1 - 2X_2)^2 + b(3X_3 - 4X_4)^2$,则当 $a =$ _____,$b =$ _____时,$Y$ 服从 $\chi^2$ 分布,自由度为 2.

4. 设 $(X_1, \cdots, X_5)$ 是来自正态总体 $X$ 的一个样本,$X \sim N(0, \sigma^2)$,若 $\dfrac{a(X_1 + X_2)}{\sqrt{X_3^2 + X_4^2 + X_5^2}}$ 服从 $t$ 分布,$a > 0$, 则 $a =$ _____.

5. 设 $(X_1, \cdots, X_9)$ 和 $(Y_1, \cdots, Y_9)$ 是来自总体 $X$ 和 $Y$ 的样本,$X$ 和 $Y$ 独立且同服从正态分布 $N(0, 3^2)$,则统计量 $Z = \dfrac{\sum_{i=1}^{9}X_i}{\sqrt{\sum_{j=1}^{9}Y_j^2}}$ 服从的分布是_____.(要求注明分布的参数或自由度.)

6.(**考研真题** 2001 年数学三) 设 $(X_1, \cdots, X_{15})$ 是来自总体 $N(0, 2^2)$ 的一个样本. 令 $Y = \dfrac{\sum_{i=1}^{10}X_i^2}{2\sum_{j=11}^{15}X_j^2}$,则 $Y \sim$ _____.

(二) 选择题(共 7 题,每题 3 分,共 21 分)

1.(**考研真题** 2002 年数学三) 设随机变量 $X$ 和 $Y$ 都服从标准正态分布,则( ).

A. $X + Y$ 服从正态分布

B. $X^2 + Y^2$ 服从 $\chi^2$ 分布

C. $X^2$ 和 $Y^2$ 都服从 $\chi^2$ 分布

D. $X^2/Y^2$ 服从 $F$ 分布

2. 设随机变量 $X_1, X_2, X_3, X_4$ 独立同分布,且都服从正态分布 $N(1, 1)$,$k\left(\sum_{i=1}^{4}X_i - 4\right)^2$ 服从 $\chi^2(n)$ 分布,则( ).

A. $k = \dfrac{1}{4}, n = 1$    B. $k = \dfrac{1}{2}, n = 1$    C. $k = \dfrac{1}{4}, n = 4$    D. $k = \dfrac{1}{2}, n = 4$

3.(**考研真题** 2005 年数学一) 设 $(X_1, X_2, \cdots, X_n)(n \geqslant 2)$ 为来自总体 $N(0, 1)$ 的样本,$\bar{X}, S^2$ 分别为样本均值和修正样本方差,则( ).

A. $n\bar{X} \sim N(0, 1)$　　　　　　　　　　　B. $nS^2 \sim \chi^2(n)$

C. $\dfrac{(n-1)\bar{X}}{S} \sim t(n-1)$　　　　　　D. $\dfrac{(n-1)X_1^2}{\sum\limits_{i=2}^{n} X_i^2} \sim F(1, n-1)$

4.（**考研真题** 2015 年数学三）　设总体 $X \sim B(m, \theta)(0 < \theta < 1)$，$(X_1, \cdots, X_n)$ 为来自总体 $X$ 的简单随机样本，$\bar{X}$ 为样本均值，则 $E\left[\sum\limits_{i=1}^{n}(X_i - \bar{X})^2\right] = (\qquad)$.

A. $(m-1)n\theta(1-\theta)$　　　　　　　B. $m(n-1)\theta(1-\theta)$

C. $(m-1)(n-1)\theta(1-\theta)$　　　　D. $mn\theta(1-\theta)$

5.（**考研真题** 2012 年数学三）　设随机变量 $X_1, X_2, X_3, X_4$ 为来自总体 $N(1, \sigma^2)$ 的简单随机样本，则统计量 $\dfrac{X_1 - X_2}{|X_3 + X_4 - 2|}$ 的分布为（　　）.

A. $N(0, 1)$　　　　B. $t(1)$　　　　C. $\chi^2(1)$　　　　D. $F(1, 1)$

6.（**考研真题** 2003 年数学一）　设随机变量 $X \sim t(n)$，其中 $n > 1$，令 $Y = \dfrac{1}{X^2}$，则（　　）.

A. $Y \sim \chi^2(n-1)$　　B. $Y \sim \chi^2(n)$　　C. $Y \sim F(1, n)$　　D. $Y \sim F(n, 1)$

7.（**考研真题** 2013 年数学一）　设随机变量 $X \sim t(n)$，$Y \sim F(1, n)$，对于给定 $\alpha(0 < \alpha < 0.5)$，常数 $C$ 满足 $P(X > C) = \alpha$，则 $P(Y > C^2) = (\qquad)$.

A. $\alpha$　　　　B. $1 - \alpha$　　　　C. $2\alpha$　　　　D. $1 - 2\alpha$

（三）分析判断题（共 2 题，每题 4 分，共 8 分）

1. 统计量的分布（即抽样分布）也不含未知参数.

2. 已知总体 $X$ 的数学期望 $E(X) = \mu$，方差 $D(X) = \sigma^2$ 存在，其中总体 $X$ 不一定服从正态分布，则样本均值 $\bar{X}$ 的渐近分布为正态分布 $X \sim N(\mu, \sigma^2)$.

（四）简答题（共 2 题，每题 4 分，共 8 分）

1. 采用简单抽样的方法推断总体，对样本应当有怎样的要求？

2. $t$ 分布与标准正态分布的关系如何？

（五）计算题（共 5 题，第 1,2 题每题 8 分，第 3 题 9 分，第 4,5 题每题 10 分，共 45 分）

1. 从正态总体 $N(3.6, 6^2)$ 中抽取容量为 $n$ 的样本，如果要使其样本均值位于区间 $(1.4, 5.4)$ 内的概率不小于 0.95，问：$n$ 至少应取多大？

2. 设 $(X_1, \cdots, X_{25})$ 及 $(Y_1, \cdots, Y_{25})$ 分别为 $N(0, 16)$ 和 $N(1, 9)$ 两个独立总体中的简单随机样本，$\bar{X}$ 和 $\bar{Y}$ 分别表示两个样本均值，求 $P(\bar{X} > \bar{Y})$.

3. 设 $(X_1, X_2, \cdots, X_n)$ 是来自正态总体 $N(0, \sigma^2)$ 的样本，试确定常数 $c_1, c_2$，使 $c_1\left(\sum\limits_{i=1}^{n} X_i^2\right)$ 和 $c_2\left(\sum\limits_{i=1}^{n} X_i\right)^2$ 均服从 $\chi^2$ 分布，并指出它们的自由度.

4. 设总体 $X \sim N(0, 1)$，$(X_1, \cdots, X_n)$ 为简单随机样本，试问：下列统计量各服从什么分布？

(1) $\dfrac{X_1 - X_2}{\left(X_3^2 + X_4^2\right)^{\frac{1}{2}}}$;  (2) $\left(\dfrac{X_1 - X_2}{X_3 + X_4}\right)^2$.

5. (**考研真题** 2001 年数学一)  设总体 $X \sim N(\mu, \sigma^2)$, $(X_1, \cdots, X_n)$ $(n \geqslant 2)$ 为来自总体 $X$ 的样本, $\bar{X} = \dfrac{1}{2n}\sum\limits_{i=1}^{2n} X_i$, 求统计量 $T = \sum\limits_{i=1}^{n}(X_i + X_{n+i} - 2\bar{X})^2$ 的数学期望.

計算題 5

# 五、习题、总复习题及详解

## 习题 6-1  总体与样本

1. 设某厂大量生产某种产品,其次品率 $p$ 未知. 每 $m$ 件产品包装为一盒,为了检查产品的质量,任意抽取 $n$ 盒检查其中的次品数. 试在这个统计问题中说明什么是总体、样本以及它们的分布.

**解**  总体 $X$ 表示一盒产品中的次品数, $X \sim B(m, p)$, 样本 $(X_1, X_2, \cdots, X_n)$ 表示所抽的 $n$ 盒产品中各盒的次品数,

$$P(X_1 = x_1, \cdots, X_n = x_n) = \left(\prod_{i=1}^{n} C_m^{x_i}\right) p^{\sum\limits_{i=1}^{n} x_i}(1-p)^{nm - \sum\limits_{i=1}^{n} x_i},$$

$x_i = 0, 1, \cdots, m$, $i = 1, 2, \cdots, n$.

2. 某厂生产的电容器的使用寿命服从指数分布,但其参数 $\lambda$ 未知. 为此任意抽查 $n$ 个电容器,测其实际使用寿命. 试在这个统计问题中说明什么是总体、样本以及它们的分布.

**解**  总体 $X$ 表示一个电容器的使用寿命, $X \sim Exp(\lambda)$, 样本 $(X_1, X_2, \cdots, X_n)$ 表示所抽的 $n$ 个电容器中各电容器的使用寿命,

$$p(x_1, \cdots, x_n) = \begin{cases} \lambda^n e^{-\lambda\left(\sum\limits_{i=1}^{n} x_i\right)}, & x_1, \cdots, x_n > 0. \\ 0, & \text{其他} \end{cases}$$

## 习题 6-2  统计量

1. 设总体 $X$ 服从泊松分布, $(X_1, \cdots, X_n)$ 是来自此总体 $X$ 的一个样本, $\bar{X}, S^2$ 分别为样本均值和修正样本方差. 试求:

(1) $(X_1, \cdots, X_n)$ 的联合概率分布; (2) $E(\bar{X})$, $D(\bar{X})$ 和 $E(S^2)$.

**解**  (1) $P(X_1 = x_1, \cdots, X_n = x_n) = \dfrac{\lambda^{\sum\limits_{i=1}^{n} x_i}}{\prod\limits_{i=1}^{n} x_i!} e^{-n\lambda}$;

(2) $E(X) = \lambda$, $D(X) = \lambda$,

$$E(\bar{X}) = E\left(\frac{1}{n}\sum_{k=1}^{n} X_k\right) = \frac{1}{n}\sum_{k=1}^{n} E(X_k) = \lambda,$$

$$D(\overline{X}) = D\left(\frac{1}{n}\sum_{k=1}^{n}X_k\right) = \frac{1}{n^2}\sum_{k=1}^{n}D(X_k) = \frac{\lambda}{n},$$

$$E(S^2) = E\left[\frac{1}{n-1}\sum_{i=1}^{n}(X_i - \overline{X})^2\right] = E\left[\frac{1}{n-1}\sum_{i=1}^{n}X_i^2 - \frac{n}{n-1}\overline{X}^2\right]$$

$$= \frac{1}{n-1}\sum_{i=1}^{n}E(X_i^2) - \frac{n}{n-1}E(\overline{X}^2) = \frac{1}{n-1}\sum_{i=1}^{n}(\lambda + \lambda^2) - \frac{n}{n-1}\left(\frac{\lambda}{n} + \lambda^2\right) = \lambda.$$

2. 假设随机变量 $X$ 的密度函数为

$$p(x) = \begin{cases} 2x, & 0 < x < 1 \\ 0, & 其他 \end{cases},$$

样本 $(X_1, \cdots, X_n)$ 来自总体 $X$,分别求 $X_{(1)}$ 和 $X_{(n)}$ 的密度函数.

**解** 因为

$$F(x) = \begin{cases} 0, & x < 0 \\ x^2, & 0 \leqslant x < 1, \\ 1, & x \geqslant 1 \end{cases}$$

所以由定理 6.1 得,

$$p_{X_{(1)}}(x) = n[1 - F(x)]^{n-1}p(x) = \begin{cases} 2nx(1 - x^2)^{n-1}, & 0 < x < 1 \\ 0, & 其他 \end{cases},$$

$$p_{X_{(n)}}(x) = n[F(x)]^{n-1}p(x) = \begin{cases} 2nx^{2n-1}, & 0 < x < 1 \\ 0, & 其他 \end{cases}.$$

3. 设 $(X_1, X_2)$ 是来自总体 $X$ 的一个样本,求 $X_1 - \overline{X}$ 和 $X_2 - \overline{X}$ 的相关系数 $\rho$.

**解** 因为 $X_1 - \overline{X} = \dfrac{X_1 - X_2}{2}, X_2 - \overline{X} = \dfrac{X_2 - X_1}{2}$,且 $(X_1 - \overline{X}) + (X_2 - \overline{X}) = 0$,所以 $\rho = -1$.

## 习题 6-3 抽样分布

1. 设总体 $X$ 服从正态分布 $N(\mu, \sigma^2)$,$(X_1, \cdots, X_{20})$ 是来自总体 $X$ 的一个样本,

$$Y = 3\sum_{i=1}^{10}X_i - 4\sum_{i=11}^{20}X_i,$$

求 $Y$ 的分布.

**解** 由定理 6.1 知 $Y \sim N(E(Y), D(Y))$

$E(Y) = 30\mu - 40\mu = -10\mu, D(Y) = 90\sigma^2 + 160\sigma^2 = 250\sigma^2$,即 $Y \sim N(-10\mu, 250\sigma^2)$.

2. 设总体 $X$ 和 $Y$ 相互独立,且均服从正态分布 $N(30, 3^2)$,$(X_1, \cdots, X_{20})$ 和 $(Y_1, \cdots, Y_{25})$ 是分别来自 $X$ 和 $Y$ 的样本,求 $P(|\overline{X} - \overline{Y}| > 0.4)$.

**解** 由正态分布的性质知,$\overline{X} \sim N\left(30, \dfrac{9}{20}\right), \overline{Y} \sim N\left(30, \dfrac{9}{25}\right)$,则 $\overline{X} - \overline{Y} \sim N(0, 0.81)$.

$$P(|\overline{X} - \overline{Y}| > 0.4) = 1 - P(|\overline{X} - \overline{Y}| \leqslant 0.4) = 2 - 2\Phi(0.4) = 0.66.$$

3. 设 $(X_1, \cdots, X_n)$ 是来自正态总体 $N(\mu, \sigma^2)$ 的一个样本,求 $Y = \dfrac{1}{\sigma^2}\sum_{i=1}^{n}(X_i - \mu)^2$ 的

分布.

**解** $\dfrac{X_i - \mu}{\sigma} \sim N(0, 1), i = 1, 2, \cdots, n$, 且 $X_i$ 独立,由 $\chi^2$ 分布的定义知,$Y \sim \chi^2(n)$.

4. 设总体 $X$ 和 $Y$ 相互独立,且都服从正态分布 $N(0, 3^2)$,而 $\left(X_1, \cdots, X_9\right)$ 和 $\left(Y_1, \cdots, Y_9\right)$ 分别是来自总体 $X$ 和 $Y$ 的样本,求统计量 $W = \dfrac{X_1 + \cdots + X_9}{\sqrt{Y_1^{\,2} + \cdots + Y_9^{\,2}}}$ 的分布.

**解** $\dfrac{X_1 + \cdots + X_9}{9} \sim N(0, 1), \left(\dfrac{Y_1}{3}\right)^2 + \cdots + \left(\dfrac{Y_9}{3}\right)^2 \sim \chi^2(9)$,由 $t$ 分布的定义知 $W \sim t(9)$.

5. 设 $\left(X_1, \cdots, X_m\right)$ 和 $\left(Y_1, \cdots, Y_n\right)$ 分别是来自两个独立的正态总体 $N\left(\mu_1, \sigma^2\right)$ 和 $N\left(\mu_2, \sigma^2\right)$ 的样本,$\alpha$ 和 $\beta$ 是两个已知常数,试求 $Z = \dfrac{\alpha\left(\overline{X} - \mu_1\right) + \beta\left(\overline{Y} - \mu_2\right)}{S_w \sqrt{\dfrac{\alpha^2}{m} + \dfrac{\beta^2}{n}}}$ 的分布,其中 $S_w = \sqrt{\dfrac{(m-1)S_1^2 + (n-1)S_2^2}{m+n-2}}$.

**解** $\overline{X} \sim N\left(\mu_1, \dfrac{\sigma^2}{m}\right), \overline{X} - \mu_1 \sim N\left(0, \dfrac{\sigma^2}{m}\right), \overline{Y} \sim N\left(\mu_2, \dfrac{\sigma^2}{n}\right), \overline{Y} - \mu_2 \sim N\left(0, \dfrac{\sigma^2}{n}\right),$

$$\alpha\left(\overline{X} - \mu_1\right) + \beta\left(\overline{Y} - \mu_2\right) \sim N\left(0, \left(\dfrac{\alpha^2}{m} + \dfrac{\beta^2}{n}\right)\sigma^2\right).$$

由定理6.3知,$\dfrac{(m-1)S_1^2}{\sigma^2} \sim \chi^2(m-1), \dfrac{(n-1)S_2^2}{\sigma^2} \sim \chi^2(n-1)$,它们相互独立.由可加性知,

$$\dfrac{(m-1)S_1^2}{\sigma^2} + \dfrac{(n-1)S_2^2}{\sigma^2} \sim \chi^2(m+n-2).$$

$\alpha\left(\overline{X} - \mu_1\right) + \beta\left(\overline{Y} - \mu_2\right)$ 与 $S_w^2$ 相互独立,由 $t$ 分布的定义知,

$$Z = \dfrac{\dfrac{\alpha\left(\overline{X} - \mu_1\right) + \beta\left(\overline{Y} - \mu_2\right)}{\sigma\sqrt{\left(\dfrac{\alpha^2}{m} + \dfrac{\beta^2}{n}\right)}}}{\sqrt{\dfrac{\dfrac{(m-1)S_1^2}{\sigma^2} + \dfrac{(n-1)S_2^2}{\sigma^2}}{m+n-2}}} = \dfrac{\alpha\left(\overline{X} - \mu_1\right) + \beta\left(\overline{Y} - \mu_2\right)}{S_w\sqrt{\dfrac{\alpha^2}{m} + \dfrac{\beta^2}{n}}} \sim t(m+n-2).$$

6. 设 $X \sim t(n)$,问:$Y = X^2$ 服从什么分布?并确定其参数.

**解** $X \sim t(n)$,则存在 $X_1 \sim N(0, 1), Y_1 \sim \chi^2(n), X_1$ 与 $Y_1$ 独立,使得 $X = \dfrac{X_1}{\sqrt{\dfrac{Y_1}{n}}} \sim t(n)$.

此时,$X^2 = \dfrac{X_1^2}{\dfrac{Y_1}{n}}, X_1^2 \sim \chi^2(1), Y_1 \sim \chi^2(n), X_1^2$ 与 $Y_1$ 独立,则 $Y = X^2 = \dfrac{\dfrac{X_1^2}{1}}{\dfrac{Y_1}{n}} \sim F(1, n)$.

## 总复习题六

1. 设总体 $X$ 服从 0-1 分布，$P(X = 1) = p, 0 < p < 1, (X_1, \cdots, X_n)$ 是来自总体 $X$ 的一个样本，$\bar{X}, S^2$ 分别是样本均值和样本方差．

(1) 求 $E(\bar{X}), D(\bar{X})$ 和 $E(S_n^2)$；(2) 证明：$S_n^2 = \bar{X}(1 - \bar{X})$．

**解**　(1) $E(\bar{X}) = p, D(\bar{X}) = \dfrac{p(1 - p)}{n}, E(S_n^2) = \dfrac{n - 1}{n} p(1 - p)$．

(2) $X_i$ 服从 0-1 分布，$X_i = X_i^2$，

$$S_n^2 = \frac{1}{n} \sum_{i=1}^{n} (X_i - \bar{X})^2 = \frac{1}{n} \left( \sum_{i=1}^{n} X_i^2 - n\bar{X}^2 \right) = \frac{1}{n} \left( \sum_{i=1}^{n} X_i - n\bar{X}^2 \right) = \bar{X}(1 - \bar{X}).$$

2. 设总体 $X \sim N(\mu, \sigma^2), (X_1, \cdots, X_n)$ 是来自总体 $X$ 的一个样本，试求常数 $k$，使

$$P\left( \left| \frac{X_i - \bar{X}}{\sigma / \sqrt{n}} \right| < k\sqrt{n - 1} \right) = 0.95,$$

其中 $i$ 为 $1, 2, \cdots, n$ 中的某个数．

**解**　$Y = X_i - \bar{X} = \dfrac{1}{n} \big[ (n - 1)X_i - (X_1 + \cdots + X_{i-1} + X_{i+1} + \cdots + X_n) \big] \sim N\left( 0, \dfrac{n - 1}{n} \sigma^2 \right),$

$$Z = \frac{Y}{\sqrt{\dfrac{n - 1}{n}} \sigma} \sim N(0, 1), P(|Z| < k) = 2\Phi(k) - 1 = 0.95, k = 1.96.$$

3. 设 $(X_1, \cdots, X_9)$ 是来自分布为 $N(0, 2^2)$ 的正态总体的一个样本，求系数 $a, b, c$，使

$$X = a(X_1 + X_2)^2 + b(X_3 + X_4 + X_5)^2 + c(X_6 + X_7 + X_8 + X_9)^2$$

服从 $\chi^2$ 分布，并求其自由度．

**解**　$Y_1 = X_1 + X_2 \sim N(0, 8), Y_2 = X_3 + X_4 + X_5 \sim N(0, 12),$

$$Y_3 = X_6 + X_7 + X_8 + X_9 \sim N(0, 16), \frac{Y_1}{2\sqrt{2}} \sim N(0, 1), \frac{Y_2}{2\sqrt{3}} \sim N(0, 1), \frac{Y_3}{4} \sim N(0, 1),$$

$Y_1, Y_2, Y_3$ 独立，则 $a = \dfrac{1}{(2\sqrt{2})^2} = \dfrac{1}{8}, b = \dfrac{1}{12}, c = \dfrac{1}{16}, X \sim \chi^2(3)$．

4. 设 $(X_1, \cdots, X_9)$ 是来自正态总体 $X$ 的一个样本，且 $Y_1 = \dfrac{1}{6}(X_1 + \cdots + X_6), Y_2 = \dfrac{1}{3}(X_7 + X_8 + X_9), S^2 = \dfrac{1}{2} \sum_{i=7}^{9} (X_i - Y_2)^2, Z = \dfrac{\sqrt{2}(Y_1 - Y_2)}{S}$，求 $Z$ 的分布．

**解**　$Y_1 \sim N\left( \mu, \dfrac{\sigma^2}{6} \right), Y_2 \sim N\left( \mu, \dfrac{\sigma^2}{3} \right), Y_1 - Y_2 \sim N\left( 0, \dfrac{\sigma^2}{2} \right), \dfrac{\sqrt{2}}{\sigma} (Y_1 - Y_2) \sim N(0, 1).$

由定理 6.3 知，$\dfrac{2S^2}{\sigma^2} \sim \chi^2(2), S^2$ 与 $Y_2$ 独立，$S^2$ 与 $Y_1 - Y_2$ 独立，由 $t$ 分布的定义知，

$$Z = \frac{\frac{\sqrt{2}}{\sigma}(Y_1 - Y_2)}{\sqrt{\frac{2S^2}{\sigma^2}}} = \frac{\sqrt{2}(Y_1 - Y_2)}{S} \sim t(2).$$

5. 设 $X_1, X_2, \cdots, X_n$ 和 $Y$ 独立同分布，其中 $X_1 \sim N(0, \sigma^2)$, $\bar{X} = \frac{1}{n}\sum_{i=1}^{n}X_i$, $S'^2 = \sum_{i=1}^{n}(X_i - \bar{X})^2$, $T = \frac{a(\bar{X} - Y)}{S'} \sim t(n-1)$, 求 $a$.

**解** 由于 $S^2 = \frac{1}{n-1}\sum_{i=1}^{n}(X_i - \bar{X})^2 = \frac{S'^2}{n-1}$ 与 $\bar{X}$ 独立，$\bar{X} - Y$ 与 $S'^2$ 独立，且 $\bar{X} -$

$Y \sim N\left(0, \frac{n+1}{n}\sigma^2\right)$, $\frac{\bar{X} - Y}{\sqrt{\frac{n+1}{n}}\sigma} \sim N(0, 1)$. 又 $\frac{S'^2}{\sigma^2} \sim \chi^2(n-1)$, 由 $t$ 分布的定义知，

$$\frac{\dfrac{\bar{X} - Y}{\sigma\sqrt{\dfrac{n+1}{n}}}}{\sqrt{\dfrac{\dfrac{S'^2}{\sigma^2}}{n-1}}} = \sqrt{\frac{n(n-1)}{n+1}}\frac{\bar{X} - Y}{S'} \sim t(n-1), \text{则 } a = \sqrt{\frac{n(n-1)}{n+1}}.$$

6. 设 $(X_1, \cdots, X_n, X_{n+1}, \cdots, X_{n+m})$ 是来自分布为 $N(0, \sigma^2)$ 的正态总体的容量为 $n+m$ 的样本，试求下列统计量的分布．

$$(1)\ Y_1 = \frac{\sqrt{m}\sum_{i=1}^{n}X_i}{\sqrt{n}\sqrt{\sum_{i=n+1}^{n+m}X_i^2}};\quad(2)\ Y_2 = \frac{m\sum_{i=1}^{n}X_i^2}{n\sum_{i=n+1}^{n+m}X_i^2}.$$

**解** (1) 因为 $\sum_{i=1}^{n}X_i \sim N(0, n\sigma^2)$, 所以 $\frac{\sum_{i=1}^{n}X_i}{\sqrt{n}\,\sigma} \sim N(0, 1)$, $\frac{X_i}{\sigma} \sim N(0, 1)$, $\sum_{i=n+1}^{n+m}\frac{X_i^2}{\sigma^2} \sim \chi^2(m)$, 所以

$$Y_1 = \frac{\dfrac{\sum_{i=1}^{n}X_i}{\sqrt{n}\,\sigma}}{\sqrt{\dfrac{\sum_{i=n+1}^{n+m}\dfrac{X_i^2}{\sigma^2}}{m}}} = \frac{\sqrt{m}\sum_{i=1}^{n}X_i}{\sqrt{n}\sqrt{\sum_{i=n+1}^{n+m}X_i^2}} \sim t(m).$$

(2) 因为 $\sum_{i=1}^{n}\frac{X_i^2}{\sigma^2} \sim \chi^2(n)$, $\sum_{i=n+1}^{n+m}\frac{X_i^2}{\sigma^2} \sim \chi^2(m)$, $\sum_{i=1}^{n}\frac{X_i^2}{\sigma^2}$ 与 $\sum_{i=n+1}^{n+m}\frac{X_i^2}{\sigma^2}$ 独立，所以

$$Y_2 = \frac{\dfrac{\sum_{i=1}^{n}\dfrac{X_i^2}{\sigma^2}}{n}}{\dfrac{\sum_{i=n+1}^{n+m}\dfrac{X_i^2}{\sigma^2}}{m}} = \frac{m\sum_{i=1}^{n}X_i^2}{n\sum_{i=n+1}^{n+m}X_i^2} \sim F(n, m).$$

# 第七章 参 数 估 计

## 一、知识结构图示

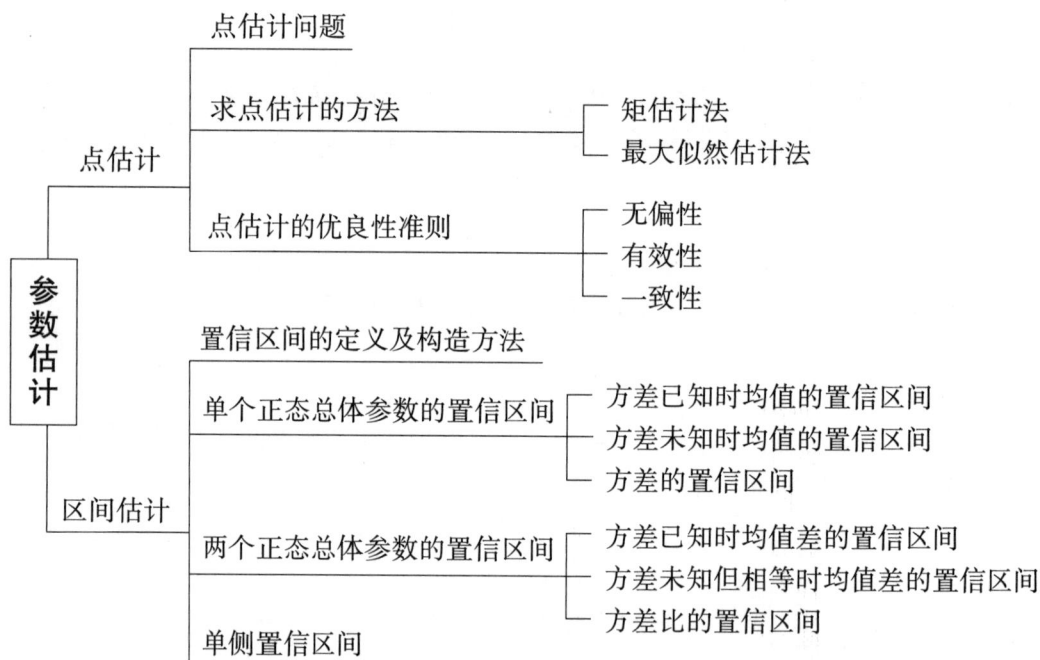

点估计问题

求点估计的方法 ── 矩估计法 / 最大似然估计法

点估计的优良性准则 ── 无偏性 / 有效性 / 一致性

点估计

参数估计

置信区间的定义及构造方法

单个正态总体参数的置信区间 ── 方差已知时均值的置信区间 / 方差未知时均值的置信区间 / 方差的置信区间

区间估计

两个正态总体参数的置信区间 ── 方差已知时均值差的置信区间 / 方差未知但相等时均值差的置信区间 / 方差比的置信区间

单侧置信区间

## 二、内容归纳总结

### （一）点估计

**1. 点估计问题**

设总体 $X \sim F(x; \theta_1, \cdots, \theta_2, \theta_k)$，其中 $\theta_1, \theta_2, \cdots, \theta_k$ 为未知参数，$(X_1, X_2, \cdots, X_n)$ 是来自总体 $X$ 的样本. 利用样本构造统计量 $T_i(X_1, X_2, \cdots, X_n)$ 作为未知参数 $\theta_i(i = 1, 2, \cdots, k)$ 的估计，称这一统计量为 $\theta_i$ 的**估计量**. 点估计问题就是寻求参数的合适估计量的问题.

**2. 求点估计的方法**

最常用的求点估计的方法有两种：矩估计法和最大似然估计法.

（1）矩估计法

矩估计法的基本思想是将各阶样本矩作为相应的总体矩的估计. 设总体 $X$ 具有 $k$ 阶

矩，记 $\alpha_m$ 为它的 $m$ 阶原点矩，即

$$\alpha_m\left(\theta_1,\theta_2,\cdots,\theta_k\right)=E(X^m),\qquad m=1,2,\cdots,k.$$

对样本 $\left(X_1,X_2,\cdots,X_n\right)$，其 $m$ 阶样本原点矩为

$$A_m=\frac{1}{n}\sum_{i=1}^n X_i^m,\qquad m=1,2,\cdots,k.$$

令

$$\alpha_m\left(\theta_1,\theta_2,\cdots,\theta_k\right)=A_m,\qquad m=1,2,\cdots,k,$$

解这一含 $k$ 个未知参数 $\theta_1,\theta_2,\cdots,\theta_k$ 的方程组，得 $\hat{\theta}_i=\hat{\theta}_i(X_1,X_2,\cdots,X_n)(i=1,2,\cdots,k)$，称它们为 $\theta_1,\theta_2,\cdots,\theta_k$ 的**矩估计**．将这里的原点矩改成中心矩可得到同样的结果．

（2）最大似然估计法

最大似然估计法的基本思想是：既然在一次试验中得到了观察值 $(x_1,x_2,\cdots,x_n)$，那么我们认为样本落入该观察值的邻域内（连续型）或样本取这一观察值（离散型）这一事件应有最大的概率，所以应选取使这一概率达到最大的参数值作为参数真值的估计．

求最大似然估计的步骤如下．

① 求似然函数 $L(\theta)$.

A．总体是离散型：设总体 $X$ 的概率分布为

$$P\left(X=x_i;\theta_1,\theta_2,\cdots,\theta_k\right)=p\left(x_i;\theta_1,\theta_2,\cdots,\theta_k\right),\qquad i=1,2,\cdots,$$

其中 $\theta_1,\theta_2,\cdots,\theta_k$ 为未知参数，$(X_1,X_2,\cdots,X_n)$ 为来自总体 $X$ 的样本，$(x_1,x_2,\cdots,x_n)$ 为该样本的观察值，则似然函数为

$$L(\theta)=L\left(\theta_1,\theta_2,\cdots,\theta_k\right)=\prod_{i=1}^n p\left(x_i;\theta_1,\theta_2,\cdots,\theta_k\right).$$

B．总体是连续型：设总体 $X$ 的密度函数为 $p\left(x_i;\theta_1,\theta_2,\cdots,\theta_k\right)$，其中 $\theta_1,\theta_2,\cdots,\theta_k$ 为未知参数，$\left(X_1,X_2,\cdots,X_n\right)$ 为来自总体 $X$ 的样本，$\left(x_1,x_2,\cdots,x_n\right)$ 为该样本的观察值，则似然函数为

$$L(\theta)=L\left(\theta_1,\theta_2,\cdots,\theta_k\right)=\prod_{i=1}^n p\left(x_i;\theta_1,\theta_2,\cdots,\theta_k\right).$$

② 求似然函数的最大值点．

若选取 $\hat{\theta}_i(i=1,2,\cdots,k)$ 为 $\theta_i$ 的估计时，使得

$$L\left(\hat{\theta}_1,\hat{\theta}_2,\cdots,\hat{\theta}_k\right)=\max L\left(\theta_1,\theta_2,\cdots,\theta_k\right),$$

则称 $\hat{\theta}_i$ 为 $\theta_i$ 的**最大似然估计**．因此，求未知参数的最大似然估计就是求似然函数的最大值点．若 $L\left(\theta_1,\theta_2,\cdots,\theta_k\right)$ 对 $\theta_i$ 的偏导数存在，则 $\hat{\theta}_i$ 通常可以通过**似然方程组**

$$\frac{\partial L\left(\theta_1,\theta_2,\cdots,\theta_k\right)}{\partial \theta_i}=0,i=1,2,\cdots,k$$

求解．

为了简化计算，同时考虑到 $y=\ln x$ 是严格单调递增的，因此 $\hat{\theta}_i$ 通常又可以通过方程组

$$\frac{\partial \ln L\left(\theta_1, \theta_2, \cdots, \theta_k\right)}{\partial \theta_i} = 0, i = 1, 2, \cdots, k$$

求解,称这一方程组为**对数似然方程组**.

一般而言,若 $L(\theta)$ 的驻点唯一,即似然方程组或对数似然方程组有唯一解 $\left(\hat{\theta}_1, \hat{\theta}_2, \cdots, \hat{\theta}_k\right)$,则它们就是未知参数 $\left(\theta_1, \theta_2, \cdots, \theta_k\right)$ 的最大似然估计. 若驻点不唯一,则需进一步判断哪一个为最大值点. 若 $L\left(\theta_1, \theta_2, \cdots, \theta_k\right)$ 对 $\theta_i (i = 1, 2, \cdots, k)$ 的偏导数不存在,则求它的最大值点必须从定义出发,具体问题具体处理.

另外,若我们需要估计的是 $g\left(\theta_1, \theta_2, \cdots, \theta_k\right)$,而 $\hat{\theta}_1, \hat{\theta}_2, \cdots, \hat{\theta}_k$ 分别是 $\theta_1, \theta_2, \cdots, \theta_k$ 的最大似然估计,则 $g\left(\hat{\theta}_1, \hat{\theta}_2, \cdots, \hat{\theta}_k\right)$ 是 $g\left(\theta_1, \theta_2, \cdots, \theta_k\right)$ 的最大似然估计. 这是最大似然估计的**不变性**.

**3. 点估计的优良性准则**

(1) 无偏性

设 $\hat{\theta} = \hat{\theta}(X_1, X_2, \cdots, X_n)$ 是未知参数 $\theta$ 的估计,若

$$E(\hat{\theta}) = \theta,$$

则称 $\hat{\theta}$ 为 $\theta$ 的**无偏估计**. 若 $\hat{\theta}$ 不是 $\theta$ 的无偏估计,但 $\lim\limits_{n \to \infty} E(\hat{\theta}) = \theta$,则称 $\hat{\theta}$ 为 $\theta$ 的**渐近无偏估计**.

(2) 有效性

设 $\hat{\theta}_1 = \hat{\theta}_1\left(X_1, X_2, \cdots, X_n\right)$ 和 $\hat{\theta}_2 = \hat{\theta}_2\left(X_1, X_2, \cdots, X_n\right)$ 均为 $\theta$ 的无偏估计,如果

$$D(\hat{\theta}_1) < D(\hat{\theta}_2),$$

则称 $\hat{\theta}_1$ **较 $\hat{\theta}_2$ 有效**.

(3) 一致性

设 $\hat{\theta} = \hat{\theta}(X_1, X_2, \cdots, X_n)$ 是未知参数 $\theta$ 的估计,若 $\hat{\theta}$ 依概率收敛于 $\theta$,即 $\forall \varepsilon > 0$,

$$\lim_{n \to \infty} P\left(\left|\hat{\theta} - \theta\right| < \varepsilon\right) = 1,$$

则称 $\hat{\theta}$ 是 $\theta$ 的**一致估计**.

**一致性判定定理**　若 $\hat{\theta}$ 是 $\theta$ 的估计量,且 $\lim\limits_{n \to \infty} E(\hat{\theta}) = \theta, \lim\limits_{n \to \infty} D(\hat{\theta}) = 0$,则 $\hat{\theta}$ 是 $\theta$ 的一致估计量.

一致估计具有类似于最大似然估计的不变性质:若 $\hat{\theta}$ 是未知参数 $\theta$ 的一致估计,函数 $g(\cdot)$ 连续,则 $g(\hat{\theta})$ 是 $g(\theta)$ 的一致估计.

**注意**:以上这些准则都是从侧面衡量估计的好坏的. 无偏性的意义是指:当用 $\hat{\theta}(X_1, X_2, \cdots, X_n)$ 估计参数 $\theta$ 时,有时候可能偏高,有时候可能偏低,但是平均说来等于未知参数,因此无偏估计未必一定优于有偏估计,而在两者均为无偏的前提下,方差越小者,自然就越优,即所谓更有效. 对于具有一致性的估计,当样本容量 $n$ 不断增大时,其观察值越来越接近于参数真值.

## （二）区间估计

### 1. 置信区间的定义及构造方法

设 $(X_1, X_2, \cdots, X_n)$ 是来自总体 $X$ 的样本，$\theta$ 为总体分布中的未知参数. $\hat{\theta}_1 = \hat{\theta}_1(X_1, X_2, \cdots, X_n)$ 和 $\hat{\theta}_2 = \hat{\theta}_2(X_1, X_2, \cdots, X_n)$ 为两个统计量，对于给定的 $0 < \alpha < 1$，若

$$P(\hat{\theta}_1 < \theta < \hat{\theta}_2) = 1 - \alpha,$$

则称 $(\hat{\theta}_1, \hat{\theta}_2)$ 为 $\theta$ 的置信度为 $1 - \alpha$ 的**置信区间**，$\hat{\theta}_1$ 和 $\hat{\theta}_2$ 分别称为**置信下限**和**置信上限**.

值得注意的是：$\hat{\theta}_1$ 和 $\hat{\theta}_2$ 作为样本 $(X_1, X_2, \cdots, X_n)$ 的函数，是两个随机变量；$\theta$ 虽然未知但为常数；$(\hat{\theta}_1, \hat{\theta}_2)$ 可能包含 $\theta$，也可能不包含 $\theta$；置信区间的正确说法是随机区间 $(\hat{\theta}_1, \hat{\theta}_2)$ 以 $1 - \alpha$ 的概率包含 $\theta$.

构造未知参数 $\theta$ 的置信区间的最常用方法是**枢轴量法**，其步骤可概括为如下四步.

① 寻找未知参数 $\theta$ 的某个较优的点估计 $\hat{\theta}$.

② 构造 $\hat{\theta}$ 和 $\theta$ 的一个枢轴量 $G(\hat{\theta}, \theta)$. 它除了包含未知参数 $\theta$ 外，不包含其他未知参数，并且 $G(\hat{\theta}, \theta)$ 的分布已知且不依赖于任何未知参数.

③ 对于给定的置信度 $1 - \alpha$，确定两个常数 $a, b$，使得 $P(a < G(\hat{\theta}, \theta) < b) = 1 - \alpha$.

④ 由 $a < G(\hat{\theta}, \theta) < b$ 得到等价的不等式 $\hat{\theta}_1 < \theta < \hat{\theta}_2$，其中 $\hat{\theta}_1, \hat{\theta}_2$ 都是统计量，则 $(\hat{\theta}_1, \hat{\theta}_2)$ 就是 $\theta$ 的一个置信度为 $1 - \alpha$ 的置信区间.

**注意**：置信区间不唯一，但通常取等尾置信区间：若 $G(\hat{\theta}, \theta)$ 分布对称，则取 $a = -b$，选择 $b$，使得 $P(-b < G(\hat{\theta}, \theta) < b) = 1 - \alpha$；若 $G(\hat{\theta}, \theta)$ 分布不对称，则选择 $a, b$，使得 $P(G(\hat{\theta}, \theta) \leqslant \alpha) = \alpha/2$，$P(G(\hat{\theta}, \theta) \geqslant b) = \alpha/2$.

### 2. 单个正态总体参数的置信区间

单个正态总体参数的置信区间如表 7-1 所示.

表 7-1　单个正态总体参数的置信区间

| 待估参数 | 条件 | 枢轴量 | 分布 | 置信上、下限 |
|---|---|---|---|---|
| $\mu$ | $\sigma^2$ 已知 | $U = \dfrac{\overline{X} - \mu}{\dfrac{\sigma}{\sqrt{n}}}$ | $N(0,1)$ | $\overline{X} \pm u_{\alpha/2} \cdot \dfrac{\sigma}{\sqrt{n}}$ |
| | $\sigma^2$ 未知 | $T = \dfrac{\overline{X} - \mu}{\dfrac{S}{\sqrt{n}}}$ | $t(n-1)$ | $\overline{X} \pm t_{\alpha/2}(n-1) \cdot \dfrac{S}{\sqrt{n}}$ |
| $\sigma^2$ | | $\chi^2 = \dfrac{(n-1)S^2}{\sigma^2}$ | $\chi^2(n-1)$ | $\dfrac{(n-1)S^2}{\chi_{\alpha/2}^2(n-1)}, \dfrac{(n-1)S^2}{\chi_{1-\alpha/2}^2(n-1)}$ |

**3. 两个正态总体参数的置信区间**

两个正态总体参数的置信区间如表 7-2 所示.

**表 7-2　两个正态总体参数的置信区间**

| 待估参数 | 条件 | 枢轴量 | 分布 | 置信上、下限 |
|---|---|---|---|---|
| $\mu_1 - \mu_2$ | $\sigma_1^2, \sigma_2^2$ 已知 | $U = \dfrac{(\overline{X} - \overline{Y}) - (\mu_1 - \mu_2)}{\sqrt{\dfrac{\sigma_1^2}{m} + \dfrac{\sigma_2^2}{n}}}$ | $N(0,1)$ | $(\overline{X} - \overline{Y}) \pm u_{\alpha/2} \cdot \sqrt{\dfrac{\sigma_1^2}{m} + \dfrac{\sigma_2^2}{n}}$ |
| | $\sigma_1^2 = \sigma_2^2$ 未知 | $T = \dfrac{(\overline{X} - \overline{Y}) - (\mu_1 - \mu_2)}{S_w\sqrt{\dfrac{1}{m} + \dfrac{1}{n}}}$, $S_w^2 = \dfrac{(m-1)S_1^2 + (n-1)S_2^2}{m+n-2}$ | $t(m+n-2)$ | $(\overline{X} - \overline{Y}) \pm t_{\alpha/2}(m+n-2) \cdot S_w\sqrt{\dfrac{1}{m} + \dfrac{1}{n}}$ |
| $\dfrac{\sigma_1^2}{\sigma_2^2}$ | | $F = \dfrac{S_1^2/S_2^2}{\sigma_1^2/\sigma_2^2}$ | $F(m-1, n-1)$ | $\dfrac{S_1^2/S_2^2}{F_{\alpha/2}(m-1, n-1)}$, $\dfrac{S_1^2/S_2^2}{F_{1-\alpha/2}(m-1, n-1)}$ |

**4. 单侧置信区间**

设 $\theta$ 是总体的未知参数, $(X_1, X_2, \cdots, X_n)$ 为来自总体 $X$ 的样本, $\hat{\theta}_1 = \hat{\theta}_1(X_1, X_2, \cdots, X_n)$ 和 $\hat{\theta}_2 = \hat{\theta}_2(X_1, X_2, \cdots, X_n)$ 为统计量, 对于给定的 $(0 < \alpha < 1)$, 若

$$P(\theta > \hat{\theta}_1) = 1 - \alpha \text{ 或 } P(\theta < \hat{\theta}_2) = 1 - \alpha,$$

则称 $(\hat{\theta}_1, +\infty)$ 或 $(-\infty, \hat{\theta}_2)$ 为 $\theta$ 的置信度为 $1 - \alpha$ 的**单侧置信区间**, 称 $\hat{\theta}_1, \hat{\theta}_2$ 为 $\theta$ 的**单侧置信下限和单侧置信上限**. 单侧置信区间的构造方法与双侧置信区间类似.

## 三、典型例题解析

**【例 1】**　设总体 $X$ 服从几何分布, 其概率分布为 $P(X = x) = p(1-p)^{x-1}, x = 1, 2, \cdots$, 其中 $p(0 < p < 1)$ 为未知参数, $(X_1, X_2, \cdots, X_n)$ 为来自总体 $X$ 的样本, 求 $p$ 的矩估计和最大似然估计.

**解**　(1) 由几何分布的性质知, $\alpha_1 = E(X) = \dfrac{1}{p}$, 令 $\dfrac{1}{p} = \overline{X}$, 易得 $p$ 的矩估计为 $\hat{p} = \dfrac{1}{\overline{X}}$.

(2) 设 $(x_1, x_2, \cdots, x_n)$ 为样本观察值, 似然函数为

$$L(p) = \prod_{i=1}^{n} p(1-p)^{x_i - 1} = p^n (1-p)^{\sum_{i=1}^{n} x_i - n},$$

而 $\ln L(p) = n \ln p + \left( \sum_{i=1}^{n} x_i - n \right) \ln(1 - p)$，令

$$\frac{\mathrm{d} \ln L(p)}{\mathrm{d} p} = \frac{n}{p} - \frac{1}{1-p} \left( \sum_{i=1}^{n} x_i - n \right) = 0,$$

解得 $p = \dfrac{n}{\sum\limits_{i=1}^{n} x_i} = \dfrac{1}{\overline{x}}$，从而 $p$ 的最大似然估计为 $\hat{p} = \dfrac{1}{\overline{X}}$.

【例 2】 设 $(X_1, X_2, \cdots, X_n)$ 为从总体 $X$ 中抽取的样本，$X$ 的密度函数为

$$p(x; \theta) = \begin{cases} (\theta + 1) x^{\theta}, & 0 < x < 1 \\ 0, & \text{其他} \end{cases},$$

其中 $\theta > -1$ 且 $\theta$ 为未知参数，求 $\theta$ 的矩估计和最大似然估计.

**解** （1） $\alpha_1 = E(X) = \int_{-\infty}^{+\infty} x p(x; \theta) \mathrm{d}x = \int_0^1 (\theta + 1) x^{\theta + 1} \mathrm{d}x = \dfrac{\theta + 1}{\theta + 2}$，令 $\dfrac{\theta + 1}{\theta + 2} = \overline{X}$，得 $\theta$ 的

矩估计为 $\hat{\theta} = \dfrac{2\overline{X} - 1}{1 - \overline{X}}$.

（2） 设 $(x_1, x_2, \cdots, x_n)$ 为 $(X_1, X_2, \cdots, X_n)$ 的观察值，似然函数为

$$L(\theta) = \prod_{i=1}^{n} p(x_i; \theta) = \begin{cases} (\theta + 1)^n \left( \prod_{i=1}^{n} x_i \right)^{\theta}, & 0 < x_i < 1, i = 1, 2, \cdots, n \\ 0, & \text{其他} \end{cases}.$$

当 $0 < x_i < 1, i = 1, 2, \cdots, n$ 时，$L(\theta) > 0$ 且 $\ln L(\theta) = n \ln(\theta + 1) + \theta \sum_{i=1}^{n} \ln x_i$，令

$$\frac{\mathrm{d} \ln L}{\mathrm{d} \theta} = \frac{n}{\theta + 1} + \sum_{i=1}^{n} \ln x_i = 0,$$

有 $\theta = -1 - \dfrac{n}{\sum\limits_{i=1}^{n} \ln x_i}$，因此 $\theta$ 的最大似然估计为 $\hat{\theta} = -1 - \dfrac{n}{\sum\limits_{i=1}^{n} \ln X_i}$.

【例 3】 设总体 $X$ 服从均匀分布 $U\left[ \theta - \dfrac{1}{2}, \theta + \dfrac{1}{2} \right]$，其中 $\theta$ 为未知参数，$(X_1, X_2, \cdots, X_n)$ 为来自总体 $X$ 的样本，求 $\theta$ 的最大似然估计.

**解** 总体 $X$ 的密度函数为 $p(x; \theta) = \begin{cases} 1, & \theta - \dfrac{1}{2} \leqslant x \leqslant \theta + \dfrac{1}{2} \\ 0, & \text{其他} \end{cases}$，设 $(x_1, x_2, \cdots, x_n)$ 为

$(X_1, X_2, \cdots, X_n)$ 的观察值，似然函数为

$$L(\theta) = \begin{cases} 1, & \theta - \dfrac{1}{2} \leqslant x_i \leqslant \theta + \dfrac{1}{2}, i = 1, 2, \cdots, n \\ 0, & \text{其他} \end{cases}.$$

由于 $L(\theta)$ 只取 0 和 1，因此只要 $\theta$ 满足 $\theta - \dfrac{1}{2} \leqslant x_i \leqslant \theta + \dfrac{1}{2}, i = 1, 2, \cdots, n$，总能使 $L$ 达到最大值 1，而上述条件等价于

$$\theta - \frac{1}{2} \leqslant \min_{1\leqslant i\leqslant n} x_i, \qquad \theta + \frac{1}{2} \geqslant \max_{1\leqslant i\leqslant n} x_i,$$

从而 $\theta$ 的范围为 $\max_{1\leqslant i\leqslant n} x_i - \frac{1}{2} \leqslant \theta \leqslant \min_{1\leqslant i\leqslant n} x_i + \frac{1}{2}$, 因此任何介于 $\max_{1\leqslant i\leqslant n} X_i - \frac{1}{2}$ 和 $\min_{1\leqslant i\leqslant n} X_i + \frac{1}{2}$ 的

统计量都可作为 $\theta$ 的最大似然估计.

**【例 4】**(考研真题 2006 年数学三)　设总体 $X$ 的密度函数为

$$p(x;\theta) = \begin{cases} \theta, & 0 < x < 1 \\ 1 - \theta, & 1 \leqslant x < 2 \\ 0, & 其他 \end{cases},$$

其中 $\theta(0 < \theta < 1)$ 是未知参数. $(X_1, X_2, \cdots, X_n)$ 为来自总体 $X$ 的样本, 记 $N$ 为样本值 $x_1, x_2, \cdots, x_n$ 中小于 1 的个数. 求: (1) $\theta$ 的矩估计; (2) $\theta$ 的最大似然估计.

**解**　(1) $E(X) = \int_{-\infty}^{+\infty} xp(x;\theta)\mathrm{d}x = \int_0^1 x\theta\mathrm{d}x + \int_1^2 x(1-\theta)\mathrm{d}x = \frac{3}{2} - \theta = \bar{X}$, 解得 $\theta$ 的矩估计

为 $\hat{\theta} = \frac{3}{2} - \bar{X}$.

(2) 似然函数为

$$L(\theta) = \prod_{i=1}^n p(x_i;\theta) = \theta^N(1-\theta)^{n-N},$$

$$\ln L(\theta) = N\ln\theta + (n-N)\ln(1-\theta),$$

$$\frac{\mathrm{d}\ln L(\theta)}{\mathrm{d}\theta} = \frac{N}{\theta} - \frac{n-N}{1-\theta} = 0,$$

解得 $\theta$ 的最大似然估计为 $\hat{\theta} = \frac{N}{n}$.

**【例 5】**(考研真题 2010 年数学三)　设总体 $X$ 的概率分布为

| $X$ | 1 | 2 | 3 |
|---|---|---|---|
| $P$ | $1-\theta$ | $\theta-\theta^2$ | $\theta^2$ |

其中参数 $\theta(0 < \theta < 1)$ 未知. 以 $N_i$ 表示来自总体 $X$ 的样本(样本容量为 $n$)中等于 $i(i = 1, 2, 3)$ 的个数, 试求常数 $a_1, a_2, a_3$, 使 $T = \sum_{i=1}^3 a_i N_i$ 为 $\theta$ 的无偏估计, 并求 $T$ 的方差.

**解**　令 $p_1 = 1-\theta, p_2 = \theta-\theta^2, p_3 = \theta^2$, 则 $N_i \sim B(n, p_i), i = 1, 2, 3$.

$$E(T) = \sum_{i=1}^3 a_i E(N_i) = \sum_{i=1}^3 a_i n p_i = n[a_1(1-\theta) + a_2(\theta-\theta^2) + a_3\theta^2]$$

$$= n(a_3 - a_2)\theta^2 + n(a_2 - a_1)\theta + na_1 = \theta,$$

故 $\begin{cases} a_3 - a_2 = 0 \\ a_2 - a_1 = \frac{1}{n} \\ a_1 = 0 \end{cases}$, 解得 $\begin{cases} a_3 = \frac{1}{n} \\ a_2 = \frac{1}{n} \\ a_1 = 0 \end{cases}$, 此时 $T = \sum_{i=1}^3 a_i N_i$ 为 $\theta$ 的无偏估计. 因为

$$T = \sum_{i=1}^3 a_i N_i = \frac{1}{n}(N_2 + N_3) = \frac{1}{n}(n - N_1) = 1 - \frac{N_1}{n},$$

所以 $T$ 的方差为

$$D(T) = D\left(1 - \frac{N_1}{n}\right) = D\left(\frac{N_1}{n}\right) = \frac{1}{n^2}D(N_1) = \frac{1}{n^2}np_1(1 - p_1) = \frac{1}{n}\theta(1 - \theta).$$

**【例6】**(考研真题 2017 年数学三) 某工程师为了解一台天平的精度,用该天平对一物体的质量做 $n$ 次测量,该物体的质量 $\mu$ 是已知的,设 $n$ 次测量结果 $X_1, X_2, \cdots, X_n$ 相互独立且均服从正态分布 $X \sim N(\mu, \sigma^2)$. 该工程师记录的是 $n$ 次测量的绝对误差 $Z_i = |X_i - \mu|(i = 1, 2, \cdots, n)$,利用 $Z_1, Z_2, \cdots, Z_n$ 估计 $\sigma$.

(1) 求 $Z_1$ 的密度函数;(2) 利用一阶矩求 $\sigma$ 的矩估计;(3) 求 $\sigma$ 的最大似然估计.

**解** (1) $Z_1$ 的分布与总体 $Z$ 的分布相同. 当 $z \geqslant 0$ 时,

$$F_Z(z) = P(Z \leqslant z) = P(|X - \mu| \leqslant z) = P(-z \leqslant X - \mu \leqslant z)$$
$$= P\left(-\frac{z}{\sigma} \leqslant \frac{X - \mu}{\sigma} \leqslant \frac{z}{\sigma}\right) = \Phi\left(\frac{z}{\sigma}\right) - \Phi\left(-\frac{z}{\sigma}\right) = 2\Phi\left(\frac{z}{\sigma}\right) - 1;$$

当 $z < 0$ 时,$F_Z(z) = 0$.

故 $Z$ 的密度函数为

$$p_Z(z) = F_Z'(z) = \begin{cases} \dfrac{2}{\sigma}\varphi\left(\dfrac{z}{\sigma}\right), & z \geqslant 0 \\ 0, & z < 0 \end{cases},$$

其中 $\varphi(x)$ 为标准正态密度函数,$\varphi(x) = \dfrac{1}{\sqrt{2\pi}}e^{-\frac{x^2}{2}}$,$-\infty < x < +\infty$.

(2) $E(Z) = \displaystyle\int_{-\infty}^{+\infty} zp_Z(z)\mathrm{d}z = \int_0^{+\infty} z \cdot \frac{2}{\sigma}\varphi\left(\frac{z}{\sigma}\right)\mathrm{d}z = 2\sigma\int_0^{+\infty} t\varphi(t)\mathrm{d}t$ $\left(\text{令 } t = \dfrac{z}{\sigma}\right)$

$$= \sqrt{\frac{2}{\pi}}\sigma\int_0^{+\infty} te^{-\frac{t^2}{2}}\mathrm{d}t = \sqrt{\frac{2}{\pi}}\sigma\, e^{-\frac{t^2}{2}}\Big|_{+\infty}^0 = \sqrt{\frac{2}{\pi}}\sigma,$$

因而 $\sigma$ 的矩估计 $\hat{\sigma}$ 满足 $\sqrt{\dfrac{2}{\pi}}\hat{\sigma} = \bar{Z}$,即 $\hat{\sigma} = \sqrt{\dfrac{\pi}{2}}\bar{Z}$.

(3) 似然函数为

$$L = \prod_{i=1}^n p_Z(z_i) = \frac{2^n}{\sigma^n}\prod_{i=1}^n \varphi\left(\frac{z_i}{\sigma}\right) = 2^{\frac{n}{2}}\pi^{-\frac{n}{2}}\sigma^{-n}e^{-\frac{1}{2\sigma^2}\sum_{i=1}^n z_i^2}, \quad z_1, z_2, \cdots, z_n > 0,$$

对数似然函数为

$$\ln L = \frac{n}{2}\ln 2 - \frac{n}{2}\ln \pi - n\ln\sigma - \frac{1}{2\sigma^2}\sum_{i=1}^n z_i^2, \quad z_1, z_2, \cdots, z_n > 0,$$

解对数似然方程

$$\frac{\mathrm{d}\ln L}{\mathrm{d}\sigma} = -\frac{n}{\sigma} + \frac{1}{\sigma^3}\sum_{i=1}^n z_i^2 = 0,$$

可得 $\hat{\sigma} = \sqrt{\dfrac{1}{n}\sum_{i=1}^n z_i^2}$,即 $\sigma$ 的最大似然估计为 $\hat{\sigma} = \sqrt{\dfrac{1}{n}\sum_{i=1}^n Z_i^2}$.

**【例7】** 设 $(X_1, X_2, \cdots, X_n)$ 为来自总体 $X$ 的样本,$E(X) = \mu$,$\alpha_i(i = 1, 2, \cdots, n)$ 为常数,且 $\displaystyle\sum_{i=1}^n \alpha_i = 1$. 证明:

(1) $\sum\limits_{i=1}^{n}\alpha_i X_i$ 是 $\mu$ 的无偏估计;

(2) 在 $\mu$ 的所有形如 $\sum\limits_{i=1}^{n}\alpha_i X_i$ 的线性无偏估计中, $\overline{X}$ 最有效.

**证明** (1) 由于 $E\left(\sum\limits_{i=1}^{n}\alpha_i X_i\right)=\sum\limits_{i=1}^{n}\alpha_i E(X_i)=\sum\limits_{i=1}^{n}\alpha_i\mu=\mu$,因此 $\sum\limits_{i=1}^{n}\alpha_i X_i$ 是 $\mu$ 的无偏估计.

(2) 由 $\dfrac{\sum\limits_{i=1}^{n}\alpha_i^2}{n}\geqslant\left(\dfrac{\sum\limits_{i=1}^{n}\alpha_i}{n}\right)^2=\dfrac{1}{n^2}$ 可知 $\sum\limits_{i=1}^{n}\alpha_i^2\geqslant\dfrac{1}{n}$,故 $\sum\limits_{i=1}^{n}\alpha_i X_i$ 的方差

$$D\left(\sum_{i=1}^{n}\alpha_i X_i\right)=\sum_{i=1}^{n}\alpha_i^2 D(X_i)=D(X)\left(\sum_{i=1}^{n}\alpha_i^2\right)\geqslant\frac{D(X)}{n}=D(\overline{X}),$$

因此在 $\mu$ 的所有形如 $\sum\limits_{i=1}^{n}\alpha_i X_i$ 的线性无偏估计中, $\overline{X}$ 最有效.

**【例 8】** 为估计某零件的长度,从工厂产品库中随机抽取 14 个零件,测得长度(单位: cm)为:500.90,490.01,501.63,500.73,515.87,511.85,498.39,514.23,487.96,525.01,509.37, 509.43,488.46,497.15. 由经验知道,该零件的长度服从正态分布,即 $X\sim N(\mu,\sigma^2)$.

(1) 若已知 $\sigma^2=16$,求 $\mu$ 的置信度为 0.95 的置信区间;

(2) 若 $\sigma^2$ 未知,求 $\mu$ 的置信度为 0.95 的置信区间;

(3) 求 $\sigma^2$ 的置信度为 0.95 的置信区间.

**解** (1) $n=14$,由所给数据不难计算得到 $\bar{x}=503.64$. 对于 $1-\alpha=0.95$, $\alpha=0.05$,查标准正态分布表可得 $u_{\alpha/2}=u_{0.025}=1.96$,因此 $\mu$ 的置信度为 0.95 的置信区间为

$$\left(503.64-1.96\times\frac{4}{\sqrt{14}},503.64+1.96\times\frac{4}{\sqrt{14}}\right)\approx(501.545,505.735).$$

(2) $n=14$, $\bar{x}=503.64$,直接计算可得 $s=11.11$. 对于 $\alpha=0.05$,查自由度为 $n-1=13$ 的 $t$ 分布表,可得 $t_{\alpha/2}(n-1)=t_{0.025}(13)=2.16$,因此 $\mu$ 的置信度为 0.95 的置信区间为

$$\left(503.64-2.16\times\frac{11.11}{\sqrt{14}},503.64+2.16\times\frac{11.11}{\sqrt{14}}\right)\approx(497.226,510.054).$$

(3) $n=14$, $s^2=11.11^2$. 对于 $\alpha=0.05$,查自由度为 $n-1=13$ 的 $\chi^2$ 分布表,可得 $\chi^2_{0.975}(13)=5.009$, $\chi^2_{0.025}(13)=24.736$,因此 $\sigma^2$ 的置信度为 0.95 的置信区间为

$$\left(\frac{13\times11.11^2}{24.736},\frac{13\times11.11^2}{5.009}\right)\approx(64.870,320.347).$$

**【例 9】** 为比较甲、乙两个水稻品种的亩产量,选择了 25 块试验田,其中 13 块采用甲水稻品种,其余 12 块采用乙水稻品种,使用相同的耕作方式,收成结果(500 克/亩)如下.

甲:880,1120,980,885,828,927,924,942,766,1180,780,1063,650.

乙:940,1142,1020,785,645,780,1180,680,810,824,846,780.

假设甲、乙两个水稻品种的亩产量均服从正态分布且方差相等,在置信度 0.95 下,求两个水稻品种平均亩产量之差的置信区间.

**解** 设 $X, Y$ 分别表示甲、乙水稻品种产量的总体，$(X_1, X_2, \cdots, X_{13})$ 为来自 $X$ 的样本，$(Y_1, Y_2, \cdots, Y_{12})$ 为来自 $Y$ 的样本。由所给数据直接计算，有

$$m = 13, n = 12, \bar{x} = 917.3, \bar{y} = 869.3, s_1^2 = 21634.1, s_2^2 = 28538.2,$$

$$s_w = \sqrt{\frac{(n-1)s_1^2 + (m-1)s_2^2}{n+m-2}} = \sqrt{\frac{12 \times 21634.1 + 11 \times 28538.2}{13+12-2}} \approx 157.9.$$

对于给定的 $\alpha = 0.05$，查自由度为 $m + n - 2 = 23$ 的 $t$ 分布表，可得 $t_{\alpha/2}(23) = t_{0.025}(23) = 2.069$，从而 $X$ 和 $Y$ 的均值之差的置信区间为

$$\left( \bar{x} - \bar{y} - t_{\alpha/2}(m+n-2)s_w\sqrt{\frac{1}{m} + \frac{1}{n}}, \bar{x} - \bar{y} + t_{\alpha/2}(m+n-2)s_w\sqrt{\frac{1}{m} + \frac{1}{n}} \right)$$

$$= \left( 917.3 - 869.3 - 2.069 \times 157.9 \times \sqrt{\frac{1}{13} + \frac{1}{12}}, 917.3 - 869.3 + 2.069 \times 157.9 \times \sqrt{\frac{1}{13} + \frac{1}{12}} \right)$$

$$\approx (-82.8, 178.8).$$

# 四、自测练习试卷

## 试卷 1

(一) 填空题(共 6 题，每空 3 分，共 18 分)

1. 某批产品的次品率为未知参数 $p(0 < p < 1)$，从整批产品中随机抽取 $n$ 件样品，用最大似然估计法估计 $p$，似然函数为_____，$p$ 的最大似然估计为_____。

2. 设总体 $X \sim N(\mu, \sigma^2)$，$\mu, \sigma^2$ 均未知，$(X_1, X_2, \cdots, X_n)$ 为来自 $X$ 的样本，则 $\mu$ 的矩估计为_____，$\sigma^2$ 的矩估计为_____。

3. 设 $(X_1, X_2, \cdots, X_n)$ 为来自总体 $X \sim U[\theta, \theta + 1]$ 的样本，$\theta$ 为未知参数，则 $\theta$ 的矩估计为_____，$\theta$ 的最大似然估计为_____。

4. 设总体 $X$ 的概率分布为

| $X$ | 1 | 2 | 3 |
|-----|---|---|---|
| $P$ | $1 - \theta$ | $\theta(1-\theta)$ | $\theta^2$ |

其中 $\theta > 0$ 且 $\theta$ 未知，利用总体的样本观察值 $3, 1, 2, 3$，可得 $\theta$ 的矩估计值为_____，最大似然估计值为_____。

填空题 4

5. 设 $(X_1, X_2, \cdots, X_n)$ 是来自二项分布总体 $B(n, p)$ 的样本，$\bar{X}$ 和 $S^2$ 分别为样本均值和样本方差，若统计量 $\bar{X} + kS^2$ 为 $np^2$ 的无偏估计，则 $k = $_____。

6. 已知一批零件的长度 $X$(单位：cm)服从正态分布 $N(\mu, 1)$，从中随机地抽取 16 个零件，得到长度的均值为 40cm，则 $\mu$ 的置信度为 0.95 的置信区间为_____。

$$(\Phi(1.645) = 0.95, \Phi(1.96) = 0.975.)$$

(二) 选择题(共 6 题，每题 3 分，共 18 分)

1. 设总体 $X$ 服从参数为 $\lambda$ 的泊松分布，$P(X = k) = \dfrac{\lambda^k}{k!}e^{-\lambda}, k = 0, 1, 2, \cdots, (X_1, X_2, \cdots, X_n)$

是来自 $X$ 的样本, $\overline{X}, S_n^2$ 为样本均值和样本方差, 则 $\lambda$ 的最大似然估计为( 　　).

    A. $\overline{X}$                B. $\dfrac{1}{\overline{X}}$              C. $S_n^2$             D. $\dfrac{1}{S_n^2}$

2. 设 $(X_1, X_2, \cdots, X_n)$ 为来自总体 $X$ 的样本, $E(X) = \mu, D(X) = \sigma^2$ 均未知, 则( 　　).

    A. $\displaystyle\sum_{i=0}^{n} X_i$ 是 $\mu$ 的无偏估计           B. $\overline{X}$ 是 $\mu$ 的无偏估计

    C. $X_i^2$ 是 $\sigma^2$ 的无偏估计              D. $\overline{X}^2$ 是 $\sigma^2$ 的无偏估计

3. 设 $(X_1, X_2, \cdots, X_n)$ 为来自总体 $X$ 的容量为 $n$ 的样本, $E(X) = \mu$ 和 $D(X) = \sigma^2$ 均未知, 则 $\sigma^2$ 的无偏估计为( 　　).

    A. $\dfrac{1}{n}\displaystyle\sum_{i=1}^{n}\left(X_i - \overline{X}\right)^2$            B. $\dfrac{1}{n-1}\displaystyle\sum_{i=1}^{n}\left(X_i - \overline{X}\right)^2$

    C. $\dfrac{1}{n}\displaystyle\sum_{i=1}^{n}\left(X_i - \mu\right)^2$             D. $\dfrac{1}{n-1}\displaystyle\sum_{i=1}^{n}\left(X_i - \mu\right)^2$

4. 从总体 $X$ 中抽取容量为 3 的样本 $(X_1, X_2, X_3)$, 易证

$$\hat{\mu}_1 = \frac{1}{2}X_1 + \frac{1}{3}X_2 + \frac{1}{6}X_3, \quad \hat{\mu}_2 = \frac{1}{2}X_1 + \frac{1}{4}X_2 + \frac{1}{4}X_3,$$

$$\hat{\mu}_3 = \frac{1}{3}X_1 + \frac{1}{3}X_2 + \frac{1}{3}X_3, \quad \hat{\mu}_4 = \frac{1}{5}X_1 + \frac{2}{5}X_2 + \frac{2}{5}X_3$$

都是总体均值 $\mu$ 的无偏估计, 最有效的估计是( 　　).

    A. $\hat{\mu}_1$              B. $\hat{\mu}_2$              C. $\hat{\mu}_3$             D. $\hat{\mu}_4$

5. 对总体 $X \sim N(\mu, \sigma^2)$ 的均值 $\mu$ 做区间估计, 得到置信度为 95% 的置信区间, 其含义是指这个区间( 　　).

    A. 平均含总体 95% 的值            B. 平均含样本 95% 的值

    C. 有 95% 的概率含 $\mu$ 的值            D. 有 95% 的概率含样本的值

6. 设一批零件的长度(单位: cm)服从正态分布 $X \sim N(\mu, \sigma^2)$, 其中 $\mu, \sigma^2$ 均未知. 现从中随机抽取 16 个零件, 测得样本均值 $\bar{x} = 20$(cm), 样本标准差 $s = 1$(cm), 则 $\mu$ 的置信度为 0.90 的置信区间为( 　　).

    A. $\left(20 - \dfrac{1}{4}t_{0.05}(16), 20 + \dfrac{1}{4}t_{0.05}(16)\right)$      B. $\left(20 - \dfrac{1}{4}t_{0.1}(16), 20 + \dfrac{1}{4}t_{0.1}(16)\right)$

    C. $\left(20 - \dfrac{1}{4}t_{0.05}(15), 20 + \dfrac{1}{4}t_{0.05}(15)\right)$      D. $\left(20 - \dfrac{1}{4}t_{0.1}(15), 20 + \dfrac{1}{4}t_{0.1}(15)\right)$

(三)分析判断题(共 2 题, 每题 4 分, 共 8 分)

1. 用矩估计法和最大似然估计法总得到相同的估计.

2. 未知参数的无偏估计总比有偏估计好.

(四)简答题(共 1 题, 共 6 分)

1. 简述最大似然估计法的基本思想.

(五)计算题(共 5 题, 第 1、5 题每题 12 分, 第 2、4 题每题 8 分, 第 3 题 10 分, 共 50 分)

1. 设某元件的使用寿命 $X$ 的密度函数为 $p(x; \theta) = \begin{cases} 2\mathrm{e}^{-2(x-\theta)}, & x > \theta \\ 0, & x \leqslant \theta \end{cases}$, 其中 $\theta(\theta > 0)$

为未知参数，$(x_1, x_2, \cdots, x_n)$ 为一组样本观察值，求参数 $\theta$ 的矩估计和最大似然估计．

2. 设总体 $X$ 的密度函数为 $p(x; \theta, \mu) = \begin{cases} \sqrt{\theta}\, x^{\sqrt{\theta}-1}, & 0 \leqslant x \leqslant 1 \\ 0, & \text{其他} \end{cases}$，其中 $\theta(\theta > 0)$ 为未知

参数，$(X_1, X_2, \cdots, X_n)$ 是来自 $X$ 的样本，求 $\theta$ 的矩估计和最大似然估计．

3. 设总体 $X$ 的密度函数为 $p(x; \theta) = \begin{cases} \dfrac{6x}{\theta^3}(\theta - x), & 0 < x < \theta \\ 0, & \text{其他} \end{cases}$，$(X_1, X_2, \cdots, X_n)$ 是来自

总体 $X$ 的样本，求：(1) $\theta$ 的矩估计 $\hat{\theta}$；(2) $\hat{\theta}$ 的方差 $D(\hat{\theta})$．

4. 设 $(X_1, X_2, \cdots, X_n)$ 为来自服从指数分布的总体 $X$ 的样本，$X$ 的密度函数为

$p(x; \theta) = \begin{cases} \dfrac{1}{\theta} \mathrm{e}^{-\frac{x}{\theta}}, & x > 0 \\ 0, & x \leqslant 0 \end{cases}$，证明 $\overline{X} = \dfrac{1}{n} \sum\limits_{i=1}^{n} X_i$ 为 $\theta$ 的无偏估计、一致估计．

5. 在某地区小学五年级的男生中随机抽选了 25 名，测得其平均身高为 150cm，标准差为 12cm. 假设该地区小学五年级男生的身高服从正态分布 $N(\mu, \sigma^2)$．

(1) 若 $\sigma^2 = 100$，求小学五年级男生平均身高的置信度为 0.95 的置信区间．

(2) 若 $\sigma^2$ 未知，求小学五年级男生平均身高的置信度为 0.95 的置信区间．

(3) 求 $\sigma^2$ 的置信度为 0.95 的置信区间．

## 试卷 2

(一) 填空题 (共 5 题，每题 3 分，共 15 分)

1. 已知总体 $X$ 的密度函数为 $p(x) = \begin{cases} \lambda \mathrm{e}^{-\lambda x}, & x > 0 \\ 0, & x \leqslant 0 \end{cases}$，其中 $\lambda > 0$ 且 $\lambda$ 未知，

$(X_1, X_2, \cdots, X_n)$ 为来自 $X$ 的样本，则 $\lambda$ 的矩估计为_____，最大似然估计为_____．

2. 设总体 $X$ 的密度函数为 $p(x) = \begin{cases} \dfrac{2}{\alpha^2}(\alpha - x), & 0 < x < \alpha \\ 0, & \text{其他} \end{cases}$，其中 $\alpha$ 为未知参数，从 $X$

中抽取容量为 $n$ 的样本 $(X_1, X_2, \cdots, X_n)$，则 $\alpha$ 的矩估计为_____．

3. 设 $(X_1, X_2, \cdots, X_n)$ 是来自区间 $[-a, a]$ 上的服从均匀分布的总体 $X$ 的样本，则参数 $a$ 的矩估计 $\hat{a} = $_____．

4. 设总体 $X$ 的概率密度函数为 $p(x; \theta) = \begin{cases} \dfrac{2x}{3\theta^2}, & \theta < x < 2\theta \\ 0, & \text{其他} \end{cases}$，其中 $\theta$ 是未知参数，

$(X_1, X_2, \cdots, X_n)$ 是来自总体 $X$ 的样本．若 $c \sum\limits_{i=1}^{n} X_i^2$ 是 $\theta^2$ 的无偏估计，则 $c = $_____．

5. 设 $(X_1, X_2, \cdots, X_n)$ 为来自总体 $N(\mu, \sigma^2)$ 的样本，$(x_1, x_2, \cdots, x_n)$ 为其观察值，样本均值 $\overline{x} = 8.2$，参数 $\mu$ 的置信度为 0.90 的双侧置信区间的置信上限为 9.6，则 $\mu$ 的置信度为 0.90 的双侧置信区间为_____．

（二）选择题（共 6 题，每题 3 分，共 18 分）

1. 设总体 $X$ 的概率分布为 $P(X=1)=\dfrac{1-\theta}{2}$，$P(X=2)=P(X=3)=\dfrac{1+\theta}{4}$，利用来自总体 $X$ 的样本值 $1,3,2,2,1,3,1,2$，可得 $\theta$ 的最大似然估计值为（　　）.

A. $\dfrac{1}{4}$　　　　B. $\dfrac{3}{8}$　　　　C. $\dfrac{1}{2}$　　　　D. $\dfrac{5}{2}$

2. 设 $(X_1,X_2,\cdots,X_n)$ 是来自区间 $[-a,a]$ 上的服从均匀分布的总体 $X$ 的样本，则参数 $a$ 的最大似然估计 $\hat{a}=$（　　）

A. $\max\limits_{1\leqslant i\leqslant n}\{X_i\}$　B. $\max\limits_{1\leqslant i\leqslant n}\{|X_i|\}$　C. $-\min\limits_{1\leqslant i\leqslant n}\{X_i\}$　D. $-\min\limits_{1\leqslant i\leqslant n}\{|X_i|\}$

3. 设 $(X_1,X_2,\cdots,X_n)$ 是来自服从参数为 $\lambda$ 的泊松分布的总体 $X$ 的样本，则可以构造参数 $\lambda^2$ 的无偏估计量（　　）.

A. $T=\dfrac{1}{n}\sum\limits_{i=1}^{n}X_i(X_i-1)$　　　　B. $T=\dfrac{1}{n}\sum\limits_{i=1}^{n}X_i^2$

C. $T=\overline{X}^2$　　　　D. $T=S^2$

4. 设 $(X_1,X_2,\cdots,X_n)(n>2)$ 为来自总体 $N(\mu,\sigma^2)$ 的样本，$\overline{X}$ 为样本均值，已知 $T=C(X_1+X_n-2\overline{X})^2$ 是 $\sigma^2$ 的无偏估计，则常数 $C$ 必为（　　）.

A. $\dfrac{1}{2(n-2)}$　　B. $\dfrac{1}{2(n-1)}$

C. $\dfrac{n}{2(n-2)}$　　D. $\dfrac{n}{2(n-1)}$

选择题 4

5. 设 $(X_1,Y_1),(X_2,Y_2),\cdots,(X_n,Y_n)$ 为来自总体 $N(\mu_1,\mu_2,\sigma_1^2,\sigma_2^2,\rho)$ 的样本，令 $\theta=\mu_1-\mu_2$，$\overline{X}=\dfrac{1}{n}\sum\limits_{i=1}^{n}X_i$，$\overline{Y}=\dfrac{1}{n}\sum\limits_{i=1}^{n}Y_i$，$\hat{\theta}=\overline{X}-\overline{Y}$，则（　　）.

A. $E(\hat{\theta})=\theta,D(\hat{\theta})=\dfrac{\sigma_1^2+\sigma_2^2}{n}$　　B. $E(\hat{\theta})=\theta,D(\hat{\theta})=\dfrac{\sigma_1^2+\sigma_2^2-2\rho\sigma_1\sigma_2}{n}$

C. $E(\hat{\theta})\neq\theta,D(\hat{\theta})=\dfrac{\sigma_1^2+\sigma_2^2}{n}$　　D. $E(\hat{\theta})\neq\theta,D(\hat{\theta})=\dfrac{\sigma_1^2+\sigma_2^2-2\rho\sigma_1\sigma_2}{n}$

6. 设总体 $X\sim N(\mu,\sigma^2)$，$\sigma^2$ 已知，样本容量 $n$ 和显著性水平 $\alpha$ 固定，对不同的样本观察值，$\mu$ 的置信区间的长度（　　）.

A. 变长　　B. 变短　　C. 保持不变　　D. 不能确定

（三）分析判断题（共 2 题，每题 4 分，共 8 分）

1. 用最大似然估计法得到的估计是唯一的.

2. 对于给定的显著性水平 $\alpha$，未知参数的置信区间是唯一的.

（四）简答题（共 2 题，每题 4 分，共 8 分）

1. 简述矩估计法的基本思想.

2. 区间估计的精度如何衡量？说明精度和置信度之间的关系.

（五）计算题（共 5 题，第 1、4 题每题 8 分，第 2 题 12 分，第 3 题 13 分，第 5 题 10 分，共 51 分）

1. 罐子中装有黑、白两种颜色的球，有放回地抽取容量为 $n$ 的样本，其中有 $k$ 个为白球,求罐中黑、白球之比的最大似然估计.

2. 设总体 $X$ 的密度函数为 $p(x; \mu, \theta) = \begin{cases} \dfrac{1}{\theta} \mathrm{e}^{-\frac{x-\mu}{\theta}}, & \mu < x < +\infty \\ 0, & \text{其他} \end{cases}$,其中 $\mu, \theta(\theta > 0)$ 为未

知参数,证明 $\mu, \theta$ 的最大似然估计分别为 $\hat{\mu} = \min\limits_{1 \leqslant i \leqslant n} X_i$ 和 $\hat{\theta} = \overline{X} - \min\limits_{1 \leqslant i \leqslant n} X_i$.

3. 设随机变量 $X$ 与 $Y$ 相互独立且分别服从正态分布 $X \sim N(\mu, \sigma^2)$ 与 $N(2\mu, \sigma^2)$,其中 $\sigma > 0$ 且 $\sigma$ 是未知参数. 记 $Z = X - Y$.

(1) 求 $Z$ 的密度函数 $p_Z(z; \sigma^2)$;

(2) 设 $Z_1, Z_2, \cdots, Z_n$ 为来自总体 $Z$ 的简单随机样本,求 $\sigma^2$ 的最大似然估计 $\hat{\sigma}^2$;

(3) 证明 $\hat{\sigma}^2$ 为 $\sigma^2$ 的无偏估计.

4. 设总体 $X$ 服从正态分布 $X \sim N(\mu, \sigma^2)$,$(X_1, X_2, \cdots, X_n)$ 为来自 $X$ 的样本,为了得到总体标准差 $\sigma$ 的估计,考虑统计量 $Y = \dfrac{1}{n(n-1)} \sum\limits_{i=1}^{n} \sum\limits_{j=1}^{n} \left| X_i - X_j \right|$,求常数 $c$,使得 $cY$ 为 $\sigma$ 的无偏估计.

5. 设总体 $X$ 的密度函数为 $p(x; \theta) = \begin{cases} \mathrm{e}^{-(x-\theta)}, & x > \theta \\ 0, & x \leqslant \theta \end{cases}$,其中 $\theta \in (-\infty, +\infty)$ 且 $\theta$ 为未

知参数,$(X_1, X_2, \cdots, X_n)$ 为来自总体 $X$ 的样本,证明

$$\hat{\theta}_1 = \frac{1}{n} \sum_{i=1}^{n} X_i - 1, \hat{\theta}_2 = \min(X_1, X_2, \cdots, X_n) - \frac{1}{n}$$

均为 $\theta$ 的无偏估计,其中哪一个更好?

# 五、习题、总复习题及详解

## 习题7-1　点估计

1. 设总体 $X$ 服从指数分布,其概率密度函数为

$$p(x) = \begin{cases} \lambda \mathrm{e}^{-\lambda x}, & x \geqslant 0 \\ 0, & x < 0 \end{cases},$$

$(X_1, X_2, \cdots, X_n)$ 是来自 $X$ 的样本,求未知参数 $\lambda$ 的矩估计和最大似然估计.

**解**　(1) $E(X) = \dfrac{1}{\lambda} = \overline{X}$,则 $\lambda$ 的矩估计为 $\hat{\lambda}_1 = \dfrac{1}{\overline{X}}$.

(2) 似然函数为

$$L = \prod_{i=1}^{n} \lambda \mathrm{e}^{-\lambda x_i} = \lambda^n \mathrm{e}^{-\lambda \sum\limits_{i=1}^{n} x_i},$$

$$\ln L = n \ln \lambda - \lambda \sum_{i=1}^{n} x_i,$$

$$\frac{\mathrm{d} \ln L}{\mathrm{d} \lambda} = \frac{n}{\lambda} - \sum_{i=1}^{n} x_i = 0,$$

解得 $\lambda = \dfrac{n}{\sum\limits_{i=1}^{n} x_i} = \dfrac{1}{\bar{x}}$，即 $\lambda$ 的最大似然估计为 $\hat{\lambda}_2 = \dfrac{1}{\bar{X}}$．

2．已知总体 $X$ 的概率密度函数为

$$p(x) = \begin{cases} \theta x^{\theta-1}, & 0 < x < 1 \\ 0, & x \le 0 \text{ 或 } x \ge 1 \end{cases},$$

根据来自 $X$ 的样本 $(X_1, X_2, \cdots, X_n)$，求未知参数 $\theta$ 的矩估计和最大似然估计．

**解**　（1）$E(X) = \displaystyle\int_0^1 x \cdot \theta x^{\theta-1} \mathrm{d}x = \dfrac{\theta}{\theta+1} = \bar{X}$，解得 $\theta$ 的矩估计为 $\hat{\theta}_1 = \dfrac{\bar{X}}{1-\bar{X}}$．

（2）似然函数为

$$L = \prod_{i=1}^{n} \theta x_i^{\theta-1} = \theta^n \left( \prod_{i=1}^{n} x_i \right)^{\theta-1},$$

$$\ln L = n \ln \theta + (\theta - 1) \sum_{i=1}^{n} \ln x_i,$$

$$\frac{\mathrm{d}\ln L}{\mathrm{d}\theta} = \frac{n}{\theta} + \sum_{i=1}^{n} \ln x_i = 0,$$

解得 $\theta = -\dfrac{n}{\sum\limits_{i=1}^{n} \ln x_i}$，即 $\theta$ 的最大似然估计为 $\hat{\theta}_2 = -\dfrac{n}{\sum\limits_{i=1}^{n} \ln X_i}$．

3．设总体 $X$ 的概率分布为

| $X$ | 0 | 1 | 2 | 3 |
|---|---|---|---|---|
| $P$ | $\theta^2$ | $2\theta(1-\theta)$ | $\theta^2$ | $1-2\theta$ |

其中 $\theta(0 < \theta < 1)$ 是未知参数．利用总体 $X$ 的样本值 $3,1,3,0,3,1,2,3$，求 $\theta$ 的矩估计值和最大似然估计值．

**解**　（1）$E(X) = 1 \times 2\theta(1-\theta) + 2 \times \theta^2 + 3 \times (1-2\theta) = 3 - 4\theta = \bar{X}$，解得 $\theta$ 的矩估计为 $\hat{\theta}_1 = \dfrac{3 - \bar{X}}{4}$，从而 $\theta$ 的矩估计值为 $\hat{\theta}_1 = \dfrac{3 - \bar{x}}{4} = \dfrac{1}{4}$．

（2）似然函数为

$$L = \theta^2 \cdot \left[ 2\theta(1-\theta) \right]^2 \cdot \theta^2 \cdot (1-2\theta)^4 = 4\theta^6 (1-\theta)^2 (1-2\theta)^4,$$

$$\ln L = 2\ln 2 + 6\ln\theta + 2\ln(1-\theta) + 4\ln(1-2\theta),$$

$$\frac{\mathrm{d}\ln L}{\mathrm{d}\theta} = \frac{6}{\theta} - \frac{2}{1-\theta} - \frac{8}{1-2\theta} = 0,$$

解得 $\theta = \dfrac{7 \pm \sqrt{13}}{12}$．由离散型随机变量概率分布的非负性知，$1 - 2\theta > 0$，即 $0 < \theta < \dfrac{1}{2}$，则 $\theta$ 的最大似然估计值为 $\hat{\theta}_2 = \dfrac{7 - \sqrt{13}}{12}$．

## 习题 7-2　点估计的优良性准则

1．设总体 $X$ 服从正态分布 $X \sim N(\mu, \sigma^2)$，$(X_1, X_2, \cdots, X_n)$ 为总体 $X$ 的样本，求常数 $k$，使

得 $\hat{\sigma} = k \sum\limits_{i=1}^{n} \left| X_i - \bar{X} \right|$ 是 $\sigma$ 的无偏估计.

**解**  $X_i \sim N(\mu, \sigma^2), \bar{X} \sim N\left(\mu, \dfrac{\sigma^2}{n}\right), X_i - \bar{X} = \left(1 - \dfrac{1}{n}\right)X_i - \dfrac{1}{n}\sum\limits_{j \neq i} X_j$ 服从正态分布.

$$E(X_i - \bar{X}) = E(X_i) - E(\bar{X}) = 0,$$

$$D(X_i - \bar{X}) = D(X_i) + D(\bar{X}) - 2\mathrm{Cov}(X_i, \bar{X}) = \sigma^2 + \frac{\sigma^2}{n} - \frac{2}{n}\sigma^2 = \left(1 - \frac{1}{n}\right)\sigma^2,$$

所以 $X_i - \bar{X} \sim N\left(0, \left(1 - \dfrac{1}{n}\right)\sigma^2\right).$

$$E\left(\left| X_i - \bar{X} \right|\right) = \sigma\sqrt{\left(1 - \frac{1}{n}\right)} E\left[\left| \frac{X_i - \bar{X}}{\sigma\sqrt{\left(1 - \frac{1}{n}\right)}} \right|\right] = \sigma\sqrt{\left(1 - \frac{1}{n}\right)} \int_{-\infty}^{+\infty} |t| \frac{1}{\sqrt{2\pi}} \mathrm{e}^{-\frac{t^2}{2}} \mathrm{d}t$$

$$= \sqrt{\left(1 - \frac{1}{n}\right)\frac{2}{\pi}} \sigma \int_{0}^{+\infty} t \mathrm{e}^{-\frac{t^2}{2}} \mathrm{d}t = \sqrt{\left(1 - \frac{1}{n}\right)\frac{2}{\pi}} \sigma,$$

$$E(\hat{\sigma}) = k \sum_{i=1}^{n} E\left(\left| X_i - \bar{X} \right|\right) = k \sum_{i=1}^{n} \sqrt{\left(1 - \frac{1}{n}\right)\frac{2}{\pi}} \sigma = k\sqrt{n(n-1)\frac{2}{\pi}} \sigma = \sigma,$$

解得 $k = \sqrt{\dfrac{\pi}{2n(n-1)}}.$

2. 设总体 $X$ 服从正态分布 $N(0, \sigma^2), (X_1, X_2, \cdots, X_n)$ 为总体 $X$ 的样本,证明:

(1) $\dfrac{1}{n}\sum\limits_{i=1}^{n} X_i^2$ 是 $\sigma^2$ 的无偏估计;(2) $\dfrac{1}{n}\sum\limits_{i=1}^{n} X_i^2$ 是 $\sigma^2$ 的一致估计.

**解**  (1) $E\left(\dfrac{1}{n}\sum\limits_{i=1}^{n} X_i^2\right) = \dfrac{1}{n}\sum\limits_{i=1}^{n} EX_i^2 = \dfrac{1}{n}\sum\limits_{i=1}^{n}\left\{D(X_i) + \left[E(X_i)\right]^2\right\} = \dfrac{1}{n}\sum\limits_{i=1}^{n}\sigma^2 = \sigma^2$,所以 $\dfrac{1}{n}\sum\limits_{i=1}^{n} X_i^2$ 是 $\sigma^2$ 的无偏估计.

(2) 因为 $X_1, X_2, \cdots, X_n$ 独立同分布,所以 $X_1^2, X_2^2, \cdots, X_n^2$ 独立同分布,$E(X_i^2) = \sigma^2$,由辛钦大数定律可得 $\forall \varepsilon > 0$,有

$$P\left(\left| \frac{1}{n}\sum_{i=1}^{n} X_i^2 - \sigma^2 \right| < \varepsilon\right) = 1,$$

即 $\dfrac{1}{n}\sum\limits_{i=1}^{n} X_i^2$ 是 $\sigma^2$ 的一致估计.

3. 设 $\hat{\theta}_1$ 和 $\hat{\theta}_2$ 均为未知参数 $\theta$ 的无偏估计,且 $D(\hat{\theta}_1) = \sigma_1^2, D(\hat{\theta}_2) = \sigma_2^2$,构造新的无偏估计为:

$$\hat{\theta} = c\hat{\theta}_1 + (1-c)\hat{\theta}_2, 0 \leqslant c < 1.$$

如果 $\hat{\theta}_1$ 和 $\hat{\theta}_2$ 相互独立,试确定常数 $c$,使得 $D(\hat{\theta})$ 达到最小.

**解**  $D(\hat{\theta}) = c^2 D(\hat{\theta}_1) + (1-c)^2 D(\hat{\theta}_2) = c^2\sigma_1^2 + (1-c)^2\sigma_2^2,$

$$\frac{\mathrm{d}[D(\hat{\theta})]}{\mathrm{d}c} = 2c\sigma_1^2 - 2(1-c)\sigma_2^2 = 0,$$

解得 $c = \dfrac{\sigma_2^2}{\sigma_1^2 + \sigma_2^2}$.

## 习题7-3　区间估计

1. 随机抽查 5 炉铁水,其含碳率分别为 4.28,4.40,4.42,4.35,4.37,并由积累资料知,铁水含碳率服从正态分布 $N(\mu, 0.108^2)$,试在置信度为 0.95 下,求 $\mu$ 的置信区间.

**解**　$n = 5, \bar{x} = 4.364, \alpha = 0.05, u_{\alpha/2} = u_{0.025} = 1.96$,因此 $\mu$ 的置信度为 0.95 的置信区间为

$$\left(\bar{x} - u_{\alpha/2}\frac{\sigma}{\sqrt{n}}, \ \bar{x} + u_{\alpha/2}\frac{\sigma}{\sqrt{n}}\right) = (4.269, 4.459).$$

2. 从正态总体中抽取容量为 5 的样本的观察值 6.60,4.60,5.40,5.80,5.50,试在置信度为 0.95 下,求总体均值 $\mu$ 的置信区间.

**解**　$n = 5, \bar{x} = 5.58, \alpha = 0.05, t_{\alpha/2}(n-1) = t_{0.025}(4) = 2.7764,$

$$s^2 = \frac{1}{n-1}\sum_{i=1}^{n}(x_i - \bar{x})^2 = \frac{1}{n-1}\left(\sum_{i=1}^{n}x_i^2 - n\bar{x}^2\right) = 0.522, s = 0.7225,$$

因此 $\mu$ 的置信度为 0.95 的置信区间为

$$\left(\bar{x} - t_{\alpha/2}(n-1)\frac{s}{\sqrt{n}}, \ \bar{x} + t_{\alpha/2}(n-1)\frac{s}{\sqrt{n}}\right) = (4.683, 6.477).$$

3. 求第 2 题的置信度为 0.90 的总体方差 $\sigma^2$ 的置信区间.

**解**　$\alpha = 0.10, \chi_{\alpha/2}^2(n-1) = \chi_{0.05}^2(4) = 9.488, \chi_{1-\alpha/2}^2(n-1) = \chi_{0.95}^2(4) = 0.711$,因此 $\sigma^2$ 的置信度为 0.90 的置信区间为

$$\left(\frac{(n-1)s^2}{\chi_{\alpha/2}^2(n-1)}, \ \frac{(n-1)s^2}{\chi_{1-\alpha/2}^2(n-1)}\right) = (0.220, 2.937).$$

4. 设从总体 $N(\mu_1, 25)$ 得到容量为 10 的样本,其样本均值为 $\bar{x} = 19.8$,从总体 $N(\mu_2, 36)$ 得到容量为 12 的样本,其样本均值为 $\bar{y} = 24.0$,并且两个样本相互独立,求 $\mu_1 - \mu_2$ 的置信度为 0.90 的置信区间.

**解**　$m = 10, n = 12, \alpha = 0.10, u_{\alpha/2} = u_{0.05} = 1.645$,因此 $\mu_1 - \mu_2$ 的置信度为 0.90 的置信区间为

$$\left(\bar{x} - \bar{y} - u_{\alpha/2}\sqrt{\frac{\sigma_1^2}{m} + \frac{\sigma_2^2}{n}}, \ \bar{x} - \bar{y} + u_{\alpha/2}\sqrt{\frac{\sigma_1^2}{m} + \frac{\sigma_2^2}{n}}\right) = (-8.058, \ -0.342).$$

5. 有两位化验员 A 和 B,他们独立地对某种聚合物的含氯量用相同的方法各做 10 次测定,其测量值的方差分别为 0.48771 和 0.54585. 假定 A,B 所测量的总体均服从正态分布,方差分别为 $\sigma_A^2$ 和 $\sigma_B^2$,求 $\dfrac{\sigma_A^2}{\sigma_B^2}$ 的置信度为 0.90 的置信区间.

**解**  $m = 10, n = 10, s_1^2 = 0.48771, s_2^2 = 0.54585,$

$\alpha = 0.10, F_{\alpha/2}(m - 1, n - 1) = F_{0.05}(9, 9) = 3.18,$

$$F_{1 - \alpha/2}(m - 1, n - 1) = \frac{1}{F_{\alpha/2}(m - 1, n - 1)} = \frac{1}{F_{0.05}(9, 9)} = \frac{1}{3.18} = 0.3145,$$

所以 $\dfrac{\sigma_A^2}{\sigma_B^2}$ 的置信度为 0.90 的置信区间为

$$\left( \frac{s_1^2 / s_2^2}{F_{\alpha/2}(m - 1, n - 1)}, \frac{s_1^2 / s_2^2}{F_{1 - \alpha/2}(m - 1, n - 1)} \right) = (0.281, 2.841).$$

6．从某批灯泡中随机抽取 5 只做寿命试验,其寿命(以小时计)如下:

$$1050, 1100, 1120, 1250, 1280.$$

设灯泡的寿命服从正态分布,试求其置信度为 0.95 的单侧置信下限.

**解**  $n = 5, \bar{x} = 1160, \alpha = 0.05, t_\alpha(n - 1) = t_{0.05}(4) = 2.1318,$

$$s^2 = \frac{1}{n - 1} \sum_{i = 1}^{n} (x_i - \bar{x})^2 = \frac{1}{n - 1} \left( \sum_{i = 1}^{n} x_i^2 - n\bar{x}^2 \right) = 9950, s = 99.75,$$

因此置信度为 0.95 的单侧置信下限为 $\bar{x} - t_\alpha(n - 1) \dfrac{s}{\sqrt{n}} = 1064.9.$

## 总复习题七

1．设 $(X_1, X_2, \cdots, X_n)$ 是来自服从二项分布 $B(m, p)$ 的总体 $X$ 的样本,试求未知参数 $p$ 的矩估计和最大似然估计,所得估计是否无偏?

**解**  (1)因为 $E(X) = mp, m\hat{p} = \bar{X}$,所以 $p$ 的矩估计 $\hat{p}_1 = \dfrac{\bar{X}}{m}$. 又因为

$$E(\hat{p}_1) = \frac{E(\bar{X})}{m} = \frac{E(X)}{m} = \frac{mp}{m} = p,$$

所以 $\hat{p}_1 = \dfrac{\bar{X}}{m}$ 是无偏的.

(2)似然函数为

$$L = \prod_{i = 1}^{n} C_n^{x_i} p^{x_i} (1 - p)^{m - x_i} = \left( \prod_{i = 1}^{n} C_n^{x_i} \right) p^{\sum_{i=1}^{n} x_i} (1 - p)^{mn - \sum_{i=1}^{n} x_i},$$

$$\ln L = \sum_{i = 1}^{n} \ln C_n^{x_i} + \left( \sum_{i = 1}^{n} x_i \right) \ln p + \left( mn - \sum_{i = 1}^{n} x_i \right) \ln(1 - p),$$

$$\frac{\mathrm{d} \ln L}{\mathrm{d} p} = \left( \sum_{i = 1}^{n} x_i \right) \frac{1}{p} - \left( mn - \sum_{i = 1}^{n} x_i \right) \frac{1}{1 - p} = 0,$$

解得 $p = \dfrac{1}{mn} \sum\limits_{i = 1}^{n} x_i = \dfrac{\bar{x}}{m}$,即 $p$ 的最大似然估计为 $\hat{p}_2 = \dfrac{\bar{X}}{m}$,也是无偏的.

2．设总体 $X$ 服从 $[0, \theta]$ 上的均匀分布,求参数 $\theta$ 的矩估计和最大似然估计,假如所得估计是有偏的,将其修正为无偏.

**解**　（1）$E(X) = \dfrac{\theta}{2} = \bar{X}$，则 $\theta$ 的矩估计为 $\hat{\theta}_1 = 2\bar{X}$.

$$E(\hat{\theta}_1) = 2E(\bar{X}) = 2E(X) = 2 \times \frac{\theta}{2} = \theta,$$

即 $\hat{\theta}_1 = 2\bar{X}$ 是无偏的.

（2）似然函数为

$$L = \prod_{i=1}^{n} \frac{1}{\theta} = \frac{1}{\theta^n}, \quad 0 \leqslant x_1, x_2, \cdots, x_n \leqslant \theta,$$

$$\ln L = -n \ln \theta, \quad 0 \leqslant x_1, x_2, \cdots, x_n \leqslant \theta,$$

$$\frac{\mathrm{d}\ln L}{\mathrm{d}\theta} = -\frac{n}{\theta} < 0, \quad 0 \leqslant x_1, x_2, \cdots, x_n \leqslant \theta,$$

对数似然函数是严格递减函数，即 $\theta$ 越小，对数似然函数的值越大，因此 $\theta$ 的最大似然估计为 $\hat{\theta}_2 = X_{(n)} = \max\{X_1, X_2, \cdots, X_n\}$.

$\hat{\theta}_2 = X_{(n)}$ 的密度函数为

$$p_n(x) = nF(x)^{n-1}p(x) = n\left(\frac{x}{\theta}\right)^{n-1}\frac{1}{\theta} = \frac{nx^{n-1}}{\theta^n}, \quad 0 \leqslant x \leqslant \theta,$$

$$E[X_{(n)}] = \int_0^\theta x \cdot \frac{nx^{n-1}}{\theta^n}\mathrm{d}x = \frac{n}{\theta^n}\int_0^\theta x^n \mathrm{d}x = \frac{n}{n+1}\theta \neq \theta,$$

所以 $\hat{\theta}_2$ 不是 $\theta$ 的无偏估计，修正为 $\dfrac{n+1}{n}X_{(n)}$ 后是无偏的.

3. 设总体 $X$ 的概率密度函数为

$$p(x; \theta) = \begin{cases} \dfrac{1}{2\theta}, & 0 < x < \theta \\ \dfrac{1}{2(1-\theta)}, & \theta \leqslant x < 1, \\ 0, & \text{其他} \end{cases}$$

其中参数 $\theta(0 < \theta < 1)$ 未知，$(X_1, X_2, \cdots, X_n)$ 是来自总体 $X$ 的样本，$\bar{X}$ 是样本均值.

（1）求参数 $\theta$ 的矩估计 $\hat{\theta}$；（2）判断 $4\bar{X}^2$ 是否为 $\theta^2$ 的无偏估计，并说明理由.

**解**　（1）$E(X) = \displaystyle\int_{-\infty}^{+\infty} xp(x; \theta)\mathrm{d}x = \int_0^\theta x \cdot \frac{1}{2\theta}\mathrm{d}x + \int_\theta^1 x \cdot \frac{1}{2(1-\theta)}\mathrm{d}x$

$$= \frac{\theta}{4} + \frac{1+\theta}{4} = \frac{1}{4} + \frac{\theta}{2} = \bar{X},$$

解得 $\theta$ 的矩估计为 $\hat{\theta} = 2\bar{X} - \dfrac{1}{2}$.

（2）$E(\bar{X}) = E(X) = \dfrac{1}{4} + \dfrac{\theta}{2}$，

$$E(4\bar{X}^2) = 4E(\bar{X}^2) = 4\left\{D(\bar{X}) + [E(\bar{X})]^2\right\} = 4\left[\frac{D(X)}{n} + \left(\frac{1}{4} + \frac{\theta}{2}\right)^2\right]$$

$$= \frac{4}{n}D(X) + \frac{1}{4} + \theta + \theta^2 > \theta^2,$$

所以 $4\bar{X}^2$ 不是 $\theta^2$ 的无偏估计.

4. 设总体 $X$ 的概率密度函数为

$$p(x;\sigma) = \frac{1}{2\sigma} e^{-\frac{|x|}{\sigma}}, \quad -\infty < x < +\infty,$$

其中 $\sigma \in (0, +\infty)$ 且 $\sigma$ 为未知参数，$(X_1, X_2, \cdots, X_n)$ 为来自总体 $X$ 的样本. 记 $\sigma$ 的最大似然估计为 $\hat{\sigma}$，求：$(1)\,\hat{\sigma}$；$(2)\,E(\hat{\sigma})$ 和 $D(\hat{\sigma})$.

**解** $(1)$ 设 $(x_1, x_2, \cdots, x_n)$ 为样本观察值，则似然函数为

$$L = \prod_{i=1}^{n} p(x_i;\sigma) = (2\sigma)^{-n} e^{-\frac{1}{\sigma}\sum_{i=1}^{n}|x_i|},$$

$$\ln L = -n\ln(2\sigma) - \frac{1}{\sigma}\sum_{i=1}^{n}|x_i|,$$

$$\frac{\mathrm{d}\ln L}{\mathrm{d}\sigma} = -\frac{n}{\sigma} + \frac{1}{\sigma^2}\sum_{i=1}^{n}|x_i| = 0,$$

解得 $\hat{\sigma} = \frac{1}{n}\sum_{i=1}^{n}|x_i|$，即 $\sigma$ 的最大似然估计为 $\hat{\sigma} = \frac{1}{n}\sum_{i=1}^{n}|X_i|$.

$(2)\; E(\hat{\sigma}) = \frac{1}{n}\sum_{i=1}^{n}E(|X_i|) = E(|X|) = \int_{-\infty}^{+\infty}|x|p(x;\sigma)\mathrm{d}x = \frac{1}{2\sigma}\int_{-\infty}^{+\infty}|x|e^{-\frac{|x|}{\sigma}}\mathrm{d}x = \frac{1}{\sigma}\int_{0}^{+\infty}xe^{-\frac{x}{\sigma}}\mathrm{d}x$

$= \sigma\int_{0}^{+\infty}te^{-t}\mathrm{d}t = -\sigma\int_{0}^{+\infty}t\mathrm{d}e^{-t} = -\sigma\left(te^{-t}\Big|_{0}^{+\infty} - \int_{0}^{+\infty}e^{-t}\mathrm{d}t\right) = \sigma\int_{0}^{+\infty}e^{-t}\mathrm{d}t = \sigma,$

$E(X^2) = \frac{1}{2\sigma}\int_{-\infty}^{+\infty}x^2e^{-\frac{|x|}{\sigma}}\mathrm{d}x = \frac{1}{\sigma}\int_{0}^{+\infty}x^2e^{-\frac{x}{\sigma}}\mathrm{d}x = \sigma^2\int_{0}^{+\infty}t^2e^{-t}\mathrm{d}t = -\sigma^2\int_{0}^{+\infty}t^2\mathrm{d}e^{-t}$

$= -\sigma^2\left(t^2e^{-t}\Big|_{0}^{+\infty} - \int_{0}^{+\infty}2te^{-t}\mathrm{d}t\right) = 2\sigma^2\int_{0}^{+\infty}te^{-t}\mathrm{d}t = 2\sigma^2,$

$D(\hat{\sigma}) = \frac{1}{n^2}\sum_{i=1}^{n}D(|X_i|) = \frac{1}{n}\left\{E(|X|^2) - [E(|X|)]^2\right\} = \frac{1}{n}\left\{E(X^2) - [E(|X|)]^2\right\}$

$= \frac{1}{n}(2\sigma^2 - \sigma^2) = \frac{\sigma^2}{n}.$

5. $(X_1, X_2, \cdots, X_n)$ 为来自总体 $X$ 的样本，$E(X) = \mu, D(X) = \sigma^2$.

$(1)$ 证明 $\hat{\mu} = \frac{2}{n(n+1)}\sum_{i=1}^{n}iX_i$ 是 $\mu$ 的无偏估计；

$(2)\,\hat{\mu}$ 与 $\overline{X}$ 哪一个估计更好？

**解** $(1)\; E(\hat{\mu}) = \frac{2}{n(n+1)}\sum_{i=1}^{n}iE(X_i) = \frac{2}{n(n+1)}\cdot\frac{n(n+1)}{2}\mu = \mu$，即 $\hat{\mu}$ 是 $\mu$ 的无偏估计.

$(2)$ 两个无偏估计的比较可从有效性的角度进行评判.

$D(\hat{\mu}) = \frac{4}{n^2(n+1)^2}\sum_{i=1}^{n}i^2D(X_i) = \frac{4}{n^2(n+1)^2}\cdot\frac{n(n+1)(2n+1)}{6}\sigma^2 = \frac{2(2n+1)}{3n(n+1)}\sigma^2,$

$D(\overline{X}) = \frac{D(X)}{n} = \frac{\sigma^2}{n}.$

当 $n \geqslant 2$ 时，$D(\bar{X}) < D(\hat{\mu})$，则 $\bar{X}$ 比 $\hat{\mu}$ 有效，即 $\bar{X}$ 优于 $\hat{\mu}$.

6. 设总体 $X$ 的分布函数为 $F(x;\theta) = \begin{cases} 1 - \mathrm{e}^{-\frac{x^2}{\theta}}, & x \geqslant 0 \\ 0, & x < 0 \end{cases}$，其中 $\theta$ 是未知参数且大于 $0$，

$(X_1, X_2, \cdots, X_n)$ 为来自总体 $X$ 的样本.

(1) 求 $E(X)$ 和 $E(X^2)$；

(2) 求 $\theta$ 的最大似然估计 $\hat{\theta}_n$；

(3) 是否存在实数 $c$，使得对任意 $\varepsilon > 0$，都有 $\lim\limits_{n \to \infty} P\left(\left|\hat{\theta}_n - c\right| \geqslant \varepsilon\right) = 0$？

**解**　$X$ 的密度函数为

$$p(x;\theta) = \begin{cases} \dfrac{2x}{\theta}\mathrm{e}^{-\frac{x^2}{\theta}}, & x \geqslant 0 \\ 0, & x < 0 \end{cases}.$$

$(1)$ $E(X) = \displaystyle\int_0^{+\infty} x \cdot \frac{2x}{\theta}\mathrm{e}^{-\frac{x^2}{\theta}}\mathrm{d}x = -\int_0^{+\infty} x\,\mathrm{d}\mathrm{e}^{-\frac{x^2}{\theta}} = -x\mathrm{e}^{-\frac{x^2}{\theta}}\Big|_0^{+\infty} + \int_0^{+\infty}\mathrm{e}^{-\frac{x^2}{\theta}}\mathrm{d}x = \int_0^{+\infty}\mathrm{e}^{-\frac{x^2}{\theta}}\mathrm{d}x$

$\qquad = \sqrt{\dfrac{\theta}{2}}\displaystyle\int_0^{+\infty}\mathrm{e}^{-\frac{t^2}{2}}\mathrm{d}t = \sqrt{\pi\theta}\int_0^{+\infty}\frac{1}{\sqrt{2\pi}}\mathrm{e}^{-\frac{t^2}{2}}\mathrm{d}t = \dfrac{\sqrt{\pi\theta}}{2}$，

$E(X^2) = \displaystyle\int_0^{+\infty} x^2 \cdot \frac{2x}{\theta}\mathrm{e}^{-\frac{x^2}{\theta}}\mathrm{d}x = -\int_0^{+\infty} x^2\,\mathrm{d}\mathrm{e}^{-\frac{x^2}{\theta}} = -x^2\mathrm{e}^{-\frac{x^2}{\theta}}\Big|_0^{+\infty} + 2\int_0^{+\infty} x\mathrm{e}^{-\frac{x^2}{\theta}}\mathrm{d}x = 2\int_0^{+\infty} x\mathrm{e}^{-\frac{x^2}{\theta}}\mathrm{d}x$

$\qquad = \theta\displaystyle\int_0^{+\infty}\mathrm{e}^{-\frac{x^2}{\theta}}\mathrm{d}\left(\frac{x^2}{\theta}\right) = \theta\,\mathrm{e}^{-\frac{x^2}{\theta}}\Big|_{+\infty}^{0} = \theta.$

$(2)$ $L = \displaystyle\prod_{i=1}^n p(x_i;\theta) = \left(\frac{2}{\theta}\right)^n \prod_{i=1}^n x_i \cdot \mathrm{e}^{-\frac{1}{\theta}\sum\limits_{i=1}^n x_i^2}, x_1, x_2, \cdots, x_n > 0$，

$\ln L = n\ln 2 - n\ln\theta + \displaystyle\sum_{i=1}^n \ln x_i - \frac{1}{\theta}\sum_{i=1}^n x_i^2$，

$\dfrac{\mathrm{d}\ln L}{\mathrm{d}\theta} = -\dfrac{n}{\theta} + \dfrac{1}{\theta^2}\displaystyle\sum_{i=1}^n x_i^2 = 0$，

解得 $\hat{\theta}_n = \dfrac{1}{n}\displaystyle\sum_{i=1}^n X_i^2.$

$(3)$ $X_1^2, X_2^2, \cdots, X_n^2, \cdots$ 独立同分布，$E(X_i^2) = \theta$，由辛钦大数定律知，$\forall \varepsilon > 0$，有

$$\lim\limits_{n \to \infty} P\left(\left|\hat{\theta}_n - \theta\right| \geqslant \varepsilon\right) = 0, \text{即 } c = \theta.$$

7. 某农场为了试验磷肥与氮肥能否提高水稻收获量，任选试验田 18 块，每块面积 12m² 进行试验，其结果（单位:kg）如下.

不施肥的 10 块试验田的收获量:8.6,7.9,9.3,10.7,11.2,11.4,9.8,9.5,10.1,8.5.

施肥的 8 块试验田的收获量:12.6,10.2,11.7,12.3,11.1,10.5,10.6,12.2.

假定施肥与不施肥的收获量均服从正态分布，且方差相等，试在置信度为 0.95 下，求每 12m² 的水稻平均收获量施肥比不施肥增产的幅度.

**解**　$\alpha = 0.05, t_{\alpha/2}(m + n - 2) = t_{0.025}(16) = 2.1199$，

$$m = 10, \bar{x} = 9.7, \quad s_1^2 = \frac{1}{n-1}\sum_{i=1}^{n}(x_i - \bar{x})^2 = \frac{1}{n-1}\left(\sum_{i=1}^{n}x_i^2 - n\bar{x}^2\right) = \frac{12.4}{9},$$

$$n = 8, \bar{y} = 11.4, \quad s_2^2 = \frac{1}{n-1}\sum_{i=1}^{n}(y_i - \bar{y})^2 = \frac{1}{n-1}\left(\sum_{i=1}^{n}y_i^2 - n\bar{y}^2\right) = \frac{5.96}{7},$$

$$s_w^2 = \frac{(m-1)s_1^2 + (n-1)s_2^2}{m+n-2} = 1.1475, s_w = 1.0712,$$

$$\left(\bar{y} - \bar{x} - t_{\alpha/2}(m+n-2)s_w\sqrt{\frac{1}{m} + \frac{1}{n}}, \bar{y} - \bar{x} + t_{\alpha/2}(m+n-2)s_w\sqrt{\frac{1}{m} + \frac{1}{n}}\right)$$

$$= (0.623, 2.777),$$

即施肥比不施肥增产的幅度为 $0.623 \sim 2.777\text{kg}$.

8. 设总体 $X$ 服从对数正态分布，$\ln X \sim N(\mu, 0.64)$，4.95，1.73，10.07，9.78，14.15，4.14，1.52，11.70，6.62，10.38 是来自总体 $X$ 的样本观察值，求：

（1）$X$ 的数学期望 $\alpha$；

（2）$\mu$ 的置信度为 0.95 的置信区间；

（3）$\alpha$ 的置信度为 0.95 的置信区间.

**解** （1）令 $Y = \ln X$，则 $Y$ 的密度函数为

$$p(y) = \frac{1}{\sqrt{2\pi}\,\sigma}e^{-\frac{(y-\mu)^2}{2\sigma^2}}, -\infty < y < +\infty,$$

于是

$$\alpha = E(X) = E(e^Y) = \frac{1}{\sqrt{2\pi}\,\sigma}\int_{-\infty}^{+\infty}e^y e^{-\frac{(y-\mu)^2}{2\sigma^2}}\mathrm{d}y = \frac{1}{\sqrt{2\pi}}\int_{-\infty}^{+\infty}e^{\mu+\sigma t}e^{-\frac{t^2}{2}}\mathrm{d}t$$

$$= e^{\mu+\frac{\sigma^2}{2}}\int_{-\infty}^{+\infty}\frac{1}{\sqrt{2\pi}}e^{-\frac{(t-\sigma)^2}{2}}\mathrm{d}t = e^{\mu+\frac{\sigma^2}{2}} = e^{\mu+0.32}.$$

（2）将样本观察值的 10 个数据，分别取其自然对数得到 1.60, 0.55, 2.31, 2.28, 2.65, 1.42, 0.42, 2.46, 1.89, 2.34，可视它们为来自总体 $Y = \ln X$ 的样本观察值，直接计算可得 $\bar{y} = \overline{\ln x} = 1.79$. 由于 $Y \sim N(\mu, 0.64)$，因此 $\mu$ 的置信度为 $1 - \alpha$ 的置信区间为

$$\left(\bar{y} - u_{\alpha/2}\cdot\frac{\sigma}{\sqrt{n}}, \bar{y} + u_{\alpha/2}\cdot\frac{\sigma}{\sqrt{n}}\right) = \left(1.79 - 1.96 \times \frac{0.8}{\sqrt{10}}, 1.79 + 1.96 \times \frac{0.8}{\sqrt{10}}\right)$$

$$\approx (1.29, 2.29).$$

（3）由于

$$0.95 = P(1.29 < \mu < 2.29) = P(e^{0.32}\cdot e^{1.29} < e^{\mu+0.32} < e^{0.32}\cdot e^{2.29})$$

$$= P(e^{1.61} < e^{\mu+0.32} < e^{2.61}) = P(5.005 < \alpha < 15.599),$$

所以 $\alpha$ 的置信度为 0.95 的置信区间为 $(5.005, 15.599)$.

# 第八章 假 设 检 验

## 一、知识结构图示

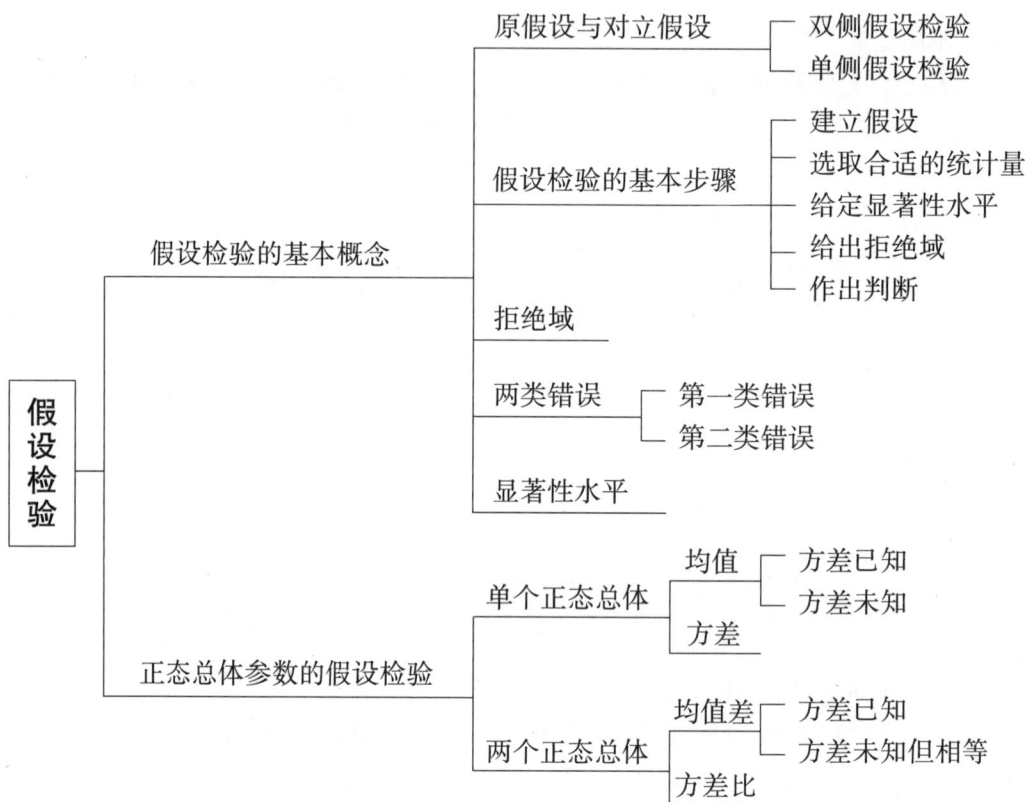

## 二、内容归纳总结

### （一）假设检验的基本概念

**1. 假设检验问题**

　　设总体 $X$ 的分布类型已知,但其中含有未知参数,对未知参数的数值所做的统计假设称为**参数假设**,包括**原假设**和**对立假设**,相应的根据样本提供信息所做的检验称为**参数假设检验**.若总体 $X$ 的分布类型未知,原假设和对立假设是直接根据总体分布的类型或它的某些数字特征给出的,这样的统计假设称为**非参数假设**,相应的检验称为**非参数**

假设检验.

**2. 假设检验的基本步骤**

（1）根据实际问题建立统计假设：原假设 $H_0$ 和对立假设 $H_1$.

$H_0$ 和 $H_1$ 在假设检验中是相互对立的假设，它们的建立必须依据具体问题来决定. $H_0$ 通常代表一种"常规"的情况，它是受到"保护"的，没有强有力的证据是不能拒绝原假设 $H_0$ 的.

（2）选取合适的统计量 $T$

选取的统计量 $T$，首先必须与统计假设有关；其次在 $H_0$ 成立时，能确定 $T$ 的分布或近似分布.

（3）给定显著性水平 $\alpha$

显著性水平 $\alpha$ 应根据具体问题而定，$\alpha$ 的选定通常使得在原假设 $H_0$ 成立时，拒绝 $H_0$ 的概率不大于 $\alpha$.

（4）将样本空间划分为拒绝域和接受域

在显著性水平 $\alpha$ 下，利用所选统计量 $T$ 的分布，将样本空间划分成两个互不相交的区域，其中由接受原假设 $H_0$ 的样本值全体组成的区域称为**接受域**，反之称为**拒绝域**.

（5）作出判断

将样本观察值代入统计量 $T$，计算它的观察值，根据观察值落入拒绝域还是接受域，做出拒绝 $H_0$ 或者接受 $H_0$ 的判断.

**3. 两类错误**

如果原假设 $H_0$ 为真，由于样本的随机性，统计量 $T$ 的观察值落入拒绝域，从而得出拒绝 $H_0$ 的结论，称为**第一类错误**或"**弃真**"．犯第一类错误的概率即显著性水平 $\alpha$.

若原假设 $H_0$ 不正确，但由于样本的随机性，统计量 $T$ 的观察值落入接受域，从而得出接受 $H_0$ 的结论，称为**第二类错误**或"**取伪**"．犯第二类错误的概率记为 $\beta$.

当样本容量 $n$ 一定时，犯两类错误的概率 $\alpha$ 和 $\beta$ 不能同时变小. $\alpha$ 变小，则 $\beta$ 变大；反之，$\beta$ 变小，则 $\alpha$ 变大．在实际应用中，人们通常在控制犯第一类错误的概率 $\alpha$ 的前提下，使得犯第二类错误的概率尽可能小．一般地，固定 $\alpha$，要想 $\beta$ 变小，只有增加样本容量.

**4. 双侧假设检验和单侧假设检验**

双侧假设检验和单侧假设检验的原理及方法完全类似，双侧假设检验的拒绝域由数轴上左右两部分组成，而单侧假设检验的拒绝域仅由数轴上的一部分组成．究竟是采用双侧假设检验还是单侧假设检验，完全取决于所建立的统计假设的形式.

## （二）正态总体参数的假设检验

### 1. 单个正态总体参数的假设检验

单个正态总体参数的假设检验如表 8-1 所示.

表8-1　单个正态总体参数的假设检验

| 参数 | 条件 | $H_0$ | 检验统计量 | 分布 | 临界值 | 拒绝域 |
|---|---|---|---|---|---|---|
| $\mu$ | $\sigma^2$ 已知 | $\mu = \mu_0$ | $U = \dfrac{\overline{X} - \mu_0}{\dfrac{\sigma}{\sqrt{n}}}$ | $N(0,1)$ | $u_{\alpha/2}$ 满足 $P\left(U \geqslant u_{\alpha/2}\right) = \alpha/2$ | $\lvert u \rvert \geqslant u_{\alpha/2}$ |
| | | $\mu \leqslant \mu_0$ | | | $u_\alpha$ 满足 $P\left(U \geqslant u_\alpha\right) = \alpha$ | $u \geqslant u_\alpha$ |
| | | $\mu \geqslant \mu_0$ | | | | $u \leqslant -u_\alpha$ |
| | $\sigma^2$ 未知 | $\mu = \mu_0$ | $T = \dfrac{\overline{X} - \mu_0}{\dfrac{S}{\sqrt{n}}}$ | $t(n-1)$ | $t_{\alpha/2}(n-1)$ 满足 $P\left(\lvert T \rvert \geqslant t_{\alpha/2}(n-1)\right) = \alpha$ | $\lvert t \rvert \geqslant t_{\alpha/2}(n-1)$ |
| | | $\mu \leqslant \mu_0$ | | | $t_\alpha(n-1)$ 满足 $P\left(T \geqslant t_\alpha(n-1)\right) = \alpha$ | $t \geqslant t_\alpha(n-1)$ |
| | | $\mu \geqslant \mu_0$ | | | | $t \leqslant -t_\alpha(n-1)$ |
| $\sigma^2$ | | $\sigma^2 = \sigma_0^2$ | $\chi^2 = \dfrac{(n-1)S^2}{\sigma_0^2}$ | $\chi^2(n-1)$ | $\chi^2_{\alpha/2}(n-1),\ \chi^2_{1-\alpha/2}(n-1)$ 满足 $P\left(\chi^2 \leqslant \chi^2_{1-\alpha/2}(n-1)\right)$ $= P\left(\chi^2 \geqslant \chi^2_{\alpha/2}(n-1)\right) = \alpha/2$ | $\chi^2 \leqslant \chi^2_{1-\alpha/2}(n-1)$ 或 $\chi^2 \geqslant \chi^2_{\alpha/2}(n-1)$ |
| | | $\sigma^2 \leqslant \sigma_0^2$ | | | $\chi^2_\alpha(n-1)$ 满足 $P\left(\chi^2 \geqslant \chi^2_\alpha(n-1)\right) = 1-\alpha$ | $\chi^2 \geqslant \chi^2_\alpha(n-1)$ |
| | | $\sigma^2 \geqslant \sigma_0^2$ | | | $\chi^2_{1-\alpha}(n-1)$ 满足 $P\left(\chi^2 \leqslant \chi^2_{1-\alpha}(n-1)\right) = \alpha$ | $\chi^2 \leqslant \chi^2_{1-\alpha}(n-1)$ |

## 2. 两个正态总体参数的假设检验

两个正态总体参数的假设检验如表 8-2 所示.

表8-2　两个正态总体参数的假设检验

| 参数 | 条件 | $H_0$ | 检验统计量 | 分布 | 临界值 | 拒绝域 |
|---|---|---|---|---|---|---|
| $\mu_1 - \mu_2$ | $\sigma_1^2, \sigma_2^2$ 已知 | $\mu_1 = \mu_2$ | $U = \dfrac{\overline{X} - \overline{Y}}{\sqrt{\dfrac{\sigma_1^2}{m} + \dfrac{\sigma_2^2}{n}}}$ | $N(0,1)$ | $u_{\alpha/2}$ 满足 $P\left(U \geqslant u_{\alpha/2}\right) = \alpha/2$ | $\lvert u \rvert \geqslant u_{\alpha/2}$ |
| | | $\mu_1 \leqslant \mu_2$ | | | $u_\alpha$ 满足 $P\left(U \geqslant u_\alpha\right) = \alpha$ | $u \geqslant u_\alpha$ |
| | | $\mu_1 \geqslant \mu_2$ | | | | $u \leqslant -u_\alpha$ |
| | $\sigma_1^2 = \sigma_2^2$ 但未知 | $\mu_1 = \mu_2$ | $T = \dfrac{\overline{X} - \overline{Y}}{S_w\sqrt{\dfrac{1}{m} + \dfrac{1}{n}}}$, $S_w^2 = \dfrac{(m-1)S_1^2 + (n-1)S_2^2}{m+n-2}$ | $t(m+n-2)$ | $t_{\alpha/2}(m+n-2)$满足 $P\left(\lvert T \rvert \geqslant t_{\alpha/2}(m+n-2)\right) = \alpha$ | $\lvert t \rvert \geqslant t_{\alpha/2}(m+n-2)$ |
| | | $\mu_1 \leqslant \mu_2$ | | | $t_\alpha(m+n-2)$满足 $P\left(T \geqslant t_\alpha(m+n-2)\right) = \alpha$ | $t \geqslant t_\alpha(m+n-2)$ |
| | | $\mu_1 \geqslant \mu_2$ | | | | $t \leqslant -t_\alpha(m+n-2)$ |

| 参数 | 条件 | $H_0$ | 检验统计量 | 分布 | 临界值 | 拒绝域 |
|---|---|---|---|---|---|---|
| $\dfrac{\sigma_1^2}{\sigma_2^2}$ | | $\sigma_1^2 = \sigma_2^2$ | $F = \dfrac{S_1^2}{S_2^2}$ | $F(m-1, n-1)$ | $F_{\alpha/2}(m-1, n-1)$, $F_{1-\alpha/2}(m-1, n-1)$ 满足 $P\left(F \leqslant F_{1-\alpha/2}(m-1, n-1)\right)$ $= P\left(F \geqslant F_{\alpha/2}(m-1, n-1)\right) = \alpha/2$ | $f \leqslant F_{1-\alpha/2}$ $(m-1, n-1)$ 或 $f \geqslant F_{\alpha/2}$ $(m-1, n-1)$ |
| | | $\sigma_1^2 \leqslant \sigma_2^2$ | | | $F_\alpha(m-1, n-1)$ 满足 $P\left(F \geqslant F_\alpha(m-1, n-1)\right) = \alpha$ | $f \geqslant F_\alpha$ $(m-1, n-1)$ |
| | | $\sigma_1^2 \geqslant \sigma_2^2$ | | | $F_{1-\alpha}(m-1, n-1)$ 满足 $P\left(F \leqslant F_{1-\alpha}(m-1, n-1)\right) = \alpha$ | $f \leqslant F_{1-\alpha}$ $(m-1, n-1)$ |

对两个正态总体参数的假设检验,其目的通常是比较两个正态总体的异同. 在表 8-2 所示的所有检验中,我们总是假定来自两个正态总体的样本相互独立.

## 三、典型例题解析

**【例 1】**(考研真题 2018 年数学一) 给定总体 $X \sim N(\mu, \sigma^2)$,$\sigma^2$ 已知,给定样本 $X_1, X_2, \cdots, X_n$,对总体均值 $\mu$ 进行检验,令 $H_0: \mu = \mu_0$,$H_1: \mu \neq \mu_0$,则(    ).

A. 若显著性水平 $\alpha = 0.05$ 时拒绝 $H_0$,则 $\alpha = 0.01$ 时也拒绝 $H_0$

B. 若显著性水平 $\alpha = 0.05$ 时接受 $H_0$,则 $\alpha = 0.01$ 时拒绝 $H_0$

C. 若显著性水平 $\alpha = 0.05$ 时拒绝 $H_0$,则 $\alpha = 0.01$ 时接受 $H_0$

D. 若显著性水平 $\alpha = 0.05$ 时接受 $H_0$,则 $\alpha = 0.01$ 时也接受 $H_0$

**答案** D.

显著性水平由 0.05 变为 0.01 时,接受域扩大,拒绝域缩小,因而显著性水平 $\alpha = 0.05$ 时接受 $H_0$,则 $\alpha = 0.01$ 时也接受 $H_0$,而显著性水平 $\alpha = 0.05$ 时拒绝 $H_0$,无法判断 $\alpha = 0.01$ 时拒绝还是接受 $H_0$.

**【例 2】**(考研真题 2021 年数学一) 设 $X_1, X_2, \cdots, X_{16}$ 是来自总体 $N(\mu, 4)$ 的简单随机样本. 考虑假设检验

$$H_0: \mu \leqslant 10, \quad H_1: \mu > 10.$$

$\Phi(x)$ 表示标准正态分布函数. 若该检验的拒绝域为 $W = \{\overline{X} \geqslant 11\}$,其中 $\overline{X} = \dfrac{1}{16}\sum_{i=1}^{16} X_i$,则 $\mu = 11.5$ 时,该检验犯第二类错误的概率为(    ).

例 2

A. $1 - \varPhi(0.5)$ 　　　 B. $1 - \varPhi(1)$ 　　　 C. $1 - \varPhi(1.5)$ 　　　 D. $1 - \varPhi(2)$

**答案**　B.

犯第二类错误的概率为

$$P\left(\text{接受}H_0 \middle| H_1\text{为真}\right) = P\left(\overline{X} < 11 \middle| \mu = 11.5\right) = \varPhi\left(\frac{11 - 11.5}{2/\sqrt{16}}\right) = \varPhi(-1) = 1 - \varPhi(1).$$

**【例3】**　由以往的经验知道,某电子元件的使用寿命服从正态分布,标准差为80h. 按上级质检部门的规定,该电子元件只有其使用寿命不低于1000h才能认为合格. 现从某厂生产的一批这种电子元件中随机抽查15件,测得其平均寿命为960h,在显著性水平 $\alpha = 0.05$ 下,能否认为这批电子元件为合格品?

**解**　记 $X$ 为电子元件的寿命,则 $X \sim N(\mu, 80^2)$. 本题中要检验的统计假设为

$$H_0: \mu \geqslant 1000 \leftrightarrow H_1: \mu < 1000.$$

由于总体方差 $\sigma^2 = 80^2$,故选用检验统计量 $U = \dfrac{\overline{X} - \mu_0}{\dfrac{\sigma}{\sqrt{n}}}$. 对于 $\alpha = 0.05$,查标准正态分布表,

得 $u_\alpha = u_{0.05} = 1.645$,将 $\overline{x} = 960$ 代入上述统计量,有 $u = \dfrac{960 - 1000}{\dfrac{80}{\sqrt{15}}} = -1.94$,由于 $u =$

$-1.94 < -u_\alpha = -1.645$,故拒绝 $H_0$,即认为该批电子元件不合格.

**【例4】**　设某次考试的学生成绩服从正态分布,从中随机地抽取36位考生的成绩,算得平均成绩为66.5分,标准差为15分. 问:在显著性水平为0.05下,是否可以认为这次考试全体考生的平均成绩为70分?并给出检验过程.

附表:$t$ 分布表

$$P\left(t(n) \leqslant t_p(n)\right) = p$$

| $t_p(n)$ ＼ $p$ 　 $n$ | 0.95 | 0.975 |
|---|---|---|
| 35 | 1.6896 | 2.0301 |
| 36 | 1.6883 | 2.0281 |

**解**　设该次考试的学生成绩为 $X$,则 $X \sim N(\mu, \sigma^2)$. 要检验的假设为

$$H_0: \mu = 70 \leftrightarrow H_1: \mu \neq 70.$$

由于总体方差未知,故选用检验统计量 $T = \dfrac{\overline{X} - \mu_0}{\dfrac{S_n}{\sqrt{n-1}}}$,其中 $S_n^2 = \dfrac{1}{n} \sum_{i=1}^{n} \left(X_i - \overline{X}\right)^2$ 为样本方差.

当 $H_0$ 为真时,$T \sim t(n-1)$,拒绝域为 $\left\{|t| \geqslant t_{\alpha/2}(n-1)\right\}$.

由于 $n = 36, \overline{x} = 66.5, \mu_0 = 70, s_n = 15$,故

$$t = \frac{\bar{x} - \mu_0}{\dfrac{s_n}{\sqrt{n-1}}} = \frac{66.5 - 70}{\dfrac{15}{\sqrt{35}}} = -1.38.$$

对于给定的显著性水平 $\alpha = 0.05$，查自由度为 $n - 1 = 35$ 的 $t$ 分布表，可得 $t_{\alpha/2}(n-1) = t_{0.025}(35) = 2.0301$，因此 $|t| = 1.38 < t_{0.025}(35)$，所以接受 $H_0$。即在显著性水平 $\alpha = 0.05$ 下，可以认为这次考试全体考生的平均成绩为 70 分．

【例 5】 为检验小学生中男生与女生的身高是否有显著差异，从某小学三年级中随机抽查 7 名男生和 6 名女生，测得他们的身高（单位：cm）如下．

男生：140，138，143，142，144，137，141．

女生：135，140，142，136，138，140．

假设男生、女生的身高均服从正态分布，且两样本相互独立，利用上述数据，判断小学生中男生与女生的身高是否有显著差异（$\alpha = 0.1$）．

**解** 记 $X, Y$ 分别为男生和女生的身高，则 $X \sim N(\mu_1, \sigma_1^2)$，$Y \sim N(\mu_2, \sigma_2^2)$．本题中需检验的假设为 $H_0: \mu_1 = \mu_2 \leftrightarrow H_1: \mu_1 \neq \mu_2$，但事先并不知道两个总体的方差相等，因此首先必须检验 $H_0': \sigma_1^2 = \sigma_2^2 \leftrightarrow H_1': \sigma_1^2 \neq \sigma_2^2$．选用检验统计量 $F = \dfrac{S_1^2}{S_2^2}$，当 $H_0'$ 成立时，$F \sim F(m-1, n-1)$，对于给定的显著性水平 $\alpha = 0.10$，查自由度为 $(m-1, n-1) = (6, 5)$ 的 $F$ 分布表，有

$$F_{\alpha/2}(m-1, n-1) = F_{0.05}(6, 5) = 4.95,$$

$$F_{1-\alpha/2}(m-1, n-1) = F_{0.95}(6, 5) = \frac{1}{F_{0.05}(5, 6)} = \frac{1}{4.39} = 0.2278.$$

直接计算可得 $s_1^2 = 6.549$，$s_2^2 = 7.100$，从而 $f = \dfrac{6.549}{7.100} = 0.922$．由于 $f = 0.922 \in (0.2278, 4.95)$，所以接收 $H_0'$，即认为两总体的方差相等．

下面检验 $H_0: \mu_1 = \mu_2 \leftrightarrow H_1: \mu_1 \neq \mu_2$，选用检验统计量

$$T = \frac{\bar{X} - \bar{Y}}{S_w \sqrt{\dfrac{1}{m} + \dfrac{1}{n}}}.$$

当 $H_0$ 成立时，$T \sim (m+n-2)$．对于给定的显著性水平 $\alpha = 0.10$，查自由度为 $m + n - 2 = 11$ 的 $t$ 分布表，得 $t_{\alpha/2}(m+n-2) = t_{0.05}(11) = 1.8$，而利用样本观察值，直接计算可得 $\bar{x} = 140.7$，$\bar{y} = 138.5$，$s_w^2 = \dfrac{(m-1)s_1^2 + (n-1)s_2^2}{m+n-2} = 6.800$，将其代入 $T$ 可得它的值为

$$t = \frac{140.7 - 138.5}{\sqrt{6.8} \times \sqrt{\dfrac{1}{7} + \dfrac{1}{6}}} = 0.72.$$

由于 $|t| = 0.72 < 1.8 = t_{\alpha/2}(m+n-2)$，因此接受 $H_0$，即认为男生和女生的身高没有显著差异．

## 四、自测练习试卷

（一）填空题（共 6 题，每题 3 分，共 18 分）

1. 假设检验中的显著性水平是指允许犯_____的概率．

2. 设总体 $X \sim N(\mu, \sigma^2)$，$\sigma^2$ 已知，为检验假设 $H_0: \mu = \mu_0 \leftrightarrow H_1: \mu = \mu_1 (\mu \neq \mu_0)$，取拒绝域为 $\left\{ \bar{x} \left| \dfrac{\bar{x} - \mu_0}{\dfrac{\sigma}{\sqrt{n}}} \geqslant u_\alpha \right. \right\}$，则犯第二类错误的概率为_____．

3. 设 $(X_1, X_2, \cdots, X_n)$ 为来自正态总体 $X \sim N(\mu, 9)$ 的样本，其中 $\mu$ 未知，为检验假设 $H_0: \mu = \mu_0 \leftrightarrow H_1: \mu \neq \mu_0$，取拒绝域为 $\left\{ \bar{x} \left| \sqrt{n} \cdot |\bar{x} - \mu_0| \geqslant c \right. \right\}$，若显著性水平 $\alpha = 0.05$，则常数 $c =$ _____．

4. 考察正态总体 $X \sim N(\mu, \sigma^2)$ 和假设检验 $H_0: \mu \leqslant \mu_0 \leftrightarrow H_1: \mu > \mu_0$，则当 $\sigma^2$ 已知时，拒绝域为_____；当 $\sigma^2$ 未知时，拒绝域为_____．

5. 对正态总体 $X \sim N(\mu, \sigma^2)$，$\mu, \sigma^2$ 为未知参数，为检验假设 $H_0: \sigma^2 \leqslant \sigma_0^2 \leftrightarrow H_1: \sigma^2 > \sigma_0^2$，选用的检验统计量为_____，拒绝域为_____．

6. 设总体 $X \sim N(\mu_1, \sigma_1^2)$，$Y \sim N(\mu_2, \sigma_2^2)$，$\mu_1, \mu_2$ 均未知，$\sigma_1^2, \sigma_2^2$ 已知，且 $X$ 与 $Y$ 独立，$(X_1, \cdots, X_m)$，$(Y_1, \cdots, Y_m)$ 分别为 $X, Y$ 的样本．为检验假设 $H_0: \mu_1 - \mu_2 = \delta \leftrightarrow H_1: \mu_1 - \mu_2 \neq \delta$，可采用统计量_____，当 $H_0$ 成立时，它服从_____分布．

（二）选择题（共 5 题，每题 3 分，共 15 分）

1. 在假设检验中，显著性水平 $\alpha$ 的意义是（    ）．

A. $H_0$ 为真，经检验拒绝 $H_0$ 的概率

B. $H_0$ 为真，经检验接受 $H_0$ 的概率

C. $H_0$ 不成立，经检验拒绝 $H_0$ 的概率

D. $H_0$ 不成立，经检验接受 $H_0$ 的概率

2. 对于假设检验中犯第一类错误的概率 $\alpha$ 和犯第二类错误的概率 $\beta$，有（    ）．

A. $\alpha < \beta$

B. $\alpha > \beta$

C. 无论样本容量怎样改变，$\alpha$ 变小，$\beta$ 一定变大

D. 样本容量一定时，$\alpha$ 越小，$\beta$ 越大

3. $\bar{X}$ 是来自正态总体 $X \sim N(\mu, \sigma^2)$ 的样本，容量为 64，$\sigma^2$ 已知，在显著性水平 $\alpha$ 下，对假设 $H_0: \mu = \mu_0 \leftrightarrow H_1: \mu \neq \mu_0$，有（    ）．

A. 若检验结果为拒绝 $H_0$，则总体均值 $\mu$ 一定不等于 $\mu_0$

B. 若检验结果为接受 $H_0$，则总体均值一定落在区间 $\left( \mu_0 - \dfrac{\sigma}{8} u_{\alpha/2}, \mu_0 + \dfrac{\sigma}{8} u_{\alpha/2} \right)$ 内

C. 若 $H_0$ 为真,则 $\overline{X}$ 落在区间 $\left(\mu_0 - \dfrac{\sigma}{8}u_{\alpha/2}, \mu_0 + \dfrac{\sigma}{8}u_{\alpha/2}\right)$ 内的概率为 $1 - \alpha$

D. 若 $H_0$ 不真,则 $\overline{X}$ 落在区间 $\left(\mu_0 - \dfrac{\sigma}{8}u_{\alpha/2}, \mu_0 + \dfrac{\sigma}{8}u_{\alpha/2}\right)$ 内的概率为 $\alpha$

4. 从正态总体 $X \sim N(\mu, \sigma^2)$ 中抽取容量为 10 的样本,其中 $\sigma^2$ 未知,给定显著性水平 $\alpha = 0.05$,检验假设 $H_0: \mu = \mu_0 \leftrightarrow H_1: \mu \neq \mu_0$,则正确的方法和结论是(　　).

A. 用 $U$ 统计量,临界值为 $u_{0.025} = 1.96$

B. 用 $U$ 统计量,临界值为 $u_{0.05} = 1.65$

C. 用 $T$ 统计量,临界值为 $t_{0.025}(9) = 2.262$

D. 用 $T$ 统计量,临界值为 $t_{0.05}(9) = 1.83$

5. 设总体 $X \sim N(\mu, \sigma^2)$,现对 $\mu$ 进行假设检验,如在显著性水平 $\alpha = 0.05$ 下接受 $H_0: \mu = \mu_0$,则在显著性水平 $\alpha = 0.01$ 下(　　).

A. 接受 $H_0$ 　　　　　　　　　　　　B. 拒绝 $H_0$

C. 可能接受 $H_0$,也可能拒绝 $H_0$ 　　D. 犯第一类错误的概率变大

(三) 分析判断题(共 2 题,每题 4 分,共 8 分)

1. 若我们做出的决策是拒绝 $H_0$,则表明 $H_0$ 一定不会发生.

2. 对两个总体方差是否相等进行假设检验,在 $\alpha = 0.01$ 的显著性水平上拒绝原假设,这表示原假设为真的概率小于 0.01.

(四) 简答题(共 1 题,共 4 分)

1. 参数的区间估计和假设检验有何联系?

(五) 计算题(第 1 题 9 分,第 2~4 题每题 10 分,第 5 题 16 分,共 55 分)

1. 已知总体 $X$ 的概率密度只有两种可能,设

$$H_0: p(x) = \begin{cases} 1/2, & 0 \leq x \leq 2 \\ 0, & \text{其他} \end{cases} \leftrightarrow H_1: p(x) = \begin{cases} x/2, & 0 \leq x \leq 2 \\ 0, & \text{其他} \end{cases}$$

对 $X$ 进行一次观测得样本 $X_1$,规定当 $X_1 \geq \dfrac{3}{2}$ 时拒绝 $H_0$,否则就接受 $H_0$,求此检验的犯两类错误的概率.

2. 食品厂用自动装罐机装罐头食品,每罐标准重量为 500g,每隔一定时间需要检查机器的工作情况. 现抽 10 罐,测得重量(单位:g)为:495,510,505,498,503,502,492,512,497,506.假定重量 $X \sim N(\mu, 36)$,试问:机器的工作是否正常?

3. 设学生某次数学考试的成绩服从正态分布,从中任取 36 位学生的成绩,其平均成绩为 75.5 分,标准差为 15 分. 问:在 $\alpha = 0.01$ 的显著性水平下,能否否定全体学生的数学平均成绩低于 70 分的结论?

4. 某工厂生产的汽车蓄电池使用寿命服从正态分布,其说明书上写明其标准差不超过 0.9 年. 现随机抽取 10 个,测得样本标准差为 1.2 年,试在 $\alpha = 0.05$ 的显著性水平下检验厂方说明书上所写的标准差是否可信.

5. 将甲、乙两机器生产的钢管内径分别记为 $X, Y$,并且 $X \sim N(\mu_1, \sigma_1^2)$,$Y \sim N(\mu_2, \sigma_2^2)$,现从两机器生产的钢管中分别随机抽取 8 个和 9 个,测得其样本均值分别为 $\overline{x} = 15.03, \overline{y} = $

$15.01, s_1^2 = 0.0907, s_2^2 = 0.03694$，其中 $s_1^2, s_2^2$ 为修正样本方差.

（1）这两个总体的方差是否相等（$\alpha = 0.05$）?

（2）这两个总体的均值是否相等（$\alpha = 0.05$）?

# 五、习题、总复习题及详解

## 习题 8-1　假设检验的基本思想和基本概念

1. 设总体 $X \sim N(\mu, \sigma^2), \sigma^2$ 已知，为检验假设 $H_0: \mu = \mu_0 \leftrightarrow H_1: \mu = \mu_1 (\mu_1 > \mu_0)$，取拒绝

域为 $\left\{ \dfrac{\bar{x} - \mu_0}{\dfrac{\sigma}{\sqrt{n}}} \geq \mu_\alpha \right\}$，求犯第二类错误的概率.

**解** $P\left( \dfrac{\bar{x} - \mu_0}{\dfrac{\sigma}{\sqrt{n}}} < \mu_\alpha \,\middle|\, \mu = \mu_1 \right) = P\left( \dfrac{\bar{x} - \mu_1}{\dfrac{\sigma}{\sqrt{n}}} < \dfrac{\mu_0 - \mu_1}{\dfrac{\sigma}{\sqrt{n}}} + \mu_\alpha \,\middle|\, \mu = \mu_1 \right) = \Phi\left( \dfrac{\mu_0 - \mu_1}{\dfrac{\sigma}{\sqrt{n}}} + \mu_\alpha \right).$

2. 一种元件，要求其使用寿命不得低于 1000h，现从这批元件中随机抽取 25 件，测得其寿命平均值为 950h. 已知该种元件寿命服从 $N(\mu, 100^2)$，试在显著性水平 $\alpha = 0.05$ 下确定这批元件是否合格.

**解** 记 $X$ 为元件的使用寿命，则 $X \sim N(\mu, 100^2)$. 本题中要检验的假设为

$$H_0: \mu \geq 1000 \leftrightarrow H_1: \mu < 1000.$$

由于总体方差 $\sigma^2 = 100^2$，故选用检验统计量 $U = \dfrac{\bar{X} - \mu_0}{\dfrac{\sigma}{\sqrt{n}}} \sim N(0, 1)$. 对于 $\alpha = 0.05$，查标准正

态分布表，得 $\mu_\alpha = \mu_{0.05} = 1.645$，将 $\bar{x} = 950$ 代入上述统计量，有 $\mu = \dfrac{950 - 1000}{\dfrac{100}{\sqrt{25}}} = -2.5$. 由

于 $\mu = -2.5 < -\mu_{0.05} = -1.645$，故拒绝 $H_0$，即认为该批元件不合格.

## 习题 8-2　正态总体参数的假设检验

1. 某厂生产的灯泡的耐用时数服从 $N(\mu, 400^2)$，现抽取 16 只灯泡测量其耐用时数，平均值 $\bar{x} = 1812$，问：该厂所生产灯泡的耐用时数的数学期望 $\mu$ 与 2000（单位:h）是否有显著差异（$\alpha = 0.05$）?

**解** 记 $X$ 为灯泡的耐用时数，则 $X \sim N(\mu, 400^2)$. 由题意知，要检验的假设为

$$H_0: \mu = 2000 \leftrightarrow H_1: \mu \neq 2000.$$

因为总体方差已知，故选择检验统计量

$$U = \frac{\overline{X} - \mu_0}{\dfrac{\sigma}{\sqrt{n}}},$$

其中 $\mu_0 = 2000, \sigma^2 = 400^2, n = 16$,则

$$\mu = \frac{\overline{x} - \mu_0}{\dfrac{\sigma}{\sqrt{n}}} = \frac{1812 - 2000}{\dfrac{400}{\sqrt{16}}} = -1.88.$$

当 $H_0$ 为真时, $U \sim N(0, 1)$. 对于 $\alpha = 0.05$,查标准正态分布表,可得 $\mu_{\alpha/2} = \mu_{0.025} = 1.96$. 由于 $|\mu| = |-1.88| < 1.96$,故接受 $H_0$,即认为该厂所生产灯泡的耐用时数的数学期望 $\mu$ 与 2000 无显著差异.

2. 正常人的脉搏平均为 72 次/分,现某医生测得 10 例慢性四乙基铅中毒患者的脉搏如下:

$$54, 67, 68, 78, 70, 66, 67, 70, 65, 69.$$

问:四乙基铅中毒患者的脉搏与正常人的脉搏是否有显著差异($\alpha = 0.05$)?(已知四乙基铅中毒患者的脉搏服从正态分布.)

**解** 记 $X$ 为四乙基铅中毒患者的脉搏,则 $X \sim N(\mu, \sigma^2)$. 由题意知,要检验的假设为

$$H_0: \mu = 72 \leftrightarrow H_1: \mu \neq 72.$$

因为 $\mu_0 = 72$, 总体方差未知,故拒绝域为

$$\left\{ |t| = \left| \frac{\overline{x} - \mu_0}{\dfrac{s}{\sqrt{n}}} \right| \geqslant t_{0.025}(n - 1) \right\},$$

其中 $s^2$ 为修正样本方差,$\mu_0 = 72, n = 10$,直接计算得到 $\overline{x} = 67.4, s = 5.929$,于是

$$t = \frac{\overline{x} - \mu_0}{\dfrac{s}{\sqrt{n}}} = \frac{67.4 - 72}{\dfrac{5.929}{\sqrt{10}}} = -2.45, \quad t_{0.025}(10 - 1) = 2.2622.$$

由于 $|t| = |-2.45| > 2.2622$,故拒绝 $H_0$,即认为四乙基铅中毒患者的脉搏与正常人的脉搏有显著差异.

3. 从正态总体中抽取样本观察值 3.80, 4.10, 4.20, 4.35, 4.40, 4.50, 4.65, 4.71, 480, 5.10,在显著性水平为 0.1 下检验假设 $H_0: \sigma^2 = 0.25 \leftrightarrow H_1: \sigma^2 \neq 0.25$.

**解** 该检验的拒绝域为

$$\left\{ \chi^2 = \frac{(n-1)s^2}{\sigma_0^2} \leqslant \chi_{1-\alpha/2}^2(n-1) \right\} \cup \left\{ \chi^2 = \frac{(n-1)s^2}{\sigma_0^2} \geqslant \chi_{\alpha/2}^2(n-1) \right\},$$

$$\sigma_0^2 = 0.25, s^2 = 0.1415, n = 10,$$

$$\chi^2 = \frac{(n-1)s^2}{\sigma_0^2} = 9 \times \frac{0.1415}{0.25} = 5.094.$$

对于给定的 $\alpha = 0.1$,

$$\chi_{1-\alpha/2}^2(n-1) = \chi_{0.95}^2(9) = 3.3251, \quad \chi_{\alpha/2}^2(n-1) = \chi_{0.05}^2(9) = 16.919,$$

$3.3251 < 5.094 < 16.919$,故接受 $H_0$.

4. 设总体 $X$ 服从 $N(\mu_1, 0.02)$,总体 $Y$ 服从 $N(\mu_2, 0.07)$,现从 $X$ 抽取样本观察值 $2.10$, $2.35, 2.39, 2.41, 2.44, 2.56$,从 $Y$ 中抽取样本观察值 $2.03, 2.28, 2.58, 2.71$,试检验 $\mu_1$ 与 $\mu_2$ 是否有显著差异 $(\alpha = 0.05)$.

**解** 要检验的假设为

$$H_0: \mu_1 = \mu_2 \leftrightarrow H_1: \mu_1 \neq \mu_2,$$

该检验的拒绝域为

$$\left\{ |\mu| = \left| \frac{\bar{x} - \bar{y}}{\sqrt{\dfrac{\sigma_1^2}{m} + \dfrac{\sigma_2^2}{n}}} \right| \geqslant \mu_{\alpha/2} \right\},$$

$m = 6, n = 4, \sigma_1^2 = 0.02, \sigma_2^2 = 0.07, \bar{x} = 2.375, \bar{y} = 2.4$,

$$\mu = \frac{\bar{x} - \bar{y}}{\sqrt{\dfrac{\sigma_1^2}{m} + \dfrac{\sigma_2^2}{n}}} = \frac{2.375 - 2.4}{\sqrt{\dfrac{0.02}{6} + \dfrac{0.07}{4}}} = -0.1732,$$

$\mu_{\alpha/2} = \mu_{0.025} = 1.96$,$|\mu| = 0.1732 < 1.96$,

故拒绝 $H_0$,即认为 $\mu_1, \mu_2$ 无显著差异.

5. 使用了 A(电学法)与 B(混合法)两种方法研究冰的潜热,样本都是 $-0.72℃$ 的冰,下列数据是每克冰从 $-0.72℃$ 变化至 $0℃$ 水的过程中热量的变化(单位:cal/g).

方法 A:$79.98, 80.04, 80.02, 80.04, 80.03, 80.03, 80.04, 79.97, 80.05, 80.03, 80.02, 80.00, 80.02$.

方法 B:$80.02, 79.94, 79.97, 79.98, 79.97, 80.03, 79.95, 79.97$.

假定用每种方法测得的数据都服从正态分布,并且它们的方差相等.试在 $\alpha = 0.05$ 下,检验两种方法的总体均值是否相等.

**解** 将使用方法 A,B 对应的热量的变化分别记为 $X, Y$,则

$$X \sim N(\mu_1, \sigma^2), \quad Y \sim N(\mu_2, \sigma^2).$$

要检验的假设为

$$H_0: \mu_1 = \mu_2 \leftrightarrow H_1: \mu_1 \neq \mu_2,$$

该检验的拒绝域为

$$\left\{ |t| = \left| \frac{\bar{x} - \bar{y}}{\sqrt{\dfrac{ms_{1m}^2 + ns_{2n}^2}{m+n-2}} \cdot \sqrt{\dfrac{1}{m} + \dfrac{1}{n}}} \right| \geqslant t_{\alpha/2}(m+n-2) \right\},$$

其中 $s_{1m}^2 = \frac{1}{m}\sum_{i=1}^{m}\left(x_i - \bar{x}\right)^2$, $s_{2n}^2 = \frac{1}{n}\sum_{i=1}^{n}\left(y_i - \bar{y}\right)^2$ 分别为来自总体 $X, Y$ 的样本方差.

$$m = 13, n = 8, \bar{x} = 80.02, s_{1m}^2 = 0.00053, \bar{y} = 79.98, s_{2n}^2 = 0.00086,$$

$$t = \frac{\bar{x} - \bar{y}}{\sqrt{\dfrac{ms_{1m}^2 + ns_{2n}^2}{m + n - 2}} \cdot \sqrt{\dfrac{1}{m} + \dfrac{1}{n}}} = \frac{80.02 - 79.98}{\sqrt{\dfrac{13 \times 0.00053 + 8 \times 0.00086}{13 + 8 - 2}} \times \sqrt{\dfrac{1}{13} + \dfrac{1}{8}}} = 3.307,$$

$$t_{\alpha/2}(m + n - 2) = t_{0.025}(19) = 2.093, |t| = 3.307 > 2.093,$$

因此拒绝 $H_0$, 即认为两种方法的总体均值显著不相等.

6. 机床厂某日从两台机器所加工的同一种零件中分别抽取若干个样本测量零件的尺寸(单位:cm), 数据如下.

机器Ⅰ: 6.2, 5.7, 6.5, 6.0, 6.3, 5.8, 5.7, 6.0, 6.0, 5.8, 6.0.

机器Ⅱ: 5.6, 5.9, 5.6, 5.7, 5.8, 6.0, 5.5, 5.7, 5.5.

已知零件尺寸服从正态分布, 试问: 这两台机器加工精度是否有显著差异($\alpha = 0.05$)?

**解** 将两台机器所加工的零件尺寸分别记为 $X, Y$, 则

$$X \sim N\left(\mu_1, \sigma_1^2\right), Y \sim N\left(\mu_2, \sigma_2^2\right).$$

要检验的假设为

$$H_0: \sigma_1^2 = \sigma_2^2 \leftrightarrow H_1: \sigma_1^2 \neq \sigma_2^2,$$

该检验的拒绝域为

$$\left\{f = \frac{s_1^2}{s_2^2} \leqslant F_{1-\alpha/2}(m - 1, n - 1)\right\} \cup \left\{f = \frac{s_1^2}{s_2^2} \geqslant F_{\alpha/2}(m - 1, n - 1)\right\},$$

其中 $s_1^2, s_2^2$ 为修正样本方差.

$$m = 11, n = 9, \bar{x} = 6.0, \bar{y} = 5.7, s_1^2 = 0.064, s_2^2 = 0.03,$$

$$F_{\alpha/2}(m - 1, n - 1) = F_{0.025}(10, 8) = 4.295, \quad F_{0.975}(10, 8) = \frac{1}{F_{0.025}(8, 10)} = 0.2594,$$

$$F_{0.975}(10, 8) < f = \frac{s_1^2}{s_2^2} = \frac{0.064}{0.03} \approx 2.13 < F_{0.025}(10, 8),$$

因此接受 $H_0$, 即认为这两台机器加工精度无显著差异.

## 总复习题八

1. 规定每 100g 罐头番茄中, 维生素 C 的含量不得少于 21mg, 现从某厂生产的一批罐头中抽取 17 个, 测得维生素 C 的含量(单位:mg)如下:

$$16, 22, 21, 20, 23, 21, 19, 15, 13, 23, 17, 20, 29, 18, 22, 16, 25.$$

已知维生素 C 的含量服从正态分布, 试在显著性水平 $\alpha = 0.025$ 下检验该批罐头维生素 C 的含量是否合格.

**解**　记 $X$ 为该批罐头维生素 C 的含量,则 $X \sim N(\mu, \sigma^2)$. 由题意知,要检验的假设为

$$H_0 : \mu \geqslant 21 \leftrightarrow H_1 : \mu < 21.$$

因为 $\mu_0 = 21$,总体方差未知,故拒绝域为

$$\left\{ t = \frac{\bar{x} - \mu_0}{\frac{s}{\sqrt{n}}} \leqslant t_{0.975}(n-1) \right\},$$

其中 $n = 17$,直接计算得到 $\bar{x} = 20$, $s = 3.984$,于是

$$t = \frac{\bar{x} - \mu_0}{\frac{s}{\sqrt{n}}} = \frac{20 - 21}{\frac{3.984}{\sqrt{17}}} = -1.03, \quad t_{0.975}(17-1) = -2.1199,$$

$$t = -1.03 > -2.1199,$$

故接受 $H_0$,即认为该批罐头维生素 C 的含量合格.

2. 某切割机在正常工作时,切割每段金属棒的平均长度为 10.5cm,标准差是 0.15cm, 现从一批产品中随机地抽取 15 段进行测量,其结果(单位:cm)如下:

　　10.4,10.6,10.1,10.4,10.5,10.3,10.3,10.2,10.9,10.6,10.8,10.5,10.7,10.2,10.7.

已知金属棒的长度服从正态分布,问:该切割机工作是否正常($\alpha = 0.05$)?

**解**　记 $X$ 为金属棒的长度,则 $X \sim N(\mu, \sigma^2)$. 由题意知,要检验的假设为

$$H_0 : \mu = 10.5 \leftrightarrow H_1 : \mu \neq 10.5,$$

$$H_0' : \sigma^2 = 0.15^2 \leftrightarrow H_1' : \sigma^2 \neq 0.15^2.$$

首先来看关于均值的假设检验,因为总体方差未知,故拒绝域为

$$\left\{ |t| = \left| \frac{\bar{x} - \mu_0}{\frac{s}{\sqrt{n}}} \right| \geqslant t_{0.025}(n-1) \right\},$$

其中 $\mu_0 = 10.5$, $n = 15$,由所给数据直接计算得 $\bar{x} = 10.48$, $s = 0.2366$,于是

$$t = \frac{\bar{x} - \mu_0}{\frac{s}{\sqrt{n}}} = \frac{10.48 - 10.5}{\frac{0.2366}{\sqrt{15}}} = -0.3274, \quad t_{0.025}(15-1) = 2.1448,$$

$$|t| = 0.3274 < 2.1448,$$

故接受 $H_0$,即认为均值为 10.5.

关于方差的检验,拒绝域为

$$\left\{ \chi^2 = \frac{(n-1)s^2}{\sigma_0^2} \leqslant \chi_{1-\alpha/2}^2(n-1) \right\} \cup \left\{ \chi^2 = \frac{(n-1)s^2}{\sigma_0^2} \geqslant \chi_{\alpha/2}^2(n-1) \right\},$$

其中 $\sigma_0^2 = 0.15^2$, $s^2 = 0.056$, 于是

$$\chi^2 = \frac{(n-1)s^2}{\sigma_0^2} = 14 \times \frac{0.056}{0.15^2} = 34.84.$$

对于给定的 $\alpha = 0.05$,

$$\chi^2_{1-\alpha/2}(n-1) = \chi^2_{0.975}(14) = 5.6287, \quad \chi^2_{\alpha/2}(n-1) = \chi^2_{0.025}(14) = 26.1190,$$

$34.84 > \chi^2_{\alpha/2}(n-1)$,故拒绝 $H'_0$,即认为方差不等于 $0.15^2$.

因此,切割机工作不正常.

3. 某种导线,要求其电阻标准差不得超过 $0.005\Omega$,现生产了一批导线,从中抽取样品 9 根,测得 $s_n = 0.007\Omega$,设总体服从正态分布. 问:在 $\alpha = 0.05$ 下能否认为这批导线的标准差显著偏大?

**解** 记 $X$ 为导线的电阻,则 $X \sim N(\mu, \sigma^2)$. 由题意知,要检验的假设为

$$H_0: \sigma^2 \leqslant 0.005^2 \leftrightarrow H_1: \sigma^2 > 0.005^2,$$

该检验的拒绝域为

$$\left\{ \chi^2 = \frac{ns_n^2}{\sigma_0^2} \geqslant \chi^2_{\alpha}(n-1) \right\},$$

$$\sigma_0^2 = 0.005^2, \quad s_n^2 = 0.007^2, \quad n = 9,$$

$$\frac{ns_n^2}{\sigma_0^2} = 9 \times \frac{0.007^2}{0.005^2} = 17.64.$$

对于给定的 $\alpha = 0.05$,

$$\chi^2_{\alpha}(n-1) = \chi^2_{0.05}(8) = 15.507, \chi^2 = 17.64 > 15.507,$$

故拒绝 $H_0$,即认为这批导线的标准差显著偏大.

4. 为研究两个煤矿所产煤的热能,对这两个煤矿各抽容量为 5 的样本. 下列数据是每吨煤所释放的热量(单位:millon cals/ton).

煤矿 A:8400,8230,8380,7860,7930.

煤矿 B:7510,7690,7720,8070,7660.

已知每吨煤所释放的热量服从正态分布,试检验:

(1)两煤矿的煤所释放的平均热量相等($\alpha = 0.05$);

(2)B 煤矿的煤释放的热量较多($\alpha = 0.05$).

**解** 将两个煤矿每吨煤所释放的热量分别记为 $X, Y$,则

$$X \sim N(\mu_1, \sigma_1^2), Y \sim N(\mu_2, \sigma_2^2).$$

首先检验两总体的方差是否相等,要检验的假设为

$$H_0: \sigma_1^2 = \sigma_2^2 \leftrightarrow H_1: \sigma_1^2 \neq \sigma_2^2,$$

该检验的拒绝域为

$$\left\{ f = \frac{s_1^2}{s_2^2} \leqslant F_{1-\alpha/2}(m-1, n-1) \right\} \cup \left\{ f = \frac{s_1^2}{s_2^2} \geqslant F_{\alpha/2}(m-1, n-1) \right\},$$

其中 $m = n = 5, s_1^2 = 63450, s_2^2 = 42650, \bar{x} = 8160, \bar{y} = 7730, s_1^2, s_2^2$ 为修正样本方差.

$$F_{\alpha/2}(m-1, n-1) = F_{0.025}(4, 4) = 9.6045, \ F_{0.975}(4, 4) = \frac{1}{F_{0.025}(4, 4)} = 0.1041,$$

$$F_{0.975}(4, 4) < f = \frac{s_1^2}{s_2^2} = \frac{63450}{42650} = 1.488 < F_{0.025}(4, 4),$$

故接受 $H_0$, 即认为两总体的方差相等.

接下来, 在方差相等的情况下检验两总体均值的假设:

$$(1) \ H_0: \mu_1 = \mu_2 \leftrightarrow H_1: \mu_1 \neq \mu_2;$$

$$(2) \ H_0: \mu_1 \leqslant \mu_2 \leftrightarrow H_1: \mu_1 > \mu_2.$$

(1) 检验的拒绝域为

$$\left\{ |t| = \left| \frac{\bar{x} - \bar{y}}{\sqrt{\dfrac{ms_{1m}^2 + ns_{2n}^2}{m+n-2}} \cdot \sqrt{\dfrac{1}{m} + \dfrac{1}{n}}} \right| \geqslant t_{\alpha/2}(m+n-2) \right\},$$

$$s_{1m}^2 = 50760, s_{2n}^2 = 34120,$$

$$t = \frac{\bar{x} - \bar{y}}{\sqrt{\dfrac{ms_{1m}^2 + ns_{2n}^2}{m+n-2}} \cdot \sqrt{\dfrac{1}{m} + \dfrac{1}{n}}} = \frac{8160 - 7730}{\sqrt{\dfrac{5 \times 50760 + 5 \times 34120}{8}} \times \sqrt{\dfrac{1}{5} + \dfrac{1}{5}}} = 2.952,$$

$$t_{\alpha/2}(m+n-2) = t_{0.025}(8) = 2.306, |t| = 2.952 > 2.306,$$

因此拒绝 $H_0$, 即认为两煤矿的煤所释放的平均热量不相等.

(2) 检验的拒绝域为

$$\left\{ t = \frac{\bar{x} - \bar{y}}{\sqrt{\dfrac{ms_{1m}^2 + ns_{2n}^2}{m+n-2}} \cdot \sqrt{\dfrac{1}{m} + \dfrac{1}{n}}} \geqslant t_{\alpha}(m+n-2) \right\},$$

$$t_{\alpha}(m+n-2) = t_{0.05}(8) = 1.8595, t = 2.952 > 1.8595,$$

因此拒绝 $H_0$, 即认为 A 煤矿的煤释放的热量较多.

5. 为研究矽肺患者肺功能变化的情况, 某医院对第 Ⅰ、Ⅱ 期矽肺患者各 31 名测定其肺活量, 得到第 Ⅰ 期患者的平均数为 2710mL, 标准差为 147mL; 第 Ⅱ 期患者的平均数为 2830mL, 标准差为 118mL. 对于 $\alpha = 0.02$, 问: 第 Ⅰ、Ⅱ 期矽肺患者的肺活量有无显著差异?(假定肺活量服从正态分布).

**解** 将第 Ⅰ、Ⅱ 期矽肺患者的肺活量分别记为 $X, Y$, 则

$$X \sim N(\mu_1, \sigma_1^2), Y \sim N(\mu_2, \sigma_2^2).$$

首先检验两总体的方差是否相等, 要检验的假设为

$$H_0: \sigma_1^2 = \sigma_2^2 \leftrightarrow H_1: \sigma_1^2 \neq \sigma_2^2,$$

该检验的拒绝域为

$$\left\{ f = \frac{ms_{1m}^2(n-1)}{ns_{2n}^2(m-1)} \leqslant F_{1-\alpha/2}(m-1, n-1) \right\} \cup \left\{ f = \frac{ms_{1m}^2(n-1)}{ns_{2n}^2(m-1)} \geqslant F_{\alpha/2}(m-1, n-1) \right\},$$

其中 $m = n = 31$, $s_{1m}^2 = 147^2$, $s_{2n}^2 = 118^2$, $\bar{x} = 2710$, $\bar{y} = 2830$, $\alpha = 0.02$,

$$F_{\alpha/2}(m-1, n-1) = F_{0.01}(30, 30) = 2.386, \quad F_{0.99}(30, 30) = \frac{1}{F_{0.01}(30, 30)} = 0.4191,$$

$$F_{0.99}(30, 30) < f = \frac{ms_{1m}^2(n-1)}{ns_{2n}^2(m-1)} = \frac{31 \times 147^2 \times 30}{31 \times 118^2 \times 30} = 1.55 < F_{0.01}(30, 30),$$

因此接受 $H_0$, 即认为两总体的方差相等.

接下来, 在方差相等的情况下检验假设

$$H_0: \mu_1 = \mu_2 \leftrightarrow H_1: \mu_1 \neq \mu_2,$$

该检验的拒绝域为

$$\left\{ |t| = \left| \frac{\bar{x} - \bar{y}}{\sqrt{\dfrac{ms_{1m}^2 + ns_{2n}^2}{m+n-2}} \cdot \sqrt{\dfrac{1}{m} + \dfrac{1}{n}}} \right| \geq t_{\alpha/2}(m+n-2) \right\},$$

$$t = \frac{\bar{x} - \bar{y}}{\sqrt{\dfrac{ms_{1m}^2 + ns_{2n}^2}{m+n-2}} \cdot \sqrt{\dfrac{1}{m} + \dfrac{1}{n}}} = \frac{2710 - 2830}{\sqrt{\dfrac{31 \times 147^2 + 31 \times 118^2}{60}} \times \sqrt{\dfrac{1}{31} + \dfrac{1}{31}}} = -3.487,$$

$$t_{\alpha/2}(m+n-2) = t_{0.01}(60) = 2.39, \quad |t| = 3.487 > t_{0.01}(60),$$

因此拒绝 $H_0$, 即认为第 I、II 期矽肺患者的肺活量有显著差异.

6. 为研究某地区不同性别环颈雉的体重差异, 现从幼年雌性和幼年雄性环颈雉中各抽取容量为 10 的样本, 下列数据是环颈雉的体重 (单位: g).

雌性: 1073, 1053, 1038, 1018, 1146, 1058, 1123, 1089, 1034, 1281.

雄性: 1384, 1286, 1503, 1627, 1450, 1672, 1370, 1659, 1725, 1394.

已知环颈雉的体重服从正态分布, 问: 雌性和雄性环颈雉体重的方差有无差别 ($\alpha = 0.05$)? 进一步地, 是否可认为雄性和雌性环颈雉平均体重之差大于等于 300g ($\alpha = 0.05$)?

**解** 将幼年雌性和幼年雄性环颈雉体重分别记为 $X, Y$, 则

$$X \sim N(\mu_1, \sigma_1^2), \quad Y \sim N(\mu_2, \sigma_2^2).$$

首先检验两总体的方差是否相等, 要检验的假设为

$$H_0: \sigma_1^2 = \sigma_2^2 \leftrightarrow H_1: \sigma_1^2 \neq \sigma_2^2,$$

该检验的拒绝域为

$$\left\{ f = \frac{ms_{1m}^2(n-1)}{ns_{2n}^2(m-1)} \leq F_{1-\alpha/2}(m-1, n-1) \right\} \cup \left\{ f = \frac{ms_{1m}^2(n-1)}{ns_{2n}^2(m-1)} \geq F_{\alpha/2}(m-1, n-1) \right\},$$

其中 $m = n = 10$, $s_{1m}^2 = 5439.61$, $s_{2n}^2 = 21102.6$, $\bar{x} = 1091.3$, $\bar{y} = 1507$, $\alpha = 0.05$,

$$F_{\alpha/2}(m-1, n-1) = F_{0.025}(9, 9) = 4.026, \quad F_{0.975}(9, 9) = \frac{1}{F_{0.025}(9, 9)} = 0.248,$$

$$F_{0.975}(9, 9) < f = \frac{ms_{1m}^2(n-1)}{ns_{2n}^2(m-1)} = \frac{5439.61}{21102.6} \approx 0.258 < F_{0.025}(9, 9),$$

因此接受 $H_0$，即认为雌性和雄性环颈雉体重的方差无显著差别.

接下来看平均体重，要检验的假设为

$$H_0: \mu_2 - \mu_1 \geqslant 300 \leftrightarrow H_1: \mu_2 - \mu_1 < 300,$$

该检验的拒绝域为

$$\left\{ t = \frac{\bar{y} - \bar{x} - 300}{\sqrt{\dfrac{ms_{1m}^2 + ns_{2n}^2}{m + n - 2}} \cdot \sqrt{\dfrac{1}{m} + \dfrac{1}{n}}} \leqslant -t_\alpha(m + n - 2) \right\},$$

$$t = \frac{\bar{y} - \bar{x} - 300}{\sqrt{\dfrac{ms_{1m}^2 + ns_{2n}^2}{m + n - 2}} \cdot \sqrt{\dfrac{1}{m} + \dfrac{1}{n}}} = \frac{1507 - 1091.3 - 300}{\sqrt{10 \times \dfrac{5439.61 + 21102.6}{18}} \times \sqrt{\dfrac{2}{10}}} = 2.131,$$

$$t_\alpha(m + n - 2) = t_{0.05}(18) = 1.734, \quad t = 2.131 > -t_{0.05}(18),$$

因此接受 $H_0$，即认为雄性和雌性环颈雉平均体重之差大于等于300g.